KB047568

서울 도시계획 이야기 3

서울 격동의 50년과 나의 증언

손정목 지음

서울 도시계획 이야기 3

능동 골프장이 어린이대공원으로

경부고속도로 준공으로 시작된 강남개발

잠실개발과 잠실종합운동장 건립

3핵도시 구상과 인구분산정책

차례

서울 도시계획 이야기 1권

서울 도시계획 이야기 2권

능동 골프장이 어린이대공원으로

온 국민의 성원이 담긴 한국 최초의 어린이공원

1. 대한민국 최초의 골프장

골프장이 된 순명왕후의 능터

현재 어린이대공원이 입지하고 있는 광진구 능동 18번지는 원래 유강원(裕康園) 터로서 흔히 유능(裕陵) 터로도 호칭되었다. 이 일대의 동리명이 능동인 것은 바로 이곳이 지난날의 유능 터였기 때문이다. 유능 터는 대한제국의 마지막 황제인 순종의 비 순명황후 민씨의 능터였다.

순명황후 민씨는 고종황제의 비였던 명성황후 민씨의 오라비 민태호의 딸이며 민영익의 여동생이었다. 명성황후 민씨는 바로 고모가 되는 셈이다. 민씨가 고종의 둘째아들인 세자의 비로 책봉된 것은 고종 19년(1874년) 2월이었고, 그때 세자의 나이는 8세, 세자비의 나이는 11세였다. 광무 원년(1897년)에 고종이 황제가 되면서 세자는 황태자, 세자빈은 황태자비가 되었다. 정숙하기로 이름이 났으나 광무 8년(1904년) 11월 5일, 33세의 나이로 승하했다. 즉 황후의 자리는 누리지 못하고 황태자비인 채로 타계한 것이다. 따라서 순명황후라는 이름은 순종이 황제가 된 후인 융희 원년(1907년)에 추증되었다.

황태자비 민씨가 33세의 나이로 승하하자 용마산 밑 내동에 장사지내고 그 묘 자리를 유강원이라 했다. 그 후 1926년에 순종황제가 승하하자 현 미금시 금곡에 능터를 잡아 유능으로 하면서 유강원에 있던 순명황후 민씨도 유능으로 옮겨 합장했다. 그때부터 유강원이 있던 자리는 능터로만 남게 되었고 마을이름만 능동이 되어 오늘에 이르고 있다. 그러나 오늘날 어린이대공원 내에는 유강원 당시의 석물과 석상 등이 그대로 남아 산재하고 있고 얼마 전에는 유강원이라는 지석(誌石)도 발견된 바 있다.

한반도가 일제에 강점된 후 유능 터는 조선총독부의 한 기관이었던 이왕직(李王職, 현 문화재청에 해당) 관리하에 들어갔는데 이곳에 골프장이 건설된 것은 1927년의 일이라고 한다. 서울컨트리구락부(俱樂部는 클럽의 일본식 표기)의 연혁을 적은 신영수의 저서 『용감한 개척자들』에서는 다음과 같이 기록하고 있다.

> 1927년 6월 11일 경성골프구락부 18홀 코스 착공, 당시 조선왕조의 영친왕께서 유능이었던 군자리일대 약 30만 평을 무상으로 대여함과 동시에 건설비 2만 원과 3년간 매년 5천 원씩 보조금까지 지급했고, 유지들의 찬조금 등으로 조성한 코스이기에 일명 '군자리골프코스'라고 불리기도 했다.
>
> 1929년 6월 22일 18홀 코스 완공, 개장했다.
>
> 1943년 3월 제2차세계대전으로 폐장하고 농경지화했다.

그러나 나는 이 기록에서 몇 가지 의문점을 발견했다. 다시 말해서 잘못 기록되었다는 것이다. 그 진상은 다음과 같았을 것이다.

첫째 1927년 당시에 골프를 즐길 수 있는 계층은 조선총독부 고관과 조선은행이나 동양척식(주) 등의 고위간부들, 고급군인, 일부 친일귀족이나 친일부호들, 그리고 서울에 주재한 소수의 외교관들 정도였을 것이다. 즉 골프장의 개설은 당시 이 땅을 지배하고 있던 총독부 고관들 스스로의 필요에 의한 것이었을 것이다.

둘째 당시의 영친왕은 명목상 왕실의 대표였을 뿐, 실제로는 일본 군인 신분으로서 일본에 거주했고 그 일거일동은 일본정부와 조선총독부가 엄중히 관리하고 있었다. 그는 조선왕조 마지막 황제였지만 부왕에 해당하는(실제는 형) 순종황제의 국장(1926년 6월 10일)에도 참석하지 못하는 처지였다. 그리고 설령 그가 돈 2만 원을 보조금으로 내놓을 정도의 힘이 있었다 할지라도 1년 전까지 그의 모후의 무덤이 있던 곳을 파헤쳐 골프장을 건설한다는 것은 당시의 유교윤리로 볼 때 상상할 수도 없는 일이다.

그러므로 오늘날 서울컨트리클럽의 연혁으로 전해오는 글귀 "영친왕께서 약 30만 평을 무상으로 대여함과 동시에 건설비 2만 원"이라는 문장은 "당시 구 왕실재산을 관리하던 총독부 기관인 이왕직에서 약 30만 평을 무상으로 대여함과 동시에 건설비 2만 원"으로 고쳐야 할 것이다. 즉 1927년부터 조성하기 시작한 능동 골프장은 바로 조선총독부 고관들과 그들의 주변 인물들의 필요에 의하여 총독부가 이왕직의 이름을 빌려 조성케 한 것이었다고 보는 것이 옳을 것이다.

여하튼 지난날의 유능 터에 18홀짜리 골프장이 건설된 것은 1929년 5~6월경이었고 다음해인 1930년 10월에는 전 조선골프대회를 개최했다.[1)]

---

1) 이 땅에 골프라는 이름의 놀이가 들어온 것은 1920년대 초반의 일인 듯하며, 1926년 9월 중순에는 서울시 교외인 청량리에서 골프대회를 개최했다는 기록이 있다. 그리고 서울에 골프장이 생긴 후에는 지방에도 골프장이 생겼으며, 일제하 이 땅에는 서울 외에 대구·부산·평양·원산 등지에 골프장이 있었다고 하며, 유한

그러나 1941년에 태평양전쟁이 일어나자 골프는 사실상 금지되었다. 그런 한가로운 일이 용납될 수 없는 시대상이 첫 번째 이유였고, 골프라는 놀이가 영·미 등지에서 발생하고 발달했다는 점에서 적성(敵性)놀이로 지목된 것이 둘째 이유였으며(당시는 야구나 축구경기도 적성 운동이란 이유로 배척되었다), 그렇게 광활한 땅이 식량생산 등 생산적인 일에 활용되지 못하고 적성놀이에 이용될 수 없다는 것이 세 번째 이유였다. 이리하여 대구·부산 등지에 있던 골프장도 혹은 비행장으로 혹은 신병훈련장으로 변해버렸다. 능동에 있던 골프장도 예외일 수는 없어 글라이더연습장으로 쓰이게 되었다. 일제시대 서울에서 중학을 다녔던 몇 사람으로부터 이때 능동 글라이더연습장 건설을 위한 작업에 근로동원되어 많은 고생을 했다는 회고담을 들은 일이 있다. 글라이더연습장으로 사용되고 남은 공터는 농경지(밭)로 사용되었다고 한다.

서울컨트리클럽의 탄생과 발전

1949년 8월 15일, 정부수립 1주년 기념축하연이 베풀어졌을 때 주한 미군장성들과 담소하는 자리에서 이승만 대통령이 "요즘은 휴일을 어떻게 지내느냐"라고 묻자, 미군장성들이 "한국에는 골프코스가 없어서 군용기를 타고 일본이나 오키나와에 가서 골프를 치고 온다"라고 대답했다는 것이다. 이 일이 있은 직후 이 대통령은 당시 총무처장이었던 전규홍에게 국내에 골프코스를 건설하라는 지시를 내렸다.

그리고 그해 가을의 어느 날, 이 대통령은 관계 장관을 거느리고 농경지였던 지난날의 능동 골프장 현장을 답사해본 다음 즉각 그 복구안을 재가했다. 이 복구작업은 미군의 지원 등에 힘입어 1950년 5월에 완성

부호 자제들과 일본인 사회의 돈 있는 이들이 이 놀이를 즐겼던 것이다.

을 보기에 이르렀다. 그러나 그 후 한 달도 채 안 되어 6·25한국전쟁이 일어나 이 골프코스는 일제시대 말기의 폐허 이상으로 큰 상처를 입게 된다.

1953년에 휴전이 되고 부산에 내려가 있던 정부가 환도하자 이승만 대통령은 이번에는 외자관리처 처장이었던 이순용에게 골프장 복구작업을 지시했다. 사단법인 서울컨트리클럽의 창립총회가 열렸던 것은 1953년 11월 11일이었고 장소는 외자관리청 청장실이었다.[2] 그리고 창립총회 당시의 회원은 이들 임원 11명을 포함하여 모두 18명이었다고 한다. 6·25한국전쟁 직후 이 나라 국민 1인당 평균소득이 50달러가 채 되지 않던 시대였으니 골프를 칠 수 있다든가 아니면 적어도 골프에 관심을 가질 만한 인물은 전 국민 중에서 극히 선택된 일부계층뿐이었다.

서울컨트리클럽의 창립과 발전 그리고 1972년에 능동을 떠날 때까지의 발자취를 엮은 책자가 1987년에 발간되었다. ≪한국일보≫ 논설위원·부사장 등을 역임한 신영수가 저술한 이 책의 제목은 『용감한 개척자들』이다. 온 국민이 헐벗고 굶주리던 1950~1960년대에 골프장을 만들고 골프를 즐긴 것이, 왜 무엇 때문에 '용감한 개척자'가 되느냐라는 의문을 가질 수 있다. 그런데 이 책자를 읽어보면 그들은 틀림없이 용감한 개척자들이었다. 전기도 전화도 상수도도 없던 황량한 벌판에 골프장을 만들었던 비화들이 소개되어 있다. 그 내용 중 가장 흥미가 있는 것은 김정렬의 회고담이다.

---

2) 이 날의 창립총회에서는 설립 취지문과 전문 32개조에 이르는 정관을 심의 통과시킨 다음 초대임원을 선출했다. 이사장에 이순용, 부이사장에 농림부장관을 지낸 임문환, 이사에 이기붕·장기영 등 8명, 감사에 최순주·임송본 등 2명이었다. 그들 임원진의 명단을 보면 모두가 당시 이 나라 정계·관계·재계를 대표하는 인물들이었다. 한편 이 날 회의에서는 개인회원 입회금 5만 환, 법인회원 1인당 10만 환, 찬조회원으로부터는 10만 환의 입회금을 받기로 결정했다.

훗날 국방부장관·주미대사·국무총리 등을 역임한 김정렬이 이 골프장 건설에 관여했을 때의 직위는 공군참모총장이었다. 그가 가장 먼저 한 일은 불도저를 구하는 일이었다. 당시 이 나라 민간에는 단 한 대의 불도저도 없었다. 그렇다고 군용 불도저를 동원할 수도 없었다. 미 8군 사령관을 꾀어서 불도저와 트럭을 동원했다고 한다. "미군장성들에게 레크레이션 장소를 제공하겠다"는 구실을 붙였다는 것이다.

다음에 한 일은 잔디씨를 구하는 일이었다. 당시 일본 나고야에 있던 미 제5공군사령관에게 부탁해서 잔디씨앗 27개 포대를 오산비행장 경유, 신당동 공군참모총장 관저까지 밤중에 수송했고 그날 밤 안으로 능동 현장까지 트럭으로 운반했다는 것이다. 명백한 밀수행위였다.

세 번째로 한 일은 그린모어(잔디 깎는 기계)를 구하는 것이었다. 한국은행 부총재가 한은 도쿄지점장을 시켜 그린모어 5대를 사게 하고, 미 제5공군사령관에게 부탁해서 미 군용기로 오산비행장 경유 공군참모총장 관저까지 비밀리에 운반했다는 것이다. 불요불급한 것은 절대로 수입이 허용되지 않았던 시대였으니 잔디씨도 잔디 깎는 기계도 밀수로 들여올 수밖에 없었던 것이다.

"외자관리청장이 국유물자를 골프장 복구용으로 마구 전용하고 있다"라는 정보가 감찰위원회(현 감사원)에 접수되어 조사 끝에 이순용 외자관리청장, 함성용 외자관리국장이 파면처분을 받았다. 이 사건은 경무대경찰서, 서울고등검찰청에서 재조사하여 무혐의 처리가 되었다. 민복기·홍진기 등 역대 법무부장관이 서울컨트리클럽 회원이었기 때문에 무혐의처리가 되도록 협력해주었던 것이다. 홍진기·민복기의 후일담에 의하면 충분히 유죄가 성립되지만 사욕을 취하려고 한 일이 아니었기 때문에 무혐의처리가 되었다고 한다. 이렇게 파면결의까지 되었지만 이순용은 그 후 내무부장관·체신부장관을 역임했다.

허다한 우여곡절을 겪은 후 국제규모의 능동 골프장(길이 6,750야드, 파 72)이 복구 개장된 것은 1954년 7월 11일이었다. 그리고 이때에는 최초의 임원들 외에 민복기·김형근·홍진기·이호·이병철·이형근·김정렬·강영훈·김만기·박두병·김성곤·정운갑·백한성·한격만·신성모·서상권·이익흥·정주영 등이 개인회원 또는 법인회원 대표로 가입되어 있었다. 그 모두가 당시 이 나라 정·관·군·재·법·의계를 대표하는 쟁쟁한 인물들이었고 한국현대사를 뒤지면 여기저기에서 그 얼굴을 드러내는 인물들이었다.

서울컨트리클럽이 처음 개장한 날로부터 15년의 세월이 흘렀다. 1950년대 후반에서 1960년대 말까지의 15년간이 이 골프클럽의 내외부적 환경을 크게 바꾸어버린 것은 당연한 일이었다.

우선 외부적 환경의 변화였다. 골프장이 처음 문을 열었던 1954년 7월 11일 당시의 능동일대는 서울의 한적한 교외였다. 자동차가 접근하기도 어려울 정도의 한적한 농촌이었던 것이다.

워커힐이 준공·개관된 것은 1963년 4월 8일이었다. 이 워커힐의 개관이 동부서울의 모습을 송두리째 바꿔버리는 직접적인 계기가 되었다. 한양대학교 남쪽, 다리 너비가 5.6m에 불과했던 성동교가 13m 너비로 확장된 것은 1966년 8월 15일이었다. 이 다리에서 광나루에 이르는 광나루길 7,340m의 도로가 10m 너비에서 30m로 확장되는 공사는 1966년 12월 29일에 준공되었다.

교량과 도로만이 아니었다. 1960년대 후반에 들어 능동 골프장 주변에는 구획정리사업에 의한 대규모 택지조성 공사가 집중되었다. 뚝섬지구 40만 평은 1966년 4월부터 실시되었고, 화양지구 64만 평은 1966년 8월부터, 중곡지구 95만 평은 1969년부터 시작되었다. 능동 골프장의 전후좌우가 모두 주택지로 메워지게 된 것이다.

골프장 바로 남쪽에 건국대학교가 들어선 것은 1956년부터였다. 또 골프장 바로 동쪽에 세종대학교가 자리를 잡은 것은 1962년 12월이었다. 그런데 골프장에 담장이 있는 법은 없다. 농업에 종사하는 주민, 출퇴근하는 주민, 등하교하는 학생들에게 골프를 즐기는 특수층의 모습이 그대로 보였다.

도로가 넓어지고 구획정리로 주택이 들어서고 하자 주민의 수도 엄청나게 늘어난 것은 당연한 일이었다. 골프장이 처음 개장했던 1954년 당시에는 그 주변일대의 주민은 3천 명 정도로 추정되고 있다. 그로부터 10년이 지난 1963년 말에도 능동·중곡동·화양동 등 3개 동리의 인구수 합계는 5,954명밖에 되지 않았다. 그런데 1970년 센서스 결과로 밝혀진 3개 동 인구수 합계는 6만 3,764명이었다. 1964~1970년의 7년간 11배로 인구가 늘었던 것이다.

15년 세월 동안 바뀐 것은 외부환경만이 아니었다. 서울컨트리클럽 자체도 크게 발전하여 그 모습이 달라지고 있었다. 법인체의 이사장도 장기영(한국일보 사장·부총리), 박두병(두산그룹 창업자), 김종락(서울은행장), 김성곤(쌍용그룹 창업자) 등으로 바뀌었다. 한국은행·한국산업은행을 비롯하여 전체 금융기관, 대기업체가 법인회원이 되어 있었고 개인회원도 1,200명 정도를 헤아렸다.

이렇게 발전만 해가던 서울컨트리클럽에 최초의 시련이 다가왔다. 22만평 땅값지불문제였다. 능동 골프장은 원래가 유강원 능터였기 때문에 국가소유지였고 문화재관리국이 관리하고 있었다. 이 골프장이 처음 개설된 1954년 당시, 땅값이 문제되지 않았던 것은 아니었다. 당시의 문화재관리국장 윤우경과 초대이사장 이순용 간에 땅 한 평에 1원씩 22만원을 지불하기로 약정하고 법무부차관이었던 홍진기와 훗날 대법원장을 지내는 민복기 등 2명이 증인으로 서명을 했다고 한다.

그러나 실제로 대금이 지불되지 않은 채로 10년 넘은 세월이 흘렀고 소유권은 여전히 대한민국으로 되어 있었다. 문화재관리국 입장에서는 서울컨트리클럽 회원들이 워낙 거물들이었기 때문에 모르는 채 못 본 채 지내왔던 것이다. 그러나 언제까지나 그런 상태가 지속될 수는 없었다. 1960년대 중반이 되어서는 문화재관리국 자체가 이 문제로 감사원의 감사까지 받게 되었다.

땅값은 한 평당 5천 원이 안 되게 책정되었다. 21만 3천 평의 대금이 10억 5천만 원이었다. 일시불로 하면 3할이 공제되었다. 재력 있는 회원들 50명이 500만 원씩 내어 2억 5천만 원을 마련했고, 나머지는 김종락 이사장이 행장으로 있는 서울은행에서 대출을 받아 7억 몇천만 원을 일시불로 납부할 수 있었고, 남는 돈으로 클럽회관도 신축할 수 있었다. 은행에서 빌린 돈은 신규회원에게 150만 원, 기존회원 1인당 10만 원씩을 부과해서 모두 해결했다. 이렇게 해서 능동 21만 3천 평의 넓은 땅은 사단법인 서울컨트리클럽이 정식으로 소유하게 되었다.

2. 골프장을 옮기라는 대통령 지시

이전지시의 과정

1970년 말 한국인 1인당 평균소득은 240달러였다. 아직도 형편없이 가난하였지만 그래도 골프장을 처음 만들었을 당시의 50달러에 비하면 생활수준이 크게 향상되어 있었다. 무엇보다도 '춘궁기'니 '절량농가'니 하는 것이 없어져 적어도 굶어죽는 사람은 없었던 것이다.

소득수준이 올라감에 따라 골프인구도 서서히 늘어나고 있었다. 서울컨트리클럽의 경우 1959년의 회원은 법인회원이 65명, 찬조회원이 28명, 개인회원이 371명으로 모두 464명이었는데, 1970년에는 법인·찬조·개인회원 합계가 1,200명에 달했다. 서울컨트리가 폐쇄적·보수적인 자세여서 많은 회원은 수용하지 않았고, 또 골프장 운영이 기업이 될 수도 있다는 데 착안하여 서울교외에 몇 개의 골프장이 새로 개설·운영되고 있었다. 현재 서울대학교 부지가 되어 있는 자리에 관악골프장이 생긴 것은 1960년대 전반이었고, 이어서 고양군 원당읍에 한양과 뉴코리아 등 2개의 골프장이 개설·운영되고 있었다.

1970년 현재 서울컨트리클럽 개인회원 명단을 보면 당시 이 나라의 정계·금융계·경제계·법조계·언론계·의료계를 대표하는 이름들이 나열되어 있다. 서울컨트리클럽 회원이 된다는 것은 바로 한국사회에서 최상류사회에 속해 있다는 증빙이었다. 클럽은 권력·기업·결혼 등 여러 가지 인간관계가 맺어지고 해결되고 거래되는 최고급 사교장이었다. 당연히 박 대통령의 측근인 김종필·이후락·박종규·조상호 등도 거의가 포함되어 있었다. 1970년 청와대 경호실장 박종규는 부이사장이었고, 전 국방부장관 김정렬, 중앙정보부 차장 김치열, 대한체육회 회장 민관식은 이사였다.

박정희 대통령도 능동 골프장에 비교적 자주 나갔다고 한다. 전속으로 코스를 돌아다니는 캐디가 정해져 있었고 대통령을 위한 전속 하우스를 따로 하나 짓자는 의견이 나올 정도였다고 한다. 박 대통령이 골프장을 옮기라고 지시한 직접적인 동기는 이모(李某)라는 장관이 대통령과 같이 골프를 치면서 "여기 동네사람들이 칼을 던지곤 한답니다"라고 말했더니 대통령이 "그렇게 민간인의 반감을 사고 있는 골프장이라면 안 되지, 골프장을 아주 없앨 수는 없으니까 다른 곳으로 옮기라"고 했다는 것이다(『용감한 개척자들』, 213~216쪽).

그러나 나의 해석은 다르다. 칼이나 돌을 던지는 주민들이 간혹 있었다고 한들 그만한 일에 골프장을 옮기라고 지시하지는 않았을 것이라고 생각한다. 박 대통령이 서울컨트리를 옮기라고 지시한 동기를 나는 다음과 같이 생각하고 있다.

첫째는 박 대통령 스스로가 골프 체질이 아니었다는 점이다. 필드에 비교적 자주 나갔다고 기록되어 있지만 골프는 체질적으로 박 대통령 취향이 아니었을 것이다. 박 대통령은 원래가 고독한 성격으로 많은 사람과 함께 담소를 즐기고 하는 분위기와는 거리가 멀었다. 그런 체질은 서울컨트리클럽이 가지는 최고급 사교장으로서의 분위기에도 쉽게 휩쓸리지 못했을 것이다. 권력과 재력을 바탕으로 시간의 여유도 있는 계층과 가난한 농사꾼 집안에서 태어난 박 대통령 사이에는 항상 정신적인 거리가 있었을 것이고 동조하기보다는 오히려 혐오감이 앞섰을 것이라고 생각하고 싶다.

둘째는 새마을운동이었다. 근면·자조·협동정신을 내건 새마을운동은 1970년 4월 22일, 전국 지방장관회의 석상에서 박 대통령이 처음 제창했다. 그 첫 번째 사업은 그해 10월부터 시작한 농촌마을 환경개선사업이었지만 결국은 농촌만의 운동에 그치지 않았고 도시새마을운동, 국민정신개조사업으로 발전해갔다. "새벽종이 울렸네 새 아침이 밝았네"로 시작되는 새마을노래를 대통령이 직접 작사·작곡했다고 전해질 정도로 깊이 심취했던 새마을운동 전개과정에서 능동 골프장의 존재 자체가 마음에 거슬렸을 것으로 짐작이 간다. 이미 한적한 교외가 아니고 밀집한 주택가의 중심이 된 곳에 이 나라 정치·경제·사회 전반의 최고지도층이 드나들며 한가로이 골프를 즐긴다는 것은 근면·자조·협동과는 너무나 어울리지 않는 그림이었던 것이다.

"능동 골프장을 좀 한가로운 교외로 옮기고 그 자리에 어린이를 위한 대공원을 조성하도록 하라"는 대통령 지시가 내린 것은 1970년 12월 4일이었다. 그날 오전 10시에 남산 제2호 터널 개통식이 거행되었다. 개통식이 끝난 후 서울시청에 들른 박 대통령이 양택식 시장에게 직접 지시했던 것이다. 그때 그 자리에 배석한 것은 박종규 경호실장뿐이었고 국무총리도 그 밖의 장관도 배석하지 않았다. 그와 같은 대통령 지시는 남산2호 터널 개통기사와 함께 12월 5일자 조간신문에 일제히 보도되었다.

박 대통령은 "서울컨트리클럽의 위치가 적절하지 않으니 보다 더 교외로 옮기도록 하라"라고만 지시한 것이 아니었다. "옮겨가고 그 뒷자리는 어린이를 위한 공원으로 하라"라고 했다. 왜 굳이 어린이를 위한 공원이어야 했던가?

대구사범학교를 나와 초등학교 교사를 지냈던 경력 그대로 박 대통령은 어린이에 대한 관심이 적지 않았다. 해마다 국민 전체를 향한 신년사와 함께 별도로 「어린이를 위한 신년 메시지」라는 것을 발표했고, 또 5월 5일 어린이날에는 빠짐없이 특별담화를 발표했다. 어린이를 위한 그의 감정은 1965년 1월 1일의 메시지 내용 중 "나는 대한의 어린이들이 더욱더 슬기롭고 씩씩하며 장차 세계에서도 자랑스러운 민족으로 자라나기를 바라는 마음 간절하다"라는 구절에 잘 나타나 있다. 어린이에 대한 그의 바람이 집대성된 것이 1968년 12월 5일에 발표된 「국민교육헌장」이었다. 그러나 그럼에도 불구하고 어린이에 관한 분야는 대통령보다도 영부인 육영수 여사의 몫이었다.

육영수 여사가 어린이에 대한 관심을 처음으로 나타낸 것은 그가 앞장서서 세운 '양지의 집'이 1966년 9월 13일에 개관했을 때였다. 근로여성 교양지도를 위해서 마련한 '양지의 집'에 어린이도서실을 마련했던 것이다. 그리고 육 여사는 틈틈이 전국 농촌마을 어린이문고에 책을 보냈다.

어린이를 위한 '육영재단'이 설립된 것은 1969년 4월 4일이었고, 한 달 뒤인 5월 5일 어린이날에 남산 허리에 어린이회관 기공식을 가졌다. 대지 600평에 지하 1층 지상 18층의 어린이회관이 준공된 것은 1970년 7월 25일이다. 모든 신문이 사회면 톱기사로 '동심의 궁전, 여기는 우리들 세상, 동양 최대의 어린이회관' 따위의 표제를 달아 대대적으로 보도했다.

남산 허리에 자리하여 접근하기도 어려웠고 교통편의도 좋지 않았지만 대통령 영부인이 세워 운영하는 시설이니 이용자가 끊겨서는 안 되는 일이었다. 서울시내 전 국민학교·중학교 교장들이 학생들을 데리고 이 시설을 참관했다. 그것은 바로 잘 보이기 위한 경쟁이었다. 이 시설이 들어선 1970년 7월 25일부터 1973년 말까지의 3년 반 동안 이 회관을 이용한 어린이수는 328만 9,845명으로 집계되었다. 하루평균 3,179명이 이용한 셈이다(박목월, 『육영수 여사』, 386쪽).

그 후의 지지했던 경과

"서울컨트리클럽을 어디론가로 옮긴다"는 소문을 신문기사를 통해서 알게 된 회원들은 너 나 할 것 없이 크게 놀랐다고 한다. 어디로 옮기느냐, 어떤 조건으로 옮겨가느냐에 대한 구체적인 내용이 전혀 없는 막연한 보도였기 때문이다.

당시의 '박 대통령 지시'는 감히 그 누구도 거역할 수 없는 무게를 지니고 있었다. 그리고 일단 지시가 내려지고 나면 그것은 일사천리로, 빠른 시일 내에 실현이 되어야 했다. 예외라는 것이 없었다.

박 대통령 지시로 기존의 골프장이 옮겨간 선례가 있었다. 1960년대 전반에 신림동 산 56-1일대 97만 평의 땅에 관악골프장이 건설되어 운영되고 있었다. 서울컨트리클럽 다음으로 서울 안팎에 소재한 두 번째 골프장이었으며 운영주체는 동서관광(주) 서순은 사장이었다. 이 골프장을 옮기고 그 자리에 서울대학교 종합캠퍼스를 지으라는 박 대통령 지시가 내린 것은 1970년 3월 16일이었다. 박 대통령의 이 지시는 바로 실천에 옮겨졌고 관악골프장은 97만 평 부지대금 약 15억 원을 받고 경기도 화성군 동만면 오산리로 이전해갔다. 서울대학교 종합캠퍼스의 기공식이 거행된 것은 1971년 4월 2일이었다.[3)]

관악골프장은 박 대통령 지시가 있은 직후에 대한민국 정부(서울대학교 시설확충 특별회계)가 바로 매수했고 골프장 소유자였던 동서관광(주)이 바로 옮겨간 데 비해 서울컨트리클럽의 경우는 사정이 달랐다. 대통령 지시가 있은 지 1년이 지나고 1년 반이 지나도 진전이 없었다. 그 이유는 다음과 같다.

첫째는 서울컨트리클럽의 소유주가 개인이 아닌 법인체였다는 점이다. 법인회원이 50여 명, 개원회원이 1,200명이었으니 쉽게 의견통일이 될 수가 없었다. 1,200명 개인회원 중에는 현직 정부고관, 여당 국회의원, 재벌의 총수나 중역들이 있었다. 그들은 모두 개인적으로는 박 대통령 지시에 무조건 승복해야 하는 입장이었다.

그러나 그들이 전부가 아니었다. 야당 국회의원, 변호사·의사·언론인도 있었으며 중소규모의 자영업자도 있었다. 그들은 박 대통령 지시에 무조건 따라야 할 이유가 없었다. 물론 절대권력자의 지시였으니 표면적으로 반대의사를 공언하지는 않았다. 그러나 마음속으로는 "대통령이면 대통령이지 왜 우리가 개인적으로 즐기는 골프까지 간섭하느냐. 아무리

3) 관악골프장 97만 평의 대금이 정확히 얼마였는가에 관해서는 알 수가 없다. 『서울대학교 50년사』에 의하면 이 골프장 부지 97만 평을 포함한 일대의 부지 107만 평을 구입하는 데 평당 약 1,560원으로 16억 7,300만 원이 소요되었다고 기술되어 있으므로, 골프장 부지 97만 평의 대금이 약 15억 원 내외였을 것으로 추정한 것이다.

절대권력자라고 한들 우리의 사생활까지 간섭할 이유가 없지 않은가"라는 강한 반발심이 있었다. 공식적인 발언은 아니었지만 사석에 앉으면 그런 불평들이 터져 나올 수밖에 없었다. "찬성한다"보다는 "반대한다"는 목소리가 커진 것은 당연한 일이었다.

'골프장 이전지시'가 신문에 보도된 후 서울컨트리클럽 이사회가 개최된 것은 1970년 12월 15일이었고, 토의안건은 바로 '클럽부지 공원용지화 논의에 대하여'라는 것이었다. 여러 이사들로부터 갖가지 의견이 나왔으나 쉽게 결론이 날 문제가 아니었다. "대책위원회를 구성하여 그 결정에 따르도록 한다"는 것을 결론으로 이사회는 끝났다. 이 문제에 대해서는 『용감한 개척자들』도 거의 침묵을 지키고 있다. 예민한 사안이었기에 말을 삼간 것이다.

문제는 돈이었다. 박 대통령은 "서울시가 인수해서 그 자리에 어린이를 위한 공원을 조성하라"고만 했지, 구체적으로 "어떤 조건으로 인수할 것이며 그 인수대금을 어떻게 마련하라"라는 등에 관한 구체적인 지시가 전혀 없었으니 양택식 서울시장도 서울컨트리클럽 측도 신중할 수밖에 없었다. 교섭은 비밀리에 추진되었다.

당시에 나는 서울시 재정을 총괄하는 기획관리관(현재의 기획관리실장)이었으며 양 시장이 가장 신임하는 부하였다. 시장의 일거일동, 시장이 고민하는 문제들을 모두 알아야 하는 위치에 있었다. 그런데 양 시장은 이 문제에 관해서만은 철저히 비밀을 지켰다. 나에게도 단 한마디의 상의가 없었고 진척상황에 대해서도 언급하는 바가 없었다. 최근에 와서 양 시장으로부터 들은 이야기, 당시의 신문기사 등을 더듬어서 당시의 교섭과정을 정리해보면 다음과 같다.

우선은 보상비였다. 1970~1971년 당시의 서울시 재정은 바닥을 헤매고 있었다. 다달이 지급되는 공무원(지방비) 봉급을 마련하기 위해 은행에서 매월 자금을 빌려올 정도로 궁핍했다. 1~2억 원의 여유자금도 염출할 수 없는 최악의 상태였다. 그러므로 골프장을 인수하라는 지시를 받았을 때 양 시장도 그 밖의 서울시 간부들도 골프장 회원들이 알아서 순순히 떠나가주고, 서울시에서는 한푼도 안 들이고 22만 평 땅을 인수하여 그곳에 공원조성비만 투자하면 되는 것으로 받아들이고 있었다. 양 시장 스스로가 서울컨트리의 개인회원이었다. 또 당시 이 클럽의 회원들은 거의가 재력이 넉넉하여 얼마든지 다른 골프장의 회원이 될 수 있는 능력이 있었다. 그런데 실제로 교섭을 해보니 그렇게 쉬운 문제가 아니었다.

서울시 측에서는 양 시장 한 사람이 교섭대표였다. 서울컨트리클럽에서는 이사장 김성곤[4]이 교섭대표였고 간간이 부이사장 박종규가 합석했다. 그 밖에는 배석자가 없었다.

능동 골프장을 서울시에 양여하고 다른 곳으로 옮겨가는 교섭이 진행되던 초기, 1970년 말에서 1971년의 서울컨트리클럽은 김성곤 이사장, 박종규 부이사장에 의해서 사실상 전권 운영되고 있었고 양여교섭도 김·

4) 김성곤은 이 나라 정계·재계를 대표하는 거물급 인사였다. 김성곤이 경기도 안양에서 금성방직(주)을 설립한 것은 1949년이었고, 1953년경에는 고려화재보험(주)·동양통신(주)·연합신문사 등을 경영했다. 1958년에 제4대 국회의원에 당선되었고, 1960년에는 국민대학교도 인수했다. 이 나라 최대의 시멘트회사인 쌍용양회공업(주)을 설립한 것은 1962년이었다. 쌍용그룹의 시작이었다. 1963년에 제6대 국회의원에 당선되었을 때 그는 이미 재계뿐만이 아니라 여당인 공화당 내에서도 거물정객이 되어 있었다. 공화당 당의장 서리였던 백남억과는 대구고보(현 경북고등학교)·보성전문학교 동기였고 내무부장관 엄민영과도 대구고보 동기생이었다. 1967년에 제7대 국회의원에 당선되었고 공화당 재정위원장을 맡았다. 이어서 1971년에 제8대 국회의원, 공화당 중앙위원회 의장이 되었다. 중학교를 다닐 때부터 유도선수였기 때문에 대한유도회 회장도 맡고 있던 김성곤이 서울컨트리클럽 제9대 이사장에 취임한 것은 1969년 4월 29일이었고 그해 12월 2일 총회에서는 제10대 이사장에 취임했다.

박 양씨에게 일임되어 있었다.

양여교섭은 예민한 문제였다. 1,200명 회원들이 납득하는 동시에 박 대통령도 600만 서울시민도 납득할 수 있는 조건이어야 했다. 합의과정이 외부에 누설되어서는 절대로 안 되는 일이었다. 조선호텔 귀빈식당에서 아침식사를 하면서의 밀담이 되풀이되었다. 실무적인 내용이 토의될 때는 클럽 측에서는 전무이사 최용관이, 그리고 서울시에서는 산업국장 주용준이 배석했다.

첫 번째 만남에서부터 서로의 조건은 상치되었다. 클럽 측에서 제시한 것은 시가보상이었다. 당시의 시가는 평당 2만 원 정도였다. 그런데 서울시 재정형편상 40억 원이라는 것은 상상도 할 수 없는 액수였다. 서울시에서 제시한 액수는 1967년에 문화재관리국으로부터 서울컨트리가 매수했을 때의 토지가격 7억여 원에 법정이자 연리 5%를 더한 액수였다. 즉 8억 5천에서 9억 원 정도의 금액이면 어떻게 해서라도 서울시가 염출해보겠다는 것이었다.

몇 차례의 만남에서 서울시가 마지막으로 제시한 액수가 최고로 15억 원이었다. 공원조성비로도 10억 원 이상이 들 것이니 토지보상비로 15억 원 이상 지출할 수는 없었다. 그 이상의 액수이면 시민들이 납득하지 않을 것이라는 것이 서울시 입장이었다. 토지보상비를 둘러싼 협상은 결렬되었다. 그리고 몇 달이 흘러갔다.

가장 답답했던 것은 박종규 경호실장이었다. 그는 대통령 지시를 바로 옆자리에 앉아서 들은 장본인이었던 데다 서울컨트리클럽 부이사장이기도 했다. 또 한 번 만났다. 이번에 제시된 안은 "서울근교에서 골프장 조성의 적지를 서울시가 책임지고 빠른 시일 내로 찾아내어 적지로 합의가 되면 서울시 책임하에 골프장을 조성해서 서울컨트리클럽에 제공한다"는 것이었다. 서울근교에 국유임야도 적잖이 있던 때였다. 설령 국유

임야가 아니더라도 평당 천 원 안팎이면 임야를 구입할 수 있었다.

서울시 조경과의 실무자들이 서울근교의 임야를 뒤져서 시흥·용인·화성군 등지에서 서너 군데의 후보지를 찾아낼 수 있었다. 서울컨트리 측 실무자와 같이 답사를 했는데 모두가 부적절하다는 것이 서울컨트리 클럽 측 반응이었다. 경사도가 높다, 토질이 좋지 않아 잔디씨가 자랄 수 없다는 등이 골프장 실무자들의 의견이었다. 능동 골프장과 비교했을 때는 당연히 나올 수 있는 의견이었다. 능동 같은 장소는 대한민국 어디에서도 찾을 수 없기 때문이다. 새 골프장을 조성한다는 쌍방의 합의는 이렇게 해서 무산되고 말았다. 이미 조성된 골프장, 한양이나 뉴코리아 등을 헐값으로 매수한다는 방침이 세워졌다.

당시 서울컨트리클럽 임원의 임기는 2년이었다. 그러나 얼마든지 중임할 수 있었다. 김성곤이 제10대 이사장으로 취임한 것은 1969년 12월 2일이었으니 그의 임기는 1971년 12월에 끝나게 되어 있었다. 골프장 양여라는 큰 문제를 처리하는 과정이었으니 당연히 중임되어야 했다. 그러나 결코 중임할 수 없는 큰 사건이 발생했다. 이른바 '10·2항명사건'이 터졌던 것이다. 그 사건을 간략하게 소개해본다.

1971년 6월 3일에 김종필이 국무총리로 취임하면서 내무부장관에는 오치성이 임명되는 등 행정부는 친김종필계로 짜여졌다. 그러나 국회내 여당은 여전히 반김종필계인 4인체제(백남억·김성곤·길재호·김진만)로 운영되어 행정부와 입법부 간에 호흡이 맞지 않아 약간의 마찰이 되풀이되고 있었다. 이렇게 김종필계, 반김종필계로 나누어진 정부·여당 간의 대립·반목은 마침내 1971년 10월 2일에 있었던 3부장관 해임건의안 의결에서 노출되고 말았다.

9월 하순에 야당인 신민당에서 제출한 김학렬 경제기획원장관, 신직수 법무장관, 오치성 내무장관 등 3부장관 해임건의안이 10월 2일 국회에서 의결예정이었다. 여당 총재인 박 대통령은 사태가 심상치 않음을 직감하고 10월 1일, 정부각료와 당 간부를 청와대로 불러놓고, 내각과 당이 결속해서 야당의 해임건의안을 부결시키는 데 총력을 기울이라고 당부했다.

그러나 10월 2일 의결에서 김학렬 경제기획·신직수 법무 해임건의안은 각각 부결되었으나, 오치성 내무부장관은 재석 203명 중 가 103, 부 90(무효 6)으로 해임건의안이 가결되어버렸다. 오 장관은 1971년 6월 3일 개각으로 장관에 취임하자마자 경찰과 지방관서장 개편에 착수하여 그동안 4인체제가 심어놓았던 뿌리들을 거의 다 좌천시켜버렸다고 한다. 당시 국회의원의 구성은 정원 204명 중 여당인 공화당이 113석, 신민당이 89석 기타 2석이었다. 공화당 국회의원 113명 중에서 적어도 10명 이상이 당 총재의 명령에 불복종했던 것이다.

노발대발한 박 대통령에 의해 항명주동자 김성곤·길재호 두 의원은 탈당권고를 받고 국회의원직을 사퇴했다. 당시 김성곤은 중앙위원회 의장, 길재호는 정책위원장이었다. 국회의원직을 내놓아야 할 정도로 박 대통령의 미움을 산 김성곤이었으니 서울컨트리클럽 이사장 자리는 당연히 사퇴해야 했다. 1971년 12월 19일에 개최된 컨트리클럽 총회는 제11대 이사장으로 호남정유(주) 사장이었던 서정귀를 선출했다.[5)]

이렇게 해서 능동 골프장 서울시 양여문제는 서정귀 이사장, 박종규 부이사장 체제로 인계되었다.

---

5) 경상남도 통영 출신의 서정귀는 박정희 대통령과 대구사범학교 동기생이었다. 경성법학전문학교를 졸업하고 일제하인 1942년에 고등문관시험 사법과를 합격했다. 1960년 제5대 민의원선거 때 고향인 통영에서 국회의원에 당선되기도 했지만 1961년 5·16쿠데타 후에는 엄청난 세력가가 되었다. 박 대통령과 대구사범 동기라는 친분관계 때문이었다. 1964년에 국제신보사 사장, 1966년에 흥국상사 사장, 1970년에 호남정유(주)를 설립하여 그 사장에 취임했다. 이 호남정유(주)도 박 대통령이 내린 특혜조치로 설립된, 미국 칼텍스(Caltex)와의 합작회사였다.

신탁은행의 자회사, 한신부동산의 능동 골프장 매입

박 대통령의 지시가 있고서 1년이 넘게 지났는데도 아무런 진전이 없었다. 초조해진 것은 양택식 시장만이 아니었다. 지시가 내렸을 때 바로 옆자리에 배석했던 경호실장 박종규도 초조하기 짝이 없었다. 경호실장이라는 직책 때문에 대통령과 함께하는 시간이 가장 많았으니 걱정이 이만저만이 아니었다. "골프장 옮기는 것, 그것 어떻게 되어가고 있지"라는 질문이 나온다면 그것은 절대절명이 아닐 수 없었다.

고양군 원당읍에 있는 한양컨트리클럽을 매입키로 결정한 것은 1972년 4월이었다. 그 사실을 보도한 것은 ≪매일경제신문≫ 1972년 6월 15일자 기사였다. 이어서 6월 27일자 기사로도 보도하고 있다. 그런데 6월 15일자 기사는 한양컨트리클럽을 13억 4천만 원에 매입하기로 결정했다고 보도하고 있으나 그것은 잘못된 보도였다. 실제로 합의된 금액은 25억 원(정확히는 24억 7,500만 원)이었고 그 금액은 서울시에서 능동 골프장 수용보상비로 지급하기로 했던 것이다.

궁지에 몰린 것은 양택식 시장이었다. 서울시 재정형편상 25억 원의 보상비를 염출할 방법이 없었던 것이다. 궁리 끝에 양 시장이 찾아간 것은 신탁은행 김진홍 행장이었다. 양 시장은 신탁은행 자회사인 한신부동산(주)에서 능동 골프장 21만 3천 평 중 9만 3천 평을 25억 원에 인수해줄 것을 간청했다. 한 평에 2만 7천 원 정도가 되는 셈이었다.

여기서 신탁은행과 한신부동산(주)에 관해서 설명해두어야 하겠다.

조선신탁(주)이라는 회사가 처음 설립된 것은 일제시대인 1932년이었다. '방법을 몰라서 재산증식을 할 수 없는 사람을 대신하여 그 재산을 맡아 운영하는 것을 업'으로 하는 것이 신탁회사였다. 이 조선신탁(주)이 일반은행업무도 맡게 되면서 '조선신탁은행'이 된 것은 미 군정하인

1946년 10월이었고, 대한민국이 수립된 후인 1950년 4월에 '한국신탁은행'으로 그 상호를 변경했다. 그 후 한국상공은행과 합병하면서 한국흥업은행으로 그 상호가 변경된 일이 있기는 하나 1968년 이후로 다시 한국신탁은행으로 부활했다. 이 한국신탁은행이 서울은행과 합병하여 '서울신탁은행'이 된 것은 1976년 8월이었고, 그 상호를 더 줄여서 '서울은행'이 된 것은 1995년 6월 1일이었다.

한국신탁은행이 한신부동산(주)이라는 자회사를 설립한 것은 1969년 2월 28일이었다. 도로·터널·택지개발 등 사회간접자본에 투자하는 것을 목적으로 하는 개발회사였다. 이 한신부동산(주)이 처음으로 개발한 것이 남산 제1호 터널이었다. 두 번째 한 일은 언양-울산 간 산업용고속도로였다. 경부고속도로가 통과하는 경남 울주군 언양에서 울산공업단지까지를 연결하는 길이 15.7km의 고속도로였는데 1969년 6월 20일에 착공하여 그해 12월 29일에 개통되었다. 세 번째는 북악터널이었다. 세검정과 미아리를 연결하는 도로의 중간에 있는 길이 810m의 터널인데 1970년 7월 29일에 착공하여 1971년 9월 10일에 개통되었다.

한신부동산(주)이 개발한 것은 그 밖에도 여러 가지가 있다. 우리가 쉽게 알 수 있는 것 하나만 소개하면 평창동 주택단지이다. 세검정에서 바로 바라볼 수 있는 북한산 허리의 고급주택지이다. 원래는 국유지였는데 총무처 공무원연금기금이 인수하여 한신부동산(주)에 매각하고 한신이 고급주택지로 개발하여 일반인에게 분양한 것이다.

그러나 사회간접자본에 투자하여 이익을 본다는 한신부동산(주)의 사업은 모두가 실패해버렸다. 1970년에는 아직 자동차가 그렇게 많지 않았다. 서울시의 자동차수가 1970년 말 현재로 6만 442대밖에 되지 않았으니, 남산1호 터널이나 북악터널의 통행료를 받아서 채산을 맞추고 수익을 올린다는 것은 처음부터 크게 잘못된 계획이었다. 1974년 11월 8

일 현재로 계산을 해보았더니 신탁은행이 한신부동산에 투자한 총액은 320억 원이었는데 한신부동산(주)의 재산평가액은 199억 원밖에 되지 않았다. 120억 원의 결손이었다. 5년 동안 투자해서 120억 원의 손해를 본 것이었다.

한국신탁은행이 한신부동산(주)을 해체하기로 한 것은 1974년 말이었다. 정부의 특별배려로 남산1호 터널과 북악터널은 서울시에 이양하고 언양-울산 간 산업용고속도로는 한국도로공사에 이양하도록 했다. 서울시와의 이양계약이 체결된 것은 1975년 1월 13일이었다. 이양조건은 남산1호 터널 23억 원, 북악터널 15억 원으로 평가하여 합계 38억 원을 서울특별시가 5년 거치 15년 균등분할 상환하고 이자는 연 8%로 6개월마다 후불한다는 조건이었다(『서울신탁은행 30년사』, 1989, 127~133쪽).

1971~1972년에는 신탁은행도 한신부동산(주)도 활발하게 움직이고 있었다. 한신부동산이 하는 일이 서울시 건설행정과 밀접한 관계를 맺고 있었던 관계로 한신부동산(주)의 중역은 거의 매일같이 서울시에 출입하고 있었고 신탁은행 행장도 서울시장실 출입이 잦았다. 당시의 신탁은행 행장은 김진홍이었다.[6)]

양 시장이 김진홍 행장에게 능동 골프장 21만 3천 평 중에서 북쪽에 위치한 9만 3천 평을 25억 원에 인수해달라고 부탁한 것은 1972년 4월

---

6) 김진홍은 경기도 연천군의 양반출신으로 일제 때 경성고등상업학교를 나온 금융계의 중진이었다. 금융통화위원, 주택은행장을 거쳐 1970년 10월 27일에 한국신탁은행장에 취임하여 1975년 2월 21일까지 재직했다. 그는 본인 스스로도 수필을 쓰는 문학애호가였지만 부인 때문에 더 유명했다. 부인이 한국을 대표하는 여류소설가 한무숙이었기 때문이다. 키가 크고 훤칠한 미남형 신사였다. 아마 1971년경이었던 것으로 기억한다. 서울시장실을 찾아와 양택식 시장과 언쟁을 하는 것을 본 일이 있다. 내가 배석하고 있었다. 그때의 언쟁에서 한치의 양보도 없이 끝내 자기 주장을 관철하는 것을 보고 고집이 세고 자존심이 굉장히 강하다는 인상을 받았다.

1971년 9월 10일, 북악터널 준공식을 마치고 현장을 돌아보고 있다. 앞줄 왼쪽에서 차례로 양택식 시장, 태완선 건설부 장관, 박 대통령 내외, 오른쪽 끝이 김진홍 신탁은행 행장, 그 뒤에 안경 쓴 사람이 김정렬 대통령 비서실장이다.

경이었다. 그런데 김 행장의 대답은 "못하겠다"는 것이었다. 김진홍도 서울컨트리클럽 회원이었기 때문에 그곳 사정은 이미 잘 알고 있었다. 두 번 세 번 간청을 했는데 끝내 안 되겠다는 대답이었다.

양 시장이 김 행장에게 부탁하고 김 행장이 거절하고 하는 과정은 박종규 경호실장에게 그때마다 보고되었다. 어느 날 경호실장으로부터 양 시장과 김 행장이 함께 청와대로 들어오라는 연락이 왔다. 양 시장이 김 행장과 같이 경호실장실에 들어갔더니 "양 시장은 별실에 가서 기다리라"는 것이었다. 박 경호실장과 김 행장 간의 단독회담에서 어떤 내용이 오갔는지는 알 수 없다. 약 40분 후 김 행장이 밖으로 나오는데 그 얼굴이 창백했다는 것이다.

박 대통령의 측근 중에서도 박종규 경호실장은 정말 파격적인 인물이었다. 내가 '파격적인 인물'이라고 한 것은 보통 일반인의 상식으로는 판단이 안 되는 인물, 다른 말로 표현하면 보통의 스케일로는 잴 수 없는 인물이라는 뜻이다. 여하튼 일거일동이 특별한 사람이었다. 박 대통령에 대한 충성심이 탁월해 충실한 경호책임자였고 그 밖의 정치적 욕심이 없다고 알려져 있었다. 언제나 스웨덴제 긴 권총을 두 자루나 차고 다녀 '피스톨 박'이라는 별명이 붙어 있었다. 버릇이 없다는 등의 이유로 그에게 봉변을 당한 정부고관이 한둘이 아니었다(≪한국일보≫ 1996년 10월 15일자 기사 「역대 경호실장」). 장관이건 국무총리이건 간에 그 앞에서는 위축되었다.

그가 경호실장이었을 때 그는 대통령에 다음가는 사실상의 제2인자였다. 파격적인 인물이었던 박종규와 고집 세고 자존심이 강했던 김진흥과의 40분간의 대화, 그리고 김진흥의 창백한 얼굴에서 나는 그 대화가 얼마나 살벌한 것이었던가를 추측할 수 있다. 이때 김진흥 행장의 나이는 56세였고 박종규 실장의 나이는 42세였다. 김 행장 평생에 가장 기억하고 싶지 않은 사건이었을 것이다. 여하튼 이 만남 이후로 신탁은행의 '9만 3천 평 25억 원 인수'는 기정사실이 되었다.

계획보다 2배로 넓어진 어린이대공원

빠른 시일 내에 골프장을 폐쇄하고 옮기기 위해서는 기존의 다른 골프장을 인수하는 것이 최상의 방법이었다. 그때만 하더라도 한양·뉴코리아 등 골프장이 별로 수지가 맞지 않아 서울컨트리클럽에서 인수해주기를 강하게 희망하고 있었다. 그중에서도 한양컨트리클럽은 심각한 재정난에 빠져 있었다. 한양컨트리는 한양관광(주)이 건설하여 운영하고 있는 골프장이었는데, 그 소유주는 건설업으로 재벌이 된 삼호의 조봉구였다. 그런데 당시 조봉구는 판유리제조업에 투자한 것이 실패하여 대단한 경영난에 빠져 있었다.

고양군 원당읍 원당리에 소재한 한양컨트리클럽은 51만 평 36홀이었고 회원은 약 1,500명이었다. 여러 차례의 물밑 교섭 끝에 조봉구가 전액소유하는 한양관광(주) 주식 전체를 서울컨트리클럽이 인수하기로 했다. 인수금액은 24억 7,500만 원이었다. 1972년 6월 초순의 일이었다. 문제는 한양의 1,500명 회원이었다. 서울컨트리클럽이 인수하더라도 한양의 기존회원은 한양회원의 자격으로 종전과 같이 골프장을 이용할 수 있도록 한다는 조건이었다.

이 체제는 지금까지 그대로 이어지고 있다. 사단법인 서울컨트리클럽의 회원은 골프장 사용료(약 2만 원 정도)만 내고, 한양회원은 다른 골프장 회원과 같은 그린 피(약 5만 원)를 내는 체제이다. 36홀의 골프장을 공동이용하고 있기는 하나 각각의 출입구가 다르고 지불하는 요금에 차이가 있다. 즉 서울컨트리 회원은 주주이고 한양회원은 단순한 회원이라는 이원체제인 것이다. 각각의 회원권은 상속도 되고 양도도 되지만 양도가격에는 2배 이상의 차이가 있다.

한양컨트리클럽을 24~25억 원으로 인수하기로 했는데 문제는 그 대금을 어떻게 염출하는가였다. 서울컨트리 능동 골프장은 21만 3천 평이지만 실제로 골프장으로 이용되어 잔디가 깔린 면적은 남쪽의 12만 평이었고 북쪽의 9만 3천 평은 여기저기 잡목이 자라는 들판이었다.

서정귀 이사장, 박종규 부이사장, 양택식 서울시장 사이에 다음과 같은 그림이 그려진다.

첫째, 21만 3천 평 중에서 실제로 골프장으로 이용되던 남쪽의 12만 평은 서울컨트리클럽이 서울시에 기증하는 것으로 한다. 대통령 내외분이 간절히 희망하는 어린이공원 조성에 서울컨트리클럽이 흔쾌히 동참한다는 형식이 성립되는 것이다. 둘째 잡목이 자라는 북쪽의 9만 3천 평은 한신부동산(주)이 24억 7,500만 원에 인수하도록 하며 그 대금으로 한양관광(주) 전 주식을 서울컨트리클럽이 인수하고 능동 골프장은 폐쇄

한다. 능동 골프장이 폐쇄된 것은 1972년 8월 28일이었다.

그런데 막상 대금의 인수·인계과정에서 실로 엉뚱한 문제가 터져나왔다. 부동산투기억제세의 문제였다. 서울컨트리클럽이 문화재관리국으로부터 21만 3천 평 부지를 7억여 원에 매수한 것은 1967년이었다. 그로부터 5년이 지난 1972년에 그중 9만 3천 평 대금으로 신탁은행에서 24억 7,500만 원을 받는다면, 부동산투기억제세로 약 8억 원 정도를 국세청에 납부해야 한다는 것을 알게 된 것이다. 그렇게 되면 한양컨트리클럽을 인수할 수 없게 되고 마침내는 다음해 5월 5일에 어린이대공원 개원도 못하게 되었다.

그 사실을 알게 되었을 때 양택식 시장은 노발대발했다. 주용준 산업국장이 대단한 꾸중을 들어 며칠 동안 출근을 안했을 정도였다는 것이다. 이 세금문제가 불거진 것은 "12만 평을 무상기증 받기로 했다. 10월에는 어린이대공원 공사를 착공해서 내년 5월 5일 어린이날에는 개원을 한다"라는 기사가 여러 차례 신문지상을 장식한 뒤의 일이었다. 만약 차질이 생기면 서울특별시장의 자리가 위태로울 지경이 된 것이다. 비상수단을 쓰기로 했다. 즉 기증받기로 한 12만 평을 서울시가 강제수용하는 형식을 취하자는 것이었다. 국가 또는 지방자치단체가 수용하는 토지에 대해서는 부동산투기억제세가 과세되지 않았던 것이다.

"능동 산 3-8외 48필지 33만 8,091㎡를 공원용지로 지정한다"는 서울시 고시 제142호가 발포된 것은 1972년 10월 16일이었다. 그리고 서울시와 서울컨트리클럽 간에 허위로 조작된 공문서가 오갔다. "당신네 땅 12만 평(정확히는 11만 9,997평)을 서울시가 아동공원용지로 수용하겠으니 그렇게 알아달라" "알았다. 수용에 응하겠다"는 공문이었다. 10월 14일자 서울시 발송공문, 10월 18일자 서울시 접수공문서가 현재 서울시 공원과에 남아 있다. 산업국장이 건설국장에게 토지수용을 의뢰한 것은 10월 30일이었다.

당시의 서울시 녹지과 공원개발계장은 피상진이었다. 피 계장이 직접 신탁은행에 가서 24억 7,500만 원짜리 수표를 받아서 그 길로 서울컨트리클럽에 가서 전달했다. 25년이 지난 지금도 피상진은 24억 7,500만 원이라는 금액을 정확히 기억하고 있다. 능동 71-1 분묘지 외 117필지 11만 9,997평이 서울시 소유지로 이전등기된 것은 1972년 11월 7일이었다. 등기번호가 28086호였다. 단 한 푼의 예산도 없이, 회계과에서 단 1원도 지출되지 않고, 신탁은행 행장도 당무자도 모르는 사이에 신탁은행이 지출한 돈으로 12만 평의 땅이 서울시 소유지가 되어버렸다.

당시의 모든 기록은 "12만 평의 땅을 서울컨트리클럽이 서울시에 기증"한 것으로 기술하고 있다(예를 들면 서울특별시의 『'74 시정개요』, 423쪽). 서울시가 그렇게 발표하고 널리 홍보한 때문에 모든 언론도 그렇게 보도했고 서울시 간부들도 모두 그렇게 알고 있었다. 당시 서울시 기획관리관이었던 나도 이 글을 쓰기 위해서 공문서와 기록들을 찾아보고 피상진 계장을 만나 당시의 사정을 청취하기 전까지는 12만 평이 기증된 것으로 알고 있었고 그런 글을 써왔던 것이다. 박 대통령도 물밑에서 이런 잔재주가 벌어졌다는 것은 전혀 알지 못했던 것이다. 생각해보면 실로 어이없는 일이다.

한편 신탁은행은 더 어려운 처지가 되었다. 서울시장과 경호실장의 강압에 이기지 못해 9만 3천 평의 토지를 매입키로 하고 그 대금도 지불했지만 그 토지를 이용할 길이 막막했다. 지금이야 고층아파트를 지어서 분양하면 충분히 수익을 올리지 않느냐라고 생각할 수도 있다. 그러나 1972년의 사정은 지금과 전혀 달랐다. 서울시내에 고층아파트라는 것은 여의도에 서울시가 건설한 시범아파트단지 하나가 있을 뿐이었다. 서울시민의 주(住)생활이 단독주택에서 아파트로 바뀐 것은 1978년부터의 일이었다.

1972년 어린이대공원이 건설되기 시작했을 때만 해도 능동·중곡동 일대는 아직도 변두리였다. 화양지구나 중곡지구에 구획정리사업이 전개되어 주택이 들어서고 있었지만 그것은 모두가 1~2층짜리 단독주택이었다. 내가 이 글을 쓰면서 어린이대공원이 위치해 있는 광진구에 아파트가 들어선 연도를 조사해보았더니 워커힐 입구에 워커힐아파트 14개 동이 준공된 것이 1978년 12월 13일이었고 그것이 최초였다.

그 다음에 건립된 것이 자양 2동의 한양아파트 6개 동이었고 1983년 5월 20일에 준공되었다. 1970년대 후반에서 1980년대에 걸쳐 광란에 가까운 땅값 앙등 현상이 오리라는 것을 그 당시 신탁은행 관계자들뿐 아니라 대한민국 국민 어느 누구도 예측하지 못하고 있었다. 그 땅을 인수한 신탁은행측은 그저 맥이 풀려 등기이전도 하지 않고 방관만 하고 있었다.

그런데 21만 3천 평을 모두 인수하지 않고 그중 9만 3천 평의 땅이 한신부동산(주) 소유가 된 데 대해서 서울시 간부 중에서 반성하는 소리가 일어나고 있었다. 그 대표적인 간부가 손정목 기획관리관이었다. 당시의 나는 "빈 공간이 한번 건물로 채워지면 다시는 돌이킬 수 없다. 차제에 약간의 무리가 있더라도 21만 3천 평 전체를 서울시 소유로 하자"고 두 번 세 번 건의한 것을 기억하고 있다.

12만 평 골프장터에 공원을 조성하는 사업의 기공식이 거행된 것은 1972년 11월 3일이었다. 1973년 5월 5일 개원에 맞추어 이른바 '180일 작전'이라는 강행군이 시작되었다. 김종필 국무총리가 어린이대공원 공사장을 방문한 것은 1973년 2월 24일 토요일 오후 2시경이었다. 김 총리는 양 시장의 안내로 공사장을 돌아본 뒤에 골프장의 클럽하우스 옥상에 올라갔다. 그 클럽하우스는 '새싹의 집'으로 개조하는 공사가 한창이었다. 산업국장·녹지과장·공원계장도 배석하고 있었다. 양 시장이 서울시 재정형편 때문에 부득이 북쪽 9만 3천 평이 한신부동산(주)에 넘어갔다는 것을 보고하자 김 총리가 당장에 "안 되지. 너무 아까워요. 앞으로 확장해야 할 필요성이 일어나면 어떻게 하나요. 안 됩니다. 좀 무리를 하더라도 서울시가 전부 인수하도록 합시다"라고 했다.

그때 김 총리의 말투는 약간 격앙되어 있었고 그 소리가 커서 뒷자리에 서 있는 피상진 계장 귀에까지 생생하게 들렸다고 한다. 당시 김종필 총리는 한국의 제2인자였다. 서울시 의회가 없고 서울시 행정은 국무총리실의 감독하에 있었다. 예산편성과 간부의 인사문제도 국무총리의 승인을 받아야 했다. 서울시 행정을 전담하는 기구로 '행정조정실 제3조정관'이라는 것이 설치되어 있었다. 누구의 지시인데 안 따를 수 있으랴. 양 시장의 대답은 그저 "알겠습니다. 그렇게 하겠습니다"라는 것이었다.

다음날인 2월 25일자 ≪조선일보≫ ≪한국일보≫ 등 2개의 조간신문은 '어린이대공원 2배로, 서울시 9만 3천 평 매입결정, 창경원의 4배로'라는 표제로 서울시가 25억 원을 들여 한신부동산(주)이 소유키로 되었던 땅을 다시 매수하기로 결정했다는 사실을 크게 보도했다.

결국 한신부동산(주)이 인수하기로 했던 9만 3천 평의 땅도 서울시가 원가인 24억 7,500만 원에 다시 인수하기로 결정했다. 신탁은행은 25억 원이라는 거금을 1년 가까이 무이자로 대출한 결과가 된 것이었다.

경계를 조정해보았더니 서울컨트리클럽 땅에 포함되어 있지 않았던 일반민간인 토지 약 5천 평(4,872평)도 서울시가 인수해야 되는 것으로 판명되었다. 그것은 한 평에 2만 원으로 강제수용했다. 결국 개원할 때 어린이대공원의 총면적은 71만 9,400㎡(21만 8천 평)가 되었다.

3. 온 국민의 성원을 담아 완공

디즈니랜드냐 잔디공원이냐

박 대통령이 지시한 '어린이를 위한 공원'이라는 것은 과연 어떤 것을 말하는가? 1970년 아직도 한국은 가난한 나라였고 서울시 재정상태도 밑바닥을 헤매고 있었다. 이미 가꾸어져서 시민들이 이용하고 있던 명동공원·서린공원을 매각해서 그것을 도로·교량 건설비로 충당한 것이 겨우 2~3년 전의 일이었다. 1970년만 하더라도 서울시내에 공원이라고 이름 붙어 있는 것은 겨우 남산공원·사직공원·효창공원·삼청공원·파고다공원 등뿐이었다. 남산·사직·삼청은 자연공원이었고 효창과 파고다는 사적지공원이었다.

그런 실정이었으니 솔직히 당시의 서울시 간부들에게 '21만 평짜리 어린이용 공원'이라는 것은 상상도 할 수 없을 정도로 생소한 것이었다. 그때 서울시 직제에는 산업국 산하에 녹지과라는 것이 있었다. 산림행정, 공원관리, 공원개발, 조림보호의 4개 계가 있었고 과장·계장이 모두 임업직(林業職)이었다. 광복 후인 1940년대 후반 또는 1950년대에 농업고등학교 임학과 또는 농업대학 임학과를 졸업한 임업 전문직이었다. 그러므로 그들이 주로 한 것은 나무를 가꾸는 일, 사방사업을 하는 일 등이었고 공원관리나 공원개발은 부수적인 일이었다.

그런데 우리나라에 조경이라는 개념을 처음 도입한 것은 장문기였고 1960년대 말이었다. 그는 한양대학교 건축학과를 다니다가 미국에 가서 조경을 전공하고 돌아와서 홍익대학교 강사가 되었다. 그러나 우리나라에서 조경(Landscape)에 눈을 돌리게 된 것은 박 대통령이 경주개발(보문단지 등)에 착수한 1972년부터였고 그해에 오휘영[7])이 청와대 조경담당비서관으로 특채되는 데서 시작되었다.

조경이라는 개념 그리고 공원조성이라는 개념이 도입된 것이 1972~1974년이었으니 1970~1971년에 서울시가 21만 평의 어린이용 공원을 설계한다는 것은 꿈 같은 일이었다. 서울시가 홍익대학교 나상기 교수에게 기본계획수립을 의뢰한 것은 1971년 초였다. 나상기는 그 대학강사였던 장문기와 함께 공원설계를 시작했다. 당시 이 나라에서 공원계획을 수립할 수 있는 유일한 인물이 장문기였다. 대학원생 4~5명이 이 작업을 거들었다. 이 계획을 도왔던 대학원생 중 현재 국민대학교 건축학과 교수로 있는 박길용이 있었다. 박 교수의 회고에 의하면 작업을 주도한 것은 역시 나상기였고 그것을 장문기가 도우면서 작업이 진행되었다고 한다.

'홍익대학교 부설 건축·도시계획연구소' 이름의 '어린이대공원 건설 기본계획'이 서울시에 접수된 것은 1971년 4월 중순이었다. 양택식 시장은 4월 20일에 기자회견을 가져 그 내용을 대대적으로 발표했다. 제7대 대통령 선거가 1주일 뒤인 4월 27일로 예정되어 있어 여야 대통령 후보의 지방유세가 한창 진행되고 있을 때였다. 대통령 선거일보다 일주일 앞서 '어린이대공원 건설계획'을 발표하여 박정희 후보 지지에 도움이 되도록 계산한 기자회견이었던 것이다.

이때 발표된 어린이대공원 건설계획의 내용을 요약해보면 다음과 같다.

---

7) 한양대학교 건축과를 나오고 미국에 유학해서 일리노이주립대학에서 석사를 마친 오휘영은, 1967년부터 약 4년간 시카고지역 녹지관리청 조경담당관으로 재직하다가 귀국해서 중앙정보부장 이후락의 연줄로 대통령 비서관실에 특채되었다. 서울대학교 농과대학, 동 환경대학원 그리고 영남대학교에 조경학과라는 과가 처음 개설된 것이 1973년이었고, 1974년에는 '한국조경공사'라는 국영기업체가 생기고 조경학회도 창설되었다. 우리나라에 조경이라는 개념을 심은 것은 박 대통령과 오휘영이었고 1972~1974년의 일이었다.

① 서울시는 서울컨트리클럽 자리 21만 3천 평 위에 1971~1973년의 3개년 계획으로 어린이대공원을 건설하며 건설비 총액은 24억 5,400만 원으로 추산한다.
② 이 계획은 학계·언론계·교육계·관광전문가 등 각계인사들의 의견을 모아 작성된 것이며 동양 최대의 디즈니랜드를 목표로 한 것이다.
③ 21만 평 넓은 잔디밭 벌판 중앙에 너비 30m 큰길을 내고 이 큰길을 중심으로 오락의 광장, 휴양의 광장, 운동의 광장, 과학의 광장, 역사의 광장, 교통의 광장 등을 동서남북에 나누어 배치한다.
④ 부지 한가운데에 위치하는 오락의 광장은 8천 평으로 회전자동차·로켓비행기·물레바퀴관람차·회전목마 등 최신식 놀이기구로 채워진다.
⑤ 오락의 광장을 중심으로 동쪽일대에는 잔디공원·분수대·뱃놀이연못·유스호스텔 등 그림과 같이 아름다운 휴양의 동산을 만들며, 서쪽에는 모노레일 정거장과 유람차 등이 움직이는 교통의 광장을, 남쪽에는 과학의 광장을 배치하여 수족관, 동·식물원과 21세기 우주인의 모습, 화성의 세계 등을 보여주는 미래관, 불국사·석굴암 등 우리나라 국보모형을 모두 보여주는 국보관 등을 건립한다.
⑥ 북쪽에 배치되는 운동의 광장에는 여름에도 스키를 즐길 수 있는 만년스키장을 비롯하여 수영·축구·배구·농구 등 각종 운동시설이 들어선다.
⑦ 공원을 일주하는 길이 2.4km의 모노레일을 설치하는 등 이 광대한 어린이의 낙원에 세워지는 놀이기구·유람시설만도 5만 8천 평을 차지한다.
⑧ 어린이대공원에의 접근을 쉽게 하기 위하여 광장교-어린이대공원 간, 강남의 영동지구-어린이대공원 간의 도로확장과 포장공사 등도 동시에 진행한다.

3개월 정도의 시간을 주고 계획해보라고 했으니 계획가들이 생각한 것이 디즈니랜드였음은 당연한 일이다.

월트 디즈니가 1955년에 캘리포니아 주에 세운 디즈니랜드, 1971년에 플로리다 주에 세운 디즈니월드는 아름다울 뿐 아니라 기발하고도 화려한 놀이터로 유명하다. 그러나 그것을 한국에서 모방하기에는 두 가지 제약조건이 있었다. 첫째는 재정문제이고, 둘째는 기술적인 제약이다. 결국 나상기와 장문기가 세운 계획은 그저 평범한 놀이기구의 집합에 그 놀이기구들의 사이사이에 역사관과 국보관, 운동장, 모노레일 등을 배치하여 21만 평 넓은 공간을 채우는 계획일 수밖에 없었던 것이다.

4월 20일 석간에 그 내용이 일제히 보도되자 그 다음날 ≪중앙일보≫는 이 계획을 가리켜 "오락시설 위주의 평범한 놀이터에 불과하지 않느냐, 미래를 향한 환상의 세계도 없고 모험적 정서교육의 장도 아니지 않느냐, 어린이들에게 내일의 꿈을 심어주는 청사진이 되어야 한다"는 비판기사를 게재하고 있다. 그런데 이 계획에 대한 각계의 비판은 전혀 다른 것이었다.

양택식 시장이 건설기본계획을 발표했을 때 "널리 학계·언론계·교육계·관광전문가들의 의견을 모은 것이다"라고 한 것은 잘못된 것이었다. 실상은 대통령 선거에 맞추어 나상기·장문기가 작성해온 계획안을 거르지도 않고 그대로 발표해버린 것이었다. 아직 서울컨트리클럽과의 사이에 골프장 양도·양수에 관한 의견접근도 안 되어 있었다. 게다가 골프장 내부측량도 개시하기 전이었던 것이다. 컨트리클럽의 강한 반대에도 불구하고 측량작업을 강행하기 시작한 것이 1971년 10월 28일이었다(≪서울신문≫1971년 10월 26일자).

교육계·언론계·학계(도시계획·건축·과학·미술·관광) 등 각계인사로 구성된 '어린이대공원 건설자문위원회'가 소집된 것은 1971년 8월에 들어서였다. 그리고 자문위원회 석상에서 당연히 4월 20일에 발표한 건설기본계획 내용이 설명되었다. 그런데 자문위원들의 반응은 전혀 뜻밖이었다. 국민학교 교장 여러 명도 포함된 자문위원들이 이구동성으로 주장한 의견은 한 가지, 즉 "각종 도시공해에 시달릴 대로 시달린 어린이들을 또다시 인공적인 놀이기구 속에 파묻히게 하는 것보다는 지금의 골프장 상태 그대로 잔디와 숲 속에서 뛰놀게 하는 것이 훨씬 좋다"라는 것이었다.

계획은 원점부터 다시 시작되었다. 자연상태 그대로의 공원을 만든다는 것이었다. 그러나 아무리 자연상태 그대로라고 한들 골프장 상태 그대로를 어린이공원이라고 할 수는 없었다. 최소한도로 어떤 시설을 배치할 것인가가 계획의 초점이 되었다. 자문위원들 중에서 몇몇이 계획단에 추가되었다. 같은 홍익대학교의 박병주 교수, 건축가 이구, 건축가 엄덕문, 서울대학교 미술대학 학장이었던 조각가 김세중, 서울대학교 건축과 교수 이광로 등이 기본계획수립팀에 합류했다. 한국을 대표하는 쟁쟁한 인물들이었다. 그들이 계획했을 때의 공원용지의 넓이는 12만 평이었다. 9만 3천 평은 한신부동산(주)이 인수하도록 결정된 뒤의 일이었기 때문이다.

아마도 이 정도 규모의 계획에 질과 양의 양면에서 이만한 인물들이 모인 예는 그 전에도 없었고 그 뒤에도 없었던 것으로 알고 있다. 더욱더 높이 평가해야 하는 것은 그들이 거의 무보수로 이 계획에 참여했다는 점이다. 박 대통령과 영부인이 주도하는 사업이었기 때문이기도 했지만 한국에서 처음으로 생기는 대규모 어린이공원 계획에 참여한다는 강한 사명감 때문이었을 것이다. 그들이 계획을 세웠던 1972년 여름에서 가을에 걸쳐서는 이 공원의 넓이는 12만 평이었고 그것은 거의가 골프장으로 이용되었던 잔디밭이었다. 이 잔디밭의 원형을 그대로 유지한 채로 최소한도의 시설을 배치한다는 것이 계획의 과제였다. 거듭된 모임에서 다음과 같은 내용이 합의되었다.

> 동서에 각각 한 개씩, 두 개의 대문을 만들고 그중에서 서문을 정문으로 한다. 동서의 문을 연결하는 중앙관통로를 만들고 순환도로도 만들며, 군데군데 오솔길도 만든다. 그 모두가 산책도로이며 너비 5~25m로 계획한다. 도로의 연장은 10km이며, 이 도로는 아스팔트나 콘크리트 포장이 아닌 백토(白土) 포장으로 하여 자연을 그대로 살린다.
>
> 정문을 들어서서 약 100m 정도의 위치에 넓이 3백 평에 달하는 화려한 분수

엄덕문이 설계한 어린이대공원 정문.

대를 설치한다. 그 길을 그대로 걸어가다가 동문에 가까운 위치에 중후한 대규모 팔각당을 건립한다. 3층 높이의 팔각당은 매점과 식당, 전망대를 겸한다. 육각정의 정자 두 개도 만들어 한 개는 정문 안 연못에, 다른 한 개는 남쪽 언덕에 배치한다.

동서남북과 중앙에 모두 5개의 놀이터를 만든다. 각각의 놀이터에는 피라미드, 등책, 시소·미끄럼틀·그네 등의 가벼운 놀이시설, 모래밭, 잔디밭, 화장실 등을 배치한다.

골프장 당시의 회관이었던 건물을 개조하여 동화·영화·과학·민속·미술·휴게실 및 공원사무실로 활용한다. 이것이 '새싹의 집'이라는 이름의 교양관이다.

637평의 식물원, 540평의 동물원, 5천 평의 동물동산, 야외음악당, 꽃시계, 공원조성기념비, 어린이헌장비 등을 적절히 배치한다. 수영장은 공원 서북측에 배치하고 5,900평 규모의 주차장은 정문 옆에 배치한다.

각 시설의 책임설계자도 결정했다. 팔각당과 정문 설계는 엄덕문이 맡기로 했고, 분수대는 김세중이 맡기로 했다. 식물원과 동물원 설계는 나상기와 이광로가 나누어 맡았고, 전반적인 조경설계는 박병주와 장문기가 맡았다. 홍익대학교 건축·도시계획연구소 이름의 최종보고서가 서울시에 접수된 것은 1972년 10월 20일이었다. 각 시설의 스케치와 몇 개의 표만으로 이루어진 보고서였다. 용역비가 엄청나게 헐값이었고 계획가들이 거의 무보수로 참가했기 때문에 원고를 쓰지 않았으며, 따라서 단 한 줄의 설명문도 없는 독특한 용역보고서가 만들어진 것이다. 생각해보면 실로 가난했던 나라의 수도에 분에 넘치는 새 시설이 들어서게 된 것이었다.

180일 강행군으로 개원

기공식이 거행된 것은 1972년 11월 3일 금요일 오후 2시였다. 국민학교 어린이와 학부형 약 1만 명이 참석한 가운데 대통령 영부인 육영수 여사와 남녀 두 어린이가 첫 삽질을 했다.

1973년 5월 5일에 개원하기 위해서는 4월 말까지 공사가 마무리되어야 했다. 양택식 시장은 이른바 '180일 작전'이라는 것을 선포했다. 서울시청 간부 중 몇 사람이 한두 곳씩 맡아 공사진행을 진두지휘했다. 기획관리관이었던 내가 맡은 곳은 새싹의 집과 정면의 분수대였다. 지난날의 클럽하우스를 개조해서 만드는 새싹의 집은 당시 우리나라 공예미술계를 대표하는 홍익대 유강열 교수가 내부공사 및 진열품 일체를 맡았다.

정면의 분수대는 서울대학교 미술대학 학장으로 있던 조각가 김세중 교수가 설계와 제작을 맡았다. 내가 김세중 교수를 불러 정면 분수대 제작을 정식으로 의뢰했다. 2주일 후에 그가 가지고 온 구상도를 보고 제작비용을 물었더니 900만 원이 든다는 것이었다. "좋습니다. 900만 원 드리지요" 했더니 깜짝 놀라서 나를 쳐다보는 것이었다. "다만 작품

육영수 여사가 참석한 어린이대공원 기공식(1971. 11. 3.).

의 질은 책임을 져주셔야 합니다. 4~5년도 안 가서 망가지면 안 됩니다. 20년이 지나도 훌륭하게 기능을 하는, 그런 작품을 만들어주십시오"라고 했다.

훗날 그는 "대한민국 정부의 일을 수없이 많이 했습니다마는 부르는 값을 전혀 깎지 않고 '좋습니다' 한 것은 손 국장이 처음이었습니다"라고 했다. 예술품에 값의 흥정이라는 것은 있을 수 없다는 것이 나의 소신이다. 다만 내가 걱정한 것은 그 재질의 취약성이었다. 비용을 적게 들이기 위해 돌(石材)을 쓰지 않고 콘크리트 위에 석고를 바른 것이었기 때문에 망가질 것을 염려했던 것이다. 다행히 이 분수대는 25년이 지난 지금도 그 기능을 다하고 있다. 이 분수대에 하나의 후일담이 있다.

지금 세계적으로 유명한 팝 가수 마이클 잭슨이 처음 서울에 온 것은 1996년 10월 9일이었다. 그가 어린이들과 만나는 행사 때문에 어린이대공원에 간 것은 서울에 온 다음날이었다. 그곳에서 이 분수대를 본 그가 그 아름다운 물줄기에 감탄을 했다. 분수를 배경으로 사진을 찍은 뒤에 그는 “이 분수대를 만든 작가를 찾아달라. 똑같은 것을 만들어 미국의 우리집 정원에 설치하겠다”라고 했다는 것이다. 그 당시 대공원 책임자를 비롯한 어느 누구도 그것이 김세중의 작품임을 아는 사람이 없었다고 한다. 김세중이 저 세상에 간 지도 10년이 가까워진다.

‘180일 작전’이었지만 3~4월 두 달 60일간의 힘겨운 작업이었다. 팔각정과 정문공사장, 식물원공사장, 놀이시설공사장, 새싹의 집공사장 등은 전쟁터나 마찬가지였다. 특히 김 총리의 지시로 2월 25일에 새로 공원용지에 편입된 9만 3천 평의 땅에 오솔길을 내고 풀장을 만들고 하는 작업장은 인부와 감독으로 뒤범벅이 되어 있었다. 현장인부들도 그러했고 감독을 맡은 시직원들도 거의가 24시간 연속근무를 했다. 토요일·일요일이 있을 수가 없었다. 양 시장 스스로가 야전침대 위에서 여러 날을 보낼 정도의 강행군이었다.

홍익대학교 미술대학 교수 유강열이 맡은 작업은 새싹의 집의 민속실·과학실에다가 22만 평 전체 부지 내의 방향표지판을 만드는 일이었다. 5~6명 학생과 함께 밤낮이 없는 작업이었다. 피로에 지친 유 교수는 4월 하순이 되자 정신이상에 걸렸다. 헛소리도 하고 걸음걸이도 비틀거리는 것이었다. 강제로 끌고 가서 병원에 입원을 시켰더니 3~4일 후에 현장에 나온 그의 얼굴이 해골과 같았던 것을 25년이 지난 지금도 생생하게 기억하고 있다. 그 유강열이 저 세상에 간 것도 이미 20년이 지났다.

손세용이라는 이름의 건축과 기사가 있었다. 경북도청에 근무하다가 서울시로 전출이 되어온 그가 서울시청으로 발령을 받은 것은 1973년 3월 1일자였다. 그는 서울시에 전출해온 그날로 어린이대공원 식물원 공사감독으로 파견되었다. 그가 집에 간 것은 4월 30일이었다. 서울에서 집을 구하고 대구에서 이삿짐을 옮기고 하는 것은 모두 부인이 혼자서 했다. 그는 그 공로로 국무총리 표창을 받았다. 비단 손세용만이 아니었다. 승용차로 출퇴근하던 시대도 아니고 밤 12시 통행금지가 있어 밤 10시가 지나면 버스를 타기도 힘들었던 시대였으니, 모든 근무자들이 3~4월 두 달을 거의 현장에서 24시간 근무를 하지 않을 수 없었던 것이다. 이 공사가 끝나고 제1부시장 강영수를 비롯하여 모두 16명의 직원이 훈장 또는 대통령포장을 받았다.

각계의 성원이 담긴 공원

1972~73년의 서울시 재정은 최악의 상태를 헤매고 있었다. 여의도에 조성한 택지가 매각되지 않은데다가 지하철 1호선 건설에 막대한 자금이 들어가고 있었기 때문이다.

최악의 재정상태에서 대규모 공원건설이 시작되었다. 특히 1973년 2월 24일에 있은 김종필 총리 지시로 9만 3천 평의 토지대금 25억 원도 새로 지출하게 되었으니 양 시장의 입장이 말이 아니었다.

솔직히 당시의 서울시는 어린이대공원을 조성하는 데 얼마나 많은 비용이 드는지조차 정확히 추산할 수가 없었다. 전혀 전례가 없는 일이었기 때문이다. 음수대나 화장실은 몇 개나 만들어야 하는지, 벤치는 몇 개나 놓아야 하는지도 알 수 없었다. 그것은 모두 공사를 해가면서 연구해야 할 과제였다. 자연석으로 된 기념비를 한 개 설치해야 하는데 어디에서 운반해오고 운반비가 얼마나 들고 표면 글씨는 박 대통령 친필로 하더라도 이면 글씨는 누구에게 부탁하고 그 글씨값은 얼마를 지불해야 하는지 등 모두가 막막한 일이었다.

당시의 예산서를 찾아보았더니 1972년도 예산서에는 어린이대공원

시설비를 찾을 수가 없었다. 1973년도 당초예산서에 1972년도 채무부담 5억 원이 계상되어 있었다. 즉 1972년도에 외상으로 5억 원의 지출을 했음을 알 수가 있다. 식물원이나 산책도로, 풀장 공사비로 우선 반액 정도가 업자에게 지불되었던 것이다. 그러므로 1973년도 전반기의 공사는 처음부터 모두가 예산에 근거가 없는 외상공사였다. 공사가 끝난 후에 정산을 해주겠다는 것이었다.

양 시장이 구걸을 하기 시작했다. 전국경제인연합회에도 찾아갔고 대한상공회의소에도 찾아갔다. 경제인들에게 응분의 부담을 해달라는 부탁이었다. "대통령 내외분이 추진하는 사업입니다. 이미 서울컨트리클럽에서는 부지 12만 평과 클럽하우스를 무상으로 기증했으니 여러분도 응분의 부담을 해주셔야 되지 않겠습니까"라고 고개 숙여 부탁했다.

1972년 말의 한국인 1인당 평균소득은 겨우 300달러를 약간 넘고 있었다. 현대건설(주)은 당시에도 큰 기업체였지만 아직 현대자동차도 현대중공업도 없었고, 삼성도 큰 기업체였지만 주력기업은 제일모직과 제일제당이었고 삼성전자는 싹도 트지 않았었다. 오늘날의 LG그룹은 아직도 금성사와 락희화학이 있을 뿐이었다. 대우니 선경이니 하는 것은 일반인이 그 이름도 잘 모르고 있었다. 당시의 한국 대기업체는 겨우 건설업과 섬유업 그리고 시멘트 정도가 주도하고 있었던 것이다.

그러나 그렇다고 하더라도 서울시장의 간절한 부탁을 외면할 수만은 없었다. 현대건설(주)의 정주영 사장과 대한석유공사 사장이 분수대 제작비 900만원을 부담했다. 분수대는 모자상이 둘, 어린이가 물고기를 안고 있는 것이 둘, 이렇게 4개의 개체로 이루어져 있었다. 그중에서 모자상 500만 원은 정주영이, 어린이 물고기 400만 원은 석유공사에서 부담했다. 재일 오사카 한국인상공회에서 어린이헌장비 제작비용 400만 원을 부담했다. 삼성의 이병철 회장이 300만 원을 현금으로, 해태제과(주)

서울시의 열악한 재정형편 때문에 어린이대공원은 각계로부터 기증과 성금을 받아 조성되었다. 오늘날 어린이대공원이 벚꽃나무의 명소가 된 것도 당시 한 재일교포가 기증한 벚꽃묘목 3,500주 덕분이다.

박병규 사장과 한진의 조중훈 사장도 각각 100만 원씩을 현금으로 기증했다. 삼양사의 김상홍 사장, 럭키그룹의 구자경 회장, 화신산업의 박홍식 회장이 각각 한 개에 250만 원씩 하는 미끄럼틀 한 대씩을 부담했다. 대성산업 김수근 사장이 벤치 100개(150만 원), 동양나일론(주) 조석래 사장이 벤치 70개(105만 원), 대한종합식품(주)의 김두만 사장이 음수대 5점(100만 원)을 기증했고, 50만 원 이하의 물품을 기증한 사람들은 열거할 수조차 없었다.

겨우 50만 원이냐라고 생각할지도 모른다. 하지만 처음 개원했을 때의 입장료와 현재의 입장료를 단순 비교해보면, 1973년 개원 당시의 입장료가 어른 30원, 어린이 10원이었는데, 현재의 입장료는 어른 900원, 청소년이 500원이다. 그러니 당시의 100만 원이라는 금액은 지금의 5천만 원 정도가 된다.

기증자 명단을 보면서 돋보이는 것들이 있다. 한양대학교 총장 외 교직원 일동 600만 원이 그 첫째였다. 도쿄에 사는 재일교포 변주호라는 분이 벚꽃나무 묘목 3,500주를 기증했다. 그것이 자라서 오늘날 어린이대공원이 벚꽃나무의 명소가 될 줄을 그 누구가 상상이나 했겠는가. 해외교포들의 성금 중 눈길을 끄는 것이 있다. 일본 나가사키현 한국인부녀회에서 보내준 10만 원, 독일에 가 있던 기능공 김춘배의 1만 원, 선린상업고등학교 3학년 6반 학생들이 거둔 1만 905원 등이 나의 눈언저리를 뜨겁게 한다.

어린이헌장비와 정문글씨 등을 써준 일중 김충현, 원곡 김기승 등도 글씨값을 받지 않았고 숱하게 많은 문장을 써준 아동문학가 김요섭도 원고료를 받지 않았다. 이렇게 사례금을 전혀 받지 않았던 대가들의 이름은 여기서 일일이 적을 수가 없다.

어린이대공원에는 많은 업자가 갖가지 공사를 맡아서 참여하였으며 숱하게 많은 재료도 들었다. 그 대금은 과연 어떻게 지불되었던가. 1972년의 공사대금 5억 원은 1973년도 당초예산에 계상되고 있다. 1973년 1월부터 5월 5일까지의 대금은 모두가 외상이었다. 이렇게 외상으로 시공된 대금은 공원을 개원하고 난 뒤인 5월 19일자로 국무총리 승인을 받은 추가경정예산에 계상되어 있다. 어린이대공원 시설비 6억 7,981만 7천 원이라는 금액이 그것이었다. 즉 어린이대공원 건설비로 서울시가 1972·1973년에 현금으로 지급한 총액은 11억 7,981만 7천 원이었던 것이다.

놀이시설의 유치

"각종 공해에 시달린 어린이들이 자연의 품안에서 마음껏 뛰놀게 하자"라는 것이 어린이대공원 건설계획의 기본취지였다. 그러나 그것은 한계가 있는 일이었다. "어린이들이 과연 몇 시간이나 자연을 즐길 것이냐"라는 것이었다. 호기심에 부푼 어린이들이 "식물원에서 갖가지 식물을 보고 동물방사장에서 꽃사슴과 토끼가 뛰노는 것을 보고 벤치에 앉아 도시락을 먹고 푸른 하늘과 잔디를 쳐다보고 맑은 공기를 마시고, 그리고는 만족하고 돌아갈 것인가"가 문제였다.

당시 회전목마니 우주선이니 하는 유희시설은 그 규모가 작기는 하나 창경원에도 있었다. 서울시의 입장에서는 공원의 동북쪽 구석쯤에 창경원 유희장의 몇 배가 되는 대규모 유희시설을 만들고 싶었다. 그러나 당시의 서울시 간부 중에는 그 누구도 선진국의 최신식 놀이시설에 가본 적이 없었으며, 그런 것을 설치하고 운영하는 데 얼마나 많은 비용이 들고 어떤 기술이 필요한지를 알 수도 없었다. 양 시장과 공원실무자들이 걱정을 하고 있을 때인 1972년 10월 중순에 고급장성 출신인 박춘식[8]이 재일교포 한 사람을 데리고 서울시장실을 방문했다.

8) 1921년생인 박춘식은 1961년 5·16군사쿠데타 당시에는 강원도 춘천 근처에 있던 제12사단 사단장이었다. 5·16쿠데타가 일어났을 때 원주에 군사령부가 있던 제1군(야전군)은 사령관(이한림 중장) 이하 대부분의 군단장, 사단장들이 쿠데타에 반대하는 입장이었다. 그중에서 제5군단장 박임항 소장, 제5사단장 채명신 준장, 그리고 제12사단장 박춘식 준장은 쿠데타 찬성파였다. 그리고 박춘식 준장은 쿠데타 본부의 지령을 받아 춘천지구 각 정부기관을 장악하는 공로를 세웠다. 그 공로로 박 준장이 현역준장계급장을 달고 군사정권의 교통부장관이 된 것은 1961년 8월 16일이었다. 1963년에 민정으로 이양하면서 소장으로 진급하여 6관구사령관, 1966년에 육군본부 관리참모부장, 제3군단장을 지냈으며, 1968년에 예비역으로 편입된 인물이었다. 그런 이유로 박춘식은 박 대통령의 두터운 신임을 받고 있었다.

그가 데려온 재일교포 박서는 도쿄에서 남면상사라는 기업체를 운영하는 재력가라고 했다. 박서가 제안한 것이 어린이대공원에 일본 가사하라제작소에서 제작한 최신식 유희시설을 설치하고 그것을 운영하겠다는 것이었다. 새로 설치될 유희시설은 단순한 오락 위주가 아니라 레저스포츠인 동시에 과학교실의 역할도 해야 하고, 어린이에게 푸른 꿈을 심어주는 정서교육의 일환이기도 해야 하는 다목적 의의를 지니고 있었다. 동시에 고도의 기계화와 다양한 오락성 그리고 절대적인 안전성이 보장되어야 하는 것이었다.

일본은 경제가 고도성장한 1960년대에 들면서부터 각 지역에 대규모 어린이놀이터가 생겼고 그 놀이터의 유희시설을 거의 가사하라제작소에서 독점 공급했다는 증빙자료도 붙어 있어 일단 안심할 수가 있었다.

양 시장의 입장에서는 어차피 민자로 운영되어야 하고 이권사업이 될 수밖에 없는 이 유희시설을 박 대통령 측근인물이 중개했다는 점이 다행이었다. 박 대통령에게는 박춘식이 직접 보고할 터이니 일부러 양 시장이 가서 보고하는 절차가 생략될 수 있었던 것이다.

몇 차례의 만남에서 다음과 같은 사항이 합의되었다.

첫째, 각종 유희시설은 일본에서 제작하여 반제품 또는 부분품의 상태로 서울시에 무상 기증한다. 즉 재일교포 박서가 서울시에 기증한 것을 서울시가 반입하는 형식을 취한다는 것이다. 그렇게 하면 반입하는 데 관세를 납부할 필요가 없어진다.

둘째, 일본에서 기증으로 도입된 반제품·부분품의 조립과 고가(高架)의 코스, 각종 구축물, 토목(기초)공사 등은 일본기술자의 지도로 국내에서 작업하여 현장에 설치한다. 이렇게 조립·완성된 유희기계 및 시설 일체도 역시 서울시에 기증한다. 즉 유희기계의 조립과 구축물 설치 등의 비용일체를 재일교포 박서가 부담한다.

셋째, 그 대신에 서울시는 이 놀이시설의 관리운영권을 일정기간(10년간) 기증자측에 위임한다.

넷째, 기증자는 기계제작회사인 일본 가사하라제작소와 기술제휴하는 새 회사(공장)를 구로동 한국수출공단 내에 설립하고 유희시설의 계속적인 수리·대체와 신종 유희기계의 개발을 기도한다. 이 한일합작회사도 1973년 5월까지 준공한다.

스카이제트, 제트코스터, 커피컵 등의 이름이 붙은 유희시설은 14개 종류였고 그 비용은 5천만 원이었다. 그리고 고가(高架)코스를 비롯한 구축물·토목공사 등의 비용은 1억 5천만 원이었다. 이 시설들은 도입된 후에 청룡열차 등의 한국식 이름이 붙여졌다.

놀이동산의 설립 운영을 목적으로 하는 서울하이랜드(주)라는 회사가 설립된 것은 1972년 11월 3일이었고 대표이사 사장은 박춘식이었다. 이렇게 해서 14종 유희시설을 갖춘 놀이동산도 1973년 5월 5일 대공원 개원 당일부터 가동 운영되었다.

삼성에서 개발한 용인자연농원(현재 에버랜드)이 개장되어 대규모 유희시설이 운영된 것은 1976년 4월 17일이었다. 이 용인자연농원의 유희시설이 개원될 때까지 어린이대공원의 유희시설은 국내 최대규모의 최신시설로서 서울시뿐 아니라 전국 어린이들로 붐비게 되었다. 일요일과 그 밖의 공휴일에는 인산인해를 이룰 정도로 어린이들의 사랑을 받았다.

서울하이랜드(주)는 당초의 계약대로 10년간 운영한 뒤에는 운영권 일체를 서울시에 반납했다. 그러나 이미 시설은 낡았고 놀이시설도 구식이 되어 있었다. 1983년에는 새로이 (주)동마기업이라는 데서 인수하여 22억 4,900만 원을 들여 기존 시설물을 보수하고 쾌속회전열차, 전자전투기, 해적선 등 신규시설물 10가지를 더 보충하여 역시 10년간 위탁경영했다. 지금도 (주)동마기업에서 임대 운영하고 있으며 임대료로 연간 약 5억 원 정도를 대공원측에 납부하고 있다.

60만 인파가 몰려든 개원일

최홍이라는 사나이가 있었다. 키가 훤칠하고 얼굴이 흰 미남이었다. 나이는 나보다 한두 살 아래였으니 1930년생 정도였을 것이다.

전쟁이 일어나면 어떻게 대처하는가를 가상하는 을지연습(CPX)은 지금도 해마다 실시하고 있지만 박정희 대통령이 진두지휘했던 1970년대의 을지연습은 훨씬 복잡하고 힘든 작업이었다.

1972년 여름에 있었던 을지연습 때는 고무보트 몇 개씩을 연결해서 사람과 물자를 수송하는 '한강도강연습'이라는 것을 실시했다. 동부이촌동 연습장에는 박 대통령이 나와서 직접 참관했고 국무총리를 비롯한 각부장관도 참관했다. 서울시가 주관한 것이었으므로 서울시장 이하 주요간부 전원이 현장에 나가 있었다.

행사가 끝난 것은 오후 6시경이었다. 대통령과 각부 장관은 돌아갔고 서울시장 이하 서울시 간부들만 현장에 남아 뒤처리를 하고 있었다. 그런데 청와대로 돌아가던 대통령이 갑자기 서울시청 을지연습 상황실을 찾은 것이다. 시장을 비롯한 주요간부들이 모두 자리를 비운 전시대비상황실이 어떻게 운영되고 있는가를 보고 싶었던 것이다. 과장들 몇몇은 있었지만 갑작스러운 대통령의 방문에 당황하여 우왕좌왕하고 있을 때였다. 비상계획관실의 사무관(5급)이었던 최홍이 대통령을 안내했다. 시장 좌석에 대통령을 모시고는 대통령의 질문에 직접 대답했다. 그 태도는 늠름하고 여유가 있었다고 한다. 사무관이 대통령을 모시고 그 질문에 직접 대답한다는 것은 있을 수도 없었고 있어서도 안 되는 일이었다.

그 일이 있은 후에 최홍은 일약 유명해졌고 양 시장이 인정하는 인물이 되었다. 장차 서기관(4급)으로 승진시키겠다는 조건부로 일개 사무관인 그가 '초대원장 직무대리' 자격으로 어린이대공원에 파견된 것은 대공원이 개원되기 두 달 전이었다. 그날부터 그는 야전침대 생활을 하면서 개원준비에 동분서주했다. 개원하는 날 정식으로 대공원 소장으로 발령되었고, 다음해에 대공원 직제를 고쳐 서기관(4급)으로 승진하여 1975년까지 근무했다. 그는 그 후 어느 구청의 국장으로 나갔다가 1978년에 뇌일혈로 급사했다. 그의 상가에 모였던 동료들은 이구동성으로 대공원 개원 전후의 지나친 과로가 그의 죽음을 재촉했을 것이라고 말했다.

과로는 최홍뿐만이 아니었다. 양 시장을 비롯한 주요간부 모두가 극도로 지쳐 있었다. 그러나 4월 30일에 가서는 수림 9만 평, 잔디 8만 9천 평, 시설 3만 9천 평의 공원이 제법 그 모습을 드러냈다. 팔각정도 정문도 식물원·동물원도 완성되었다. 가로등 351개, 휴지통 900개, 음수대 19개, 화장실 7개도 완성되었다. 너비가 4m나 되는 기념비에는 박 대통령의 친필로 '어린이는 내일의 주인공 착하고 씩씩하며 슬기롭게 자라자'라는 글이 새겨져 있었다. 180일 작전이 거의 끝난 것이었다.

몰려올 시민들을 위한 교통편의도 갖추어졌다. 아직도 대중교통수단이 시내버스뿐일 때라 4월 말에 시내버스 운행체계를 크게 바꾸었다. 즉 전 시내 어느 곳에서라도 한 번만 갈아타면 대공원에 다다를 수 있도록 개편한 것이다. 대공원에 갈 수 있는 버스의 번호는 500번대로 통일했다. 505번, 511번, 522번 등은 모두가 대공원정거장에 정거하는 버스였다.

1973년 5월 5일은 제51회 어린이날이었다. 시민들이 지켜보는 가운데 박 대통령 내외가 탄 승용차가 정문에 도착한 것은 오전 10시 10분이었다. 정문에서 개원테이프를 끊고 기념비도 제막했다. 일제히 하늘을 찌르는 분수대 물줄기를 옆으로 하고 야외음악당에 마련된 개원식장으로 향하는 대통령 내외의 얼굴이 유달리 상기되어 있었음을 기억한다.

어린이와 학부모 1만여 명이 참석한 가운데 개최된 개원행사에서 박 대통령은 그동안 대공원 건설에 참여한 서울시 등 관계인사들의 노고를 치하한 후 "오늘부터 이 장소는 어린이들의 공원이므로 앞으로 어린이들은 나무 한 그루, 꽃 한 포기까지 보호해 마음껏 즐길 수 있는 공원이 되도록 노력해달라"고 당부했다.

식을 마친 후 공원경내를 샅샅이 돌아보고 내외분이 떠나간 것은 11시가 넘어서였다. 라디오와 신문지상을 통해서 그리고 각 구청 시민홀 등을 통하여 첫날 입장은 오후 2시부터라고 널리 홍보되어 있었는데도 불구하고 오전 11시경에는 이미 정문인 서문, 후문인 동문 앞에는 사람들이 모여들기 시작했다. 정문 앞이 큰 혼잡을 이루자 예정을 2시간 앞당겨 정오에 공원문을 열었다. 관람객들의 대부분은 부모를 동반한 어린이들이었으나 친구들과 짝지어온 꼬마들과 외국인들의 모습도 적지 않게 눈에 띄었다. 삽시간에 공원 전역을 메운 인파는 정문 가까이 있는 새싹의 집과 팔각당을 잇는 우회도로와 중앙도로에서 더욱 붐벼 겨우 몸을 비집고 나갈 정도였다.

시설물 중 특히 인기를 끈 것은 청룡열차 등이 설치된 놀이동산과 다람쥐바퀴·피라미드 등이 있는 어린이놀이터 등이었다. 술에 취해 춤을 추거나 잔디밭에 들어가 휴지를 버리는 몰지각한 어른들도 있었다.

오후 3시경에는 절정에 이르렀다. 입장객이 50만 명을 넘어 60만 명에 육박하고 있었다. 분수대 앞에서 들어오는 인파를 바라보고 있던 양택식 시장이 '공포에 질릴' 정도였다고 한다. 이 날에는 공원경비원 120명은 물론이었고 경찰관 110명, 보이스카웃·걸스카웃 단원 300명 등이 동원되어 장내의 안내와 잔디밭 관리, 미아보호 등을 담당했다. 적십자병원 의사·간호원도 참여하여 의료활동에 종사했다.

대공원으로 몰리는 택시·승용차·버스의 행렬이 꼬리를 물어 오후 1시경부터 청계고가도로, 마장동 입구, 한양대학 입구 등은 교통이 마비될

개원 1개월 후 공중에서 내려다본 어린이대공원.

정도였다. 관리사무소는 귀갓길의 교통혼잡을 피하기 위해 오후 4시경 부터 집에 돌아가도록 방송을 되풀이했으나 워낙 많은 인파가 뒤섞여 5시 폐문시간에서 3시간이 지난 오후 8시쯤에야 관람객들이 모두 떠나갈 수 있었다. 정문 오른쪽에 설치된 미아보호소에 수용된 미아의 수가 301명이나 되었지만 다행히 모두가 부모의 품으로 돌아갈 수 있었다(≪조선일보≫ 1973년 5월 6일자, 7면).

밤 동안에 뒤처리가 되어야 했다. 성동구·동대문구 등 이웃 구청의 청소부(환경미화원)들이 총동원되어서 밤새 뒤처리를 했다. 정원 5만 명을 예정한 공원에 60만 명이 모여들었으니 그 혼잡은 말이 아니었다. 가장 부족했던 것이 화장실이었다. 밤 동안에 수백 개의 임시화장실을 가설했고, 음수대도 거의가 망가져 밤을 새워 수리했다.

다음날은 일요일이었다. 매스컴이 개장 첫날의 혼잡을 대대적으로 보도하고 입장 자제를 호소했지만 그래도 30만 인파가 몰려 미아보호소에 수용된 어린이가 164명이나 되었다. 서울시는 3천여 명의 직원을 동원,

잔디보호 등 관리에 임했으며 매주 월요일은 휴원, 매일의 입장객을 5만 명으로 제한할 것 등을 결정했다(≪동아일보≫ 1973년 5월 7일자 기사).

4. 어린이대공원 건설이 주변지역에 미친 효과

그 영향 – 동부서울의 발전

조선시대에는 동대문·광희문 밖을 동교(東郊)라고 불렀다. 마장동-살곶이다리-광나루로 연결된 평탄한 농토의 연결을 한 단어로 묶어 표현한 것이다.

그 동교는 1960년대 말까지 그저 동교에 불과했다. 6·25한국전쟁 후에 한양대학이 들어서고 성수동 일대에 적잖은 수의 제조업공장이 들어섰지만 그것으로 그 지역이 크게 변한 것은 아니었다.

이 동교에 큰 변화를 가져온 첫 번째 요인이 워커힐 건설이었다. 워커힐의 건설이 도로의 확장·신설이라는 변화를 가져다주었고 뚝섬·화양·중곡지구 등에 대규모 구획정리사업을 전개하게 했다. 동교를 바꾼 두 번째의 요인이 어린이대공원 건설이었다. 시내 어디에서든 버스를 한 번만 갈아타면 대공원에 갈 수 있도록 대중교통체계를 개편한 것이 동교 일대를 크게 바꾸었다.

많은 서울시민은 어린이대공원에 가봄으로써 아직도 미개발상태로 방치되어 있는 동교라는 지역을 인식하기 시작했다. 어린이대공원이 개원된 후부터 양화지구·중곡지구 등 구획정리지구에 건축붐이 일었고 땅값이 뛰어오르기 시작했다. 그와 같은 사정을 1973년 7월 11일자 ≪서울신문≫은 중곡 구획정리지구를 예로 크게 보도하고 있다.

어린이대공원 인기 타고 건축'붐' 땅값 최고 50% 올라
중곡동 95만 평 구획정리지구 2급지 한 평 3만 원

어린이대공원의 건설은 이 공원을 거치는 큰 도로의 건설에도 박차를 가했다. 서울의 19개 방사선 중에서 가장 길이가 긴 천호대로(답십리-어린이대공원 뒤-강동구 서울시계, 너비 50m, 길이 1만 4,500m)가 착공된 것은 1974년이었고 1976년 7월 5일에 준공·개통되었다. 중랑구 상봉동에서 영동대교 남단에 이르는 너비 30m, 길이 5,260m의 동이로가 개통된 것도 1974년이었다. 이 길이 생김으로써 의정부-강남이 바로 연결되었다.

지도를 보면 그 밖에도 어린이대공원을 중심으로 능동로·중곡동길·자양로 등의 간선도로가 개설되어 있다. 그 모두가 대공원 개원 후에 건설된 길이다.

지하철 2·5·7호선이 모두 어린이대공원을 지나고 있다. 어린이대공원이라는 하나의 시설이 서울의 지역질서에 끼친 영향의 크기를 실감하게 해주고 있다.

대공원을 잠식한 어린이회관과 예능센터

어린이대공원이 처음으로 문을 열던 1973년 당시 한국인 1인당 평균소득은 350달러 정도였다. 400달러도 안 되는 나라에 생긴 22만 평에 달하는 대공원은 시민들의 자랑거리가 아닐 수 없었다. 대공원 동물원의 꽃사슴이 새끼 한 마리를 순산한 것도 신문에 보도될 정도로 사랑을 받았다. 1973년 여름의 각 일간신문은 심심찮게 어린이대공원 풀장을 소개했다. 시내 풀장으로 규모가 큰 것이 1,500㎡, 작은 규모는 겨우 250㎡ 정도인 데 비해 어린이대공원 풀장은 넓이가 2,400㎡, 수용인원 1,200명

으로서 단연코 최대규모였고 입장료도 다른 곳보다 절반 정도 싸서 대성황을 이루고 있다는 것이었다.

대규모 놀이시설을 갖춘 용인자연농원이 개장한 것은 1976년이었다. 그러나 승용차가 크게 보급되기 이전인 1970년대 말까지만 해도 어린이대공원은 서울시민이 가장 자주 찾는 놀이터였다. ≪동아일보≫ 1976년 6월 12일자 기사는 그해 1월부터 5월 말까지 서울시내 상춘객(賞春客)을 조사했는데, 제1위가 창경원으로 198만 명, 제2위가 어린이대공원 117만 명이었고 이 두 개 시설이 그 밖의 고궁·놀이터에 비해 단연코 앞서 있음을 보도했다.

아직도 가난에서 벗어나지 못하고 있던 1972~1973년에 21만 8천 평의 규모의 어린이대공원은 약간 분에 넘치는 것이었음을 부인할 수는 없다. 한창 이 공원을 만들고 있을 때 내가 가장 염려했던 것은 공원의 일부가 어떤 세력에 의해서 잠식되지 않을까 하는 것이었다. 그런 나의 의구심은 공원이 완성되기도 전에 현실로 나타났다.

아마도 1973년에 들어서의 일이었다. 어떤 노신사 한 분이 뻔질나게 시장실에 출입하는 것을 보고 그 신분을 확인했더니 양유찬이라고 했다.[9] 그의 시장실 출입이 '어린이대공원 부지 일부의 한국문화재단(리틀엔젤스) 양도의 건'이라는 것을 알았을 때 나는 놀라지 않을 수 없었다. 그러나 그때는 이미 나의 저지 같은 것이 아무런 효과도 없는 단계에 있었다.

1970년대 전반, 리틀엔젤스라는 여자어린이 민속무용·합창단은 세계적으로 널리 알려져 있었다. 리틀엔젤스 쇼단이 결성된 것은 1962년이

---

9) 일찍이 1923년에 미국 보스턴대학에서 의학박사가 된 양유찬은, 1951년까지 하와이 호놀룰루에서 병원을 개업하다가 1951년에 주미 한국대사가 되었다. 그 후 유엔총회 수석대표, 브라질 대사를 겸임하기도 했고, 1965~1972년에는 각국 순회대사를 하다가 1972년부터는 외무부 대기대사로 있었다.

었다. 8~14세의 소녀들로 구성된 이 무용·합창단은 1968년 멕시코올림픽 때 민속예술제 참가함으로써 세계무대에 처음으로 소개되었다. 이 예술제에서 앙코르상을 수상하여 일약 유명해진 이 단체는, 그때부터 미국의 유명한 쇼 '에드 설리번 쇼'에 연(年) 3회씩 출연하게 되었으며, 1970년에는 닉슨 미국 대통령 초청으로 백악관에서 공연을 가져 전세계적으로 이름을 알리게 되었다. 1971년에는 영국 여왕의 초청으로 여왕의 어전공연을 가진 동양 최초의 단체가 되었으며, 1972년에는 프랑스에서의 공연을 수록한 영화가 프랑스 국영 TV에서 '1972년도 최우수쇼'로 선정되기도 했다.

2개 팀으로 구성된 이 쇼단은 그 후에도 미국·유럽·호주·인도 등을 돌면서 화려한 발자취를 남겼고 '몸은 작지만 무대는 킹 사이즈' 또는 '수백 명의 대사(大使)보다도 큰 외교성과'를 거둔다는 국내외의 찬사를 받고 있었다. 이 쇼단의 배후가 통일교회라는 종교단체이고 통일교회의 선교목적을 가진 것이라는 강한 비난의 소리가 주로 개신교를 중심으로 일어난 것은 1970년대 후반의 일이었다. 이 비난은 국내뿐만이 아니라 미국과 유럽, 그 밖의 각국에도 전파되어 1970년대 후반부터는 국내는 물론 외국 공연도 사실상 중단되고 말았다.

양유찬 박사를 매개로 하여 어린이대공원 부지 일부를 양도해달라는 요청을 해온 때는 바로 리틀엔젤스 전성기였다. 그때는 박 대통령이나 육영수 여사에게도 리틀엔젤스는 한국문화를 널리 외국에 소개하고 한국의 국위를 크게 선양하는 '아름다운 천사들'이었던 것이다.

리틀엔젤스 예술단의 운영·관리를 목적으로 하는 '한국문화재단'이 설립된 것은 1969년 12월 5일이었다. 그리고 이 재단이 어린이대공원 동문 남쪽의 부지 5,500평을 양도받아 리틀엔젤스 예술학교를 포함한 예능센터 건물을 착공한 것은 1973년 3월 27일 오후 2시였다. 대공원이 개원되기 한 달 반 전의 일이다. 연건평 1,890평의 이 예능센터 기공식에는 육영수 여사도 참석하여 시삽을 떴다. 그 부지는 2만 3,278㎡(7,054평)로 확대되었고 리틀엔젤스예술단, 유니버설발레단과 선화예술중·고등학교가 차지하고 있다.

어린이대공원이 개원될 때 박 대통령은 "이 공원은 어린이들 것이므로 나무 한 그루, 꽃 한 포기도 보호하여 좋은 공원이 될 수 있도록 하라"고 당부한 바 있다. 그런데 한국문화재단 다음으로 대공원을 잠식한 것은 바로 박 대통령 자신이었다.

박 대통령 영부인 육영수 여사가 육영재단을 설립한 것은 1969년 4월 14일이었고 다음달 5월 5일에 남산 허리에 지하 1층 지상 18층의 어린이회관을 건립했다. 이 어린이회관이 준공 개관한 것은 다음해 7월 25일이었다. 그런데 이 건물은 어린이들이 접근하기도 어려웠고 교통편의도 좋지 않았다. 게다가 18층이라는 높이도 어린이들이 이용하기에는 불편하고 위험한 것이었다.

육 여사가 남산의 회관이 협소하고 또 계단 때문에 어린이들에게 위험하다고 판단하여 어린이대공원 자리로 옮길 것을 결심한 것은 1974년 6월 7일이었다(≪조선일보≫ 1975년 10월 11일자 기사). 한 번 결심하면 그 뒤의 진행이 대단히 빠르다는 것은 제3·4공화국의 특징이었다.

소공동에 있던 국립중앙도서관이 남산 어린이회관으로 가고 원래의 도서관자리는 (주)호텔롯데에 매각한다는 중앙정부 방침이 확정된 것은 그해 7월이었다. 이렇게 결정한 다음달에 정부는 8억 4,600만 원으로 남산 어린이회관을 인수하고 9월부터 도서관으로 사용하기 위한 보수공사에 착수했다. 육 여사가 재일교포 문세광이 쏜 흉탄에 맞아 서거한 것은 바로 1974년 8월 15일이었다.

능동 어린이회관을 순한국식 3층 기와집으로 하고 계단 대신에 넓은

어린이회관.

회랑을 설치한다는 등의 건축구상은 육 여사 생전에 박 대통령과 숙의가 되어 있었다고 한다. 어린이대공원의 남측 일부, 구의로 큰길에 면한 넓은 공간을 어린이회관 부지로 하라는 대통령 지시가 내린 것은 아마도 육 여사가 서거한 지 한 달 정도가 지나서였을 것으로 추측된다.

대통령의 장녀 박근혜, 유기춘 문교부장관, 곽상훈 육영재단 이사장, 구자춘 서울시장 등이 참석하여 새 어린이회관 기공식이 거행된 것은 1974년 10월 2일이었다. 서울시로부터 부지사용허가가 난 것은 기공식을 거행한 지 8일이 지난 10월 10일이었다고 기록되어 있다. 건물이 착공되어 완공될 때까지 박 대통령이 직접 여러 차례 현장에 나가 골조·내장공사 하나하나를 지시하고 독려했다.

연건평이 6,420평에 달하는 이 건물이 완공되어 준공식이 거행된 것은 1975년 10월 10일 오전 10시였다. 준공테이프를 끊은 박 대통령은 어린이 10여 명과 더불어 한 시간 반 동안 회관 내외부 구석구석을 돌아봐 한나절을 보냈다고 당시의 신문은 보도하고 있다.

이 회관 부지 10만 3,085㎡(31,238평)를 육영재단이 서울시로부터 매입한 것은 1976년 12월 30일이었다. 결국 개원 당시 71만 9,400㎡(218,000평)였던 어린이대공원은 1977년 1월에는 58만 3,938㎡(17만 6,640평)로 크게 축소되었다.

나는 능동 어린이회관은 결과적으로는 큰 계산착오였다고 생각한다. 어린이를 위한 과학관이니 문화관이니 하는 것은 당연히 필요한 시설이지만 그것은 개인재단이 운영할 성질의 것이 아니다. 유지 관리하는 데 엄청난 자금이 필요하기 때문이다. 예컨대 과학관의 경우 그 전시물이 처음 전시되던 1975년에는 첨단과학이었지만 20여 년이 지난 시점에는 이미 진부한 유리그릇과 기계류에 불과하다. 그런 낡은 것을 보기 위해 어린이들이 찾지 않는 것은 당연한 일이다.

내가 조사해본 바로는 현재의 어린이회관은 막대한 부채를 안고 경영난에 허덕이고 있을 뿐 아니라 마침내는 그 운영권을 둘러싸고 육 여사의 두 딸 박근혜·박서영이 반목하고 싸우고 있다고 한다.

어린이대공원의 환경을 악화시킨 요인 중의 하나가 동상의 난립이었다. 어린이대공원이 처음 개원했을 때는 단 한 개의 동상도 없었다. 그런데 지금 가보면 여기저기에 여러 개의 동상이 서 있어 보는 이로 하여금 불쾌감을 느끼게 한다.

백마고지 3용사상과 유관순 동상이 맨 먼저 1973년 10월에 세워졌다. 1975년 5월에는 통일과 번영의 상, 1976년 12월에는 조만식의 동상이 세워졌다. 콜터 장군 동상은 원래 용산구 이태원에 있었는데 이태원 도로공사 때 대공원으로 옮겨졌다. 1977년 6월이었다. 을지문덕 동상은 원래 김포가도에 있었는데 길을 넓히면서 1981년 10월에 대공원으로 옮겨졌다. 송진우 동상은 1983년 9월에, 방정환과 이승훈의 동상은 각각 1987년 5월에 세워졌다. 17세기에 남해안에 표류해와서 귀화한 네덜란드인 박연의 동상은 1991년 5월에 네덜란드와의 친교를 기념하기 위해 세워졌다고 한다.

서울의 경우, 어떤 인물의 동상을 세우고 싶어 하는 측에서 가장 적지라고 생각하는 자리는 첫째가 남산이었다. 남산식물원 앞이나 팔각정 앞이 최상이라고 생각했던 것이다. 실랑이를 거듭한 끝에 타협하는 장소가 장충단공원이었다. 그리고 장충단이 만원이 되자 그 다음 자리가 어린이대공원이 되었다.

모든 것은 지나치면 욕이 된다. 식상증을 일으키는 것이다. 서울시내 여러 곳에 무질서하게 세워진 숱한 동상들을 새로운 시각에서 철거·폐기 또는 이전을 검토할 시기가 되었다고 생각한다. 사람마다 그 의견이 다르겠지만 유관순·이승훈·조만식·송진우의 동상은 독립기념관으로, 콜터 장군 동상은 용산의 전쟁기념관으로 옮기는 것이 마땅하지 않을까 하는 생각을 해본다.

현재 그리고 미래

내가 이 글을 마무리하기에 앞서 어린이대공원을 찾은 것은 1998년 3월 중순의 어느 날 오후였다. 이 공원을 찾아가기에 앞서 내가 상상한 것은 초라하고 더럽고 그리고 여지없이 짓밟힌 황량한 공간이었다. 내가 그렇게 생각한 데는 두 가지 이유가 있었다.

그 첫째는 1995년 8월 13일자 신문기사 때문이었다. '능동 어린이대공원 민영화방안 검토, 조순 시장 경영마인드 도입 지시'라는 표제가 붙은 이 기사는 어린이대공원이 해마다 적자에 허덕이고 있다, 서울대공원·롯데월드 등 민간시설이 잇따라 등장했는데 어린이대공원은 그동안 신규 투자를 소홀히 해 완전히 경쟁력을 상실했다, 그러므로 조순 시장이 "수지개선 대책을 강구하되 필요한 경우 민영화방안도 검토하라"고 지시했다는 것이었다.

두 번째 이유는 어린이들이 공원을 찾지 않는다는 세계적 추세 때문이었다. 20세기 말 현재 세계의 어린이들은 공원에 나가서 친구들과 공놀이를 하거나 유희시설을 즐기지 않고 집안에 틀어박혀 혼자서 전자게임을 즐기는 것을 좋아한다는 보도를 여러 번 접했다.

실로 20여 년 만의 방문이었다. 아직 꽃피는 춘삼월이 아니라 황량하기는 했으나 생각한 것보다는 훨씬 좋은 환경이었다. 나무가 한결 더 우거져 있었고 잔디는 옛 모습대로 있었다. 분수대는 흰색으로 말끔히 칠해져서 힘차게 물 뿜을 날을 기다리고 있었다.

한 바퀴 돌면서 몇 가지 거슬리는 것이 있었다. 실내정구장이라는 건축물, 그리고 호랑이·사자 등을 가두어둔 맹수사라는 건축물이었다. 내가 만약에 서울시장이라면 실내정구장은 당장에 철거해버릴 것이고 맹수는 서울대공원에 보내버리겠다는 생각을 해보았다. 대공원 소장을 만나서 몇 가지 반가운 소식들을 들을 수 있었다.

첫째는 어린이대공원이기 때문에 초등학생 이하 어린이들로부터는 입장료를 받지 않는다는 것이었다. 둘째는 연간입장객이 450만 내지 500만명, 그 반은 유료입장이고 나머지는 무료입장이라는 것이었다 1997년 4월 13일에는 하루 입장객이 28만 8천 명이었다고 한다. 벚꽃 때문이었다는 것이다. 벚꽃이 피는 4월과 그 밖의 꽃들이 만발하는 5월, 2개월간은 '봄꽃 축제기간'으로 하여 밤 10시까지 개원한다는 것이었다.

현재 이 공원의 재정자립도는 약 55% 정도라고 한다. 경영마인드 운운하여 민영화방안을 연구하라는 무식한 시장이 거쳐갔다는 것을 불행

30년이 지나도 변함 없는 분수대.

하게 생각한다. 공원이라는 것에 수지를 맞춘다, 자립도가 얼마이다라는 개념은 처음부터 성립되지 않는다. 이곳에 어린이대공원을 만들라고 지시한 박 대통령도 또 이 공원을 만들 때 물심양면으로 도와준 그 많은 분들도 수지를 맞춘다, 자립도가 어떻다라는 것은 처음부터 생각해본 일이 없었던 것이다. 서울시내 한복판에 나무와 잔디로만 이룩된 푸른 공간이 있다는 것 자체가 얼마나 행복한가.

"어린이대공원을 환경공원으로 하라"라는 시장 지시가 떨어진 것은 1996년이었다. '어린이대공원 환경공원 기본계획 및 설계'라는 두툼한 용역보고서가 발간된 것은 1997년이었고 심의위원회도 여러 차례 개최되었다. 1998년 6월 선거에서 새로 당선되는 시장은 과연 이 공원을 어떻게 운영할 방침인가가 궁금해진다. 환경공원이 되건 생태공원이 되건 상관이 없다. 어떤 시정책임자가 부임하건 간에 이 공원이 현재 지니고 있는 숲과 잔디가 더 훼손되지 않기를 간절히 바라면서 공원문을 나왔다.

(1998. 3. 25. 탈고)

참고문헌

朴木月. 1976, 『陸英修 女史』, 三中堂.

서울특별시. 1972, 『어린이대공원 기본계획』, 서울특별시.

_____. 1997, 『어린이대공원 환경공원조성 기본계획 및 설계』, 서울특별시.

申英秀. 1987, 『勇敢한 開拓者들』, 新紀元社.

서울특별시 연도별 공원현황.

각종 일간신문 및 관보·시보.

경부고속도로 준공으로 시작된 강남개발

영동 1·2지구 구획정리사업

1. 제3한강교의 가설

강남지역의 서울시 편입

1945년 8월 15일 광복이 되고부터 1963년 1월 1일에 서울시에 편입될 때까지의 강남지역은 고요한 농촌지대였을 뿐, 이렇다할 특징이 없었다. 1949년의 농지개혁으로 일제시대 때 소작인이었던 많은 농민이 자작농이 될 수 있었다는 사실은 전국의 농촌에서 공통된 현상이었다. 이 시기 강남지역에서 일어났던 일들 중에서 굳이 특징 있는 사실을 찾는다면 다음의 두 가지 정도였을 것이다.

첫째는 1950년 6월 25일에 일어난 한국전쟁 초기, 6월 27일 밤에 한강인도교가 폭파되자 그때까지 미처 후퇴하지 못했던 많은 군인이 한강진·서빙고·뚝섬 등의 나루터에서 나룻배로 도강 후퇴했으며, 그 후에도 많은 민간인이 한남나루터·서빙고나루터를 이용하여 남하했다.

둘째는 오늘날 강남지역을 형성하게 되는 언주(彦州)·신동(新東) 두 개

면의 농업경작 형태가 벼농사 중심에서 소채재배 중심으로 변해갔다. 6·25한국전쟁 후 서울의 인구수가 급격히 늘어가고 아직 교통사정이 좋지 않았던 시기, 서울시민의 채소공급은 주로 강남지역 일대에서 맡을 수밖에 없었고, 따라서 당시 한강을 오가는 나룻배는 채소보따리로 가득 찼다고 전해지고 있다.

1962년 11월 21일자 법률 제1172호로 1963년 1월 1일을 기하여 서울시의 행정구역은 동서남북으로 크게 확장되었다. 1962년 말에 268.353㎢였던 서울시의 면적이 일약 605㎢를 넘게 되었으니 2배를 훨씬 넘는 엄청난 구역확장이었다.

이때 경기도 양주군 구리면 중의 5개 동이 동대문구에 편입되었으니 오늘날의 중랑구가 된 지역이고, 광주군 구천면과 중대면 중 10개 동리가 성동구에 편입되었으니 오늘날 강동구와 송파구가 된 지역이었다. 그리고 역시 광주군 언주면 전역과 대왕면 중 5개 동리(일원·수서·자곡·율현·세곡리)가 성동구에 편입되었으니 오늘날 그 대다수는 강남구가 되어 있다. 북으로는 양주군 노해면이 성북구에 편입되었으니 오늘날 노원구가 된 지역이고, 서쪽으로 김포군 양동면과 양서면이 영등포구에 편입되었으니 오늘날 양천구, 강서구가 된 지역이다. 시흥군 신동면이 영등포구에 편입되었으니 오늘날 주로 서초구가 된 지역이다. 이때 역시 시흥군 동면과 부천군 소사읍 중 7개 동과 오정면 2개 동이 영등포구에 편입되었는데 이 지역은 오늘날 주로 구로구와 금천구를 형성하고 있다.

1963년 1월 1일부로 이렇게 많은 지역이 편입된 서울시는 1962년 12월 28일자 서울특별시 조례 제276호를 발하여 동대문구 망우, 성동구 천호·송파·언주, 성북구 노해, 영등포구 신동·관악·양동·양서·오류 등 10개 출장소를 신설했다. 오늘날의 강남구 신사·압구정·논현·삼성·청담·역삼·도곡·대치·개포 등의 동리는 성동구 언주출장소에 소속된 마을들이고, 서초구 잠원·반포·서초·사당·방배·양재·우면 등의 동리는 영등포구 신동출장소에 소속된 마을들이었다.

물론 정확하지는 않지만 오늘날 한남대교를 건너 바로 트이는 강남대로를 사이에 두고 그 동편은 언주출장소 관내, 서편은 신동출장소 관내였다고 보면 크게 틀리지 않을 것 같다.

1963년 말에 실시된 상주 인구조사 결과에 의하면 오늘날 강남구를 형성하고 있는 지역(일원·수서·자곡·율현·세곡·역삼·도곡·포이·개포·논현·신사·학·압구정·청담·삼성·대치 등 16개 동)의 가구수는 2,508, 인구수는 1만 4,867명이었다. 그리고 오늘날 서초구가 되어 있는 지역(염곡·내곡·신원·잠원·서초·반포·우면·양재·원지 등 9개 동)의 가구수는 2,051, 인구수는 1만 2,069명이었다.

第3한강교가 가설되기 전, 1960년대 전반까지 오늘날의 강남구·서초구는 가난하고 조용한 농촌마을들이었다. 서빙고나루나 한강진에서 나룻배를 타고 이 일대를 가보면 길은 겨우 달구지 한 대가 지날 수 있을까 할 정도로 좁았고, 보이는 것은 논과 밭, 그 사이사이에 배나무 과수원이 흩어져 있었다. 여기저기 낮은 언덕 기슭에 초라한 초가집 몇 채만 보이는, 한없이 한적하고 평화로운 마을의 연속이었다.

말죽거리 신화의 요인, 제3한강교 착공

그렇게도 한적했던 지역을 대상으로 한 신도시계획이 한 개 민간업자에 의해 진행되고 있었다. 박홍식이 경영하는 화신산업(주) 자회사인 홍한도시관광(주)이라는 기업이었다. 그 계획이 추진되고 있던 장소는 지금의 미국대사관이 건립되고 있는 전 경기여고 뒤편의 초라한 빌딩 2층이었고, 정확한 위치는 신문로 187번지였다. 여하튼 박홍식의 개발계획이 공식적으로 끝난 것은 1965년 9월이었다. 그리고 만 3개월이 지난 1966년 1월 초순, 서울시는 이른바 '강남개발 구상'이라는 것을 발표한다. 이때의 서울시 발표를 당시의 신문은 짤막하게 다음과 같이 보도하고 있다.

올해 '청사진' 완성, 68년 가을엔 일부 주택 들어서고, 남 서울계획 본격화

도시인구의 교외분산을 서두르고 있는 서울시는 66년 중에 남서울지역에 대한 도시계획안을 완성하고 67년부터는 가로망공사에 착수, 늦어도 68년 가을에는 일부 주택이 들어설 수 있도록 계획하고 있다.

동작동에서 구 경기도의 과천·언주·신동 등 각 면을 거쳐 뚝섬에 이르는 3,500만 평의 방대한 지역에 새로운 주택지와 경공업지대를 건설할 이 강남지구 사업계획은 66년 안에 3백만 원을 들여 도시계획의 최종안을 완성할 예정이다. 매년 약 3억 원씩 10개년계획으로 총 30억 원의 자금을 들여 시행할 이 도시계획은 1km 사방으로 길을 뽑고 주택지 각 블록 안에는 국민학교와 시장·공원·상하수도 시설 등을 미리 마련하게 된다. 이 지역의 도시계획 사업이 완성되면 12만 호 60여만 명이 이주할 수 있게 된다(≪조선일보≫ 1966년 1월 7일자).

이 기사와 같이 실린 그림을 보면 잠실을 육속화할 계획은 아직 없었을 뿐 아니라 불모의 섬 그대로의 상태로 두기로 하고, 오늘날 석촌호수가 되어 있는 지역의 남쪽일대를 경공업지역으로 개발한다는 내용, 오늘날 관악구·동작구가 된 지역의 일부까지 포함해서 구 경기도 시흥군 신동면 일대와 역시 구 광주군 언주면·대왕면 일대를 광범위하게 개발한다는 내용의 구상을 했던 것임을 알 수가 있다.

그런데 이 구상은 윤치영 시장의 시대였고 당시의 서울시 도시계획과장은 한정섭이었는데, 내가 당시의 실무자를 통해 알아본 바에 의하면 이 남서울개발계획이라는 것은 그동안 화신에서 계획했던 것을 그대로 인용했다는 것이다.

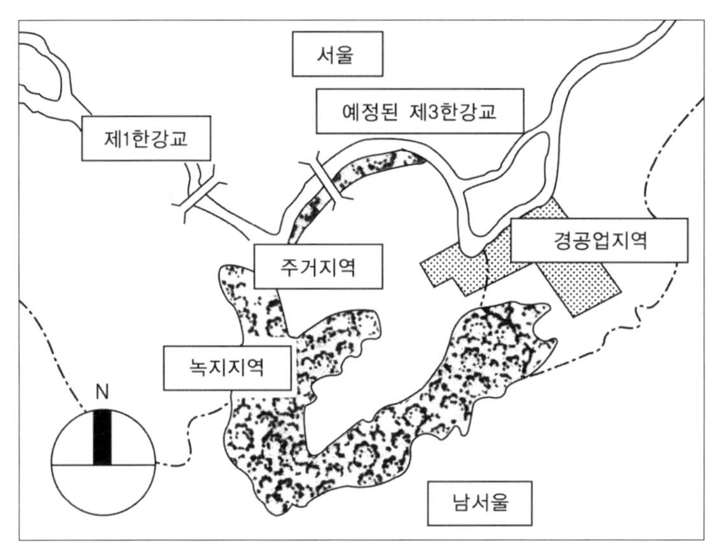

1966년 1월에 발표된 '강남개발구상'의 청사진. 1966년 당시의 강남개발구상은 이처럼 유치한 수준이었다. 제3한강교 가설공사가 필요한 이유를 합리화하기 위해 졸속으로 그린 그림에 지나지 않았기 때문이다.

솔직히 말해서 1966년 1월 초순에 발표된 서울시 남서울계획 구상이라는 것은 엉성하기 짝이 없는 것이었다. 계획이니 구상이니 할 단계 이전의 상태였던 것이다. 즉 이 시점까지 서울시는 남서울개발에 대해서 아무런 구상도 하지 않고 있었다. 정확히 말하면 신도시계획이나 신시가지계획이라는 것을 세워본 일이 없었다. 다만 제3한강교 가설공사에 앞서 그와 같은 교량공사가 왜 필요한 것인가를 합리화하기 위해 부랴부랴 그림을 그려서 발표한 것이 1966년 1월 초의 신문기사였던 것이다.

서울시가 1966년 초에 제3한강교를 가설한 데는 남서울을 개발해야 한다, 그렇게 해야 만원서울을 해결할 수 있다, 박홍식보다 앞서서 서울시가 남서울을 개발해야 한다는 등의 절실한 필요가 있었던 것이 아니었다. 윤치영 시장이 1966년 초에 제3한강교 건설에 착수한 데는 남서울

개발이라는 수요보다는 오히려 군사적 필요성 때문이었다.

6·25한국전쟁 때 서울시민이 겪어야 했던 '피난행위의 쓰라린 아픔'은 체험자가 아니면 도저히 알 수 없는 일이었다. 그 아픔을 기억하고 있기 때문에 모든 서울시민은 "인민군이 또 쳐내려오면 어떻게 하느냐"를 걱정하고 있었다. 6·25 당시 한강 위에는 제1한강교와 광진교 2개 교량이 있었다. 6·25 때는 서울시민 반수 이상이 피난을 가지 못했고 그리하여 혹독한 공산치하 3개월을 경험해야 했다. 1·4후퇴 때는 이미 한 달 전쯤부터 서둘렀는데 그래도 약하고 가지지 못한 자는 막판의 한강도강 때문에 큰 고생을 치러야 했다.

다행히 제2한강교가 가설되기는 했다. 그러나 그것은 전쟁이 나면 군작전용으로만 쓰이게 되어 있었다. 그렇다면 여전히 제1한강교·광진교 2개뿐이었다. 그런데 서울의 인구수는 크게 늘어 1965년에는 이미 347만이었다. 150만 인구일 때 2개의 교량으로 큰 고생을 했는데 그때보다 2배가 훨씬 넘는 수가 한강을 건너려면 어떻게 해야 하느냐. 만약에 또 침입해오면 그때는 다 죽는 것이 아니냐.

이런 의구심은 지위와 계급의 높고 낮음이 없었다. 장관도 국회의원도 돈 많은 사람도 가난한 사람도, 적어도 강북에 거주하는 사람이면 누구나 하는 걱정이었다. 다만 체면상, 또 당시의 한국경제가 처한 사정을 잘 알기 때문에 크게 외치고 요구하지 않았을 뿐이다. 윤치영 시장을 비롯한 서울시 간부들도 그것은 절실한 문제로 인식하고 있었다. 제3한강교 가설에는 강남개발보다는 '서울시민 유사시 도강용'에 더 절실한 필요성이 있었던 것이다.

제3한강교 즉 오늘날의 한남대교 가설공사가 착공된 것은 1966년 1월 19일이었다. 그런데 이 다리가 착공될 때 서울시민은 거의 알지 못했고 우연히 알게 된 사람도 별 관심을 두지 않았다. 관심이 없었던 것은 서울시민만이 아니었다. 당시의 신문을 뒤져보았더니 어느 신문에도 이 착공기사가 보도되지 않고 있었다. 언론이 관심이 없었으니 일반시민이 알 까닭이 없었다. 이 교량이 이른바 '말죽거리 신화'로 불리는 광적인 지가(地價)앙등의 요인이 되었고 오늘날 강남개발의 계기가 되었으며 경부고속도로의 기점이 된다는 것을 안 사람은 오직 하나님 하나뿐이었고 당시의 박정희 대통령도, 윤치영 시장도, 공사를 담당했던 현대건설도, 그 누구도 알지 못했던 것이다.

원래 이 다리는 너비 20m의 4차선 교량으로 설계되었고 그렇게 기초공사가 진행되고 있었다. 그런데 공사가 착공된 지 약 3개월이 지난 어느 날, 건설부는 서울시에 대해 이 교량너비를 6차선, 26m로 넓힐 것을 지시했다. 육군대령 출신으로 건설부 국토보전국장이었던 서정우가 그 무렵 북한에서 평양 대동강에 너비 25m의 교량을 건설했다는 이야기를 듣고, 우리는 최소한 그것보다 1m라도 더 넓은 교량을 세워야 한다고 요구해온 것이다.

말이 쉬워서 그렇지 너비 20m의 다리를 26m로 넓히는 일은 그렇게 쉽지 않을 뿐 아니라 터무니없는 일이기도 했다. 당시 한국 전체의 차량수가 2만 7~8천 대밖에 되지 않았으니 6차선 교량은 무엇보다도 비경제적이었다. 서울시 당무자들로부터는 당연히 반대가 제기되었다. 다리폭이 넓으면 교통량이 한곳에만 집중되고 그렇게 되면 오히려 러시아워의 교통혼잡이 가중될 수 있다는 주장이 나왔다. 또 다리폭이 넓으면 전쟁이 일어났을 때 그만큼 폭격을 잘 받을 수가 있어 오히려 교통이 차단될 우려가 있다는 주장도 나왔다. 다리폭을 그대로 두기 위한 억지 주장이었다.

그러나 북한을 앞지르지 않으면 안 된다는 건설부의 주장을 이길 수가 없었다. 북한과의 대비에서는 결코 뒤질 수 없다는 것이 예나 지금이

나 반공의 제1과제였기 때문이다. 결과적으로 이 확장이 그 후 이 다리가 경부고속도로의 교통량을 감당할 수 있게 한 계기가 될 줄은 그 누구도 예측하지 못한 일이었다.

김현옥 시장의 엉뚱한 저항

4차선 20m 너비의 교량이 부랴부랴 6차선 27m 너비로 바뀌어 설계변경이 되고 교각의 기초가 확대되기 시작할 무렵인 1966년 3월 말일에 윤치영 시장이 물러나고 김현옥 시장이 부임했다. 김 시장의 부임일은 1966년 4월 4일이었다.

김현옥은 부임하자마자 지하보도 공사, 보도육교 가설공사, 도로의 신설·확장공사에 초인적인 정력을 발휘한 한편, 새로운 시가지의 조성에도 강한 관심을 나타내었다. 1966년 8월 11일에 발표된 '새서울백지계획' 및 8월 13일에 발표된 '대서울백서'라는 것이 그것이었다. 그 내용들을 액면 그대로 받아들이면 김현옥 시장은 부임 초부터 강남을 개발하겠다는 강한 의지를 가진 것처럼 생각할 수 있다.

새서울백지계획이 "전혀 개발되지 않는 처녀지에 이상적인 새서울을 건설하겠다"는 것을 암시한 내용이었고, 대서울백서라는 이름의 도시기본계획은 1963년 1월 1일자로 서울시에 편입된 채, 가로망계획 같은 것도 없이 방치되어왔던 서울의 동서남북 교외부, 말하자면 오늘날의 강동·송파·강남·서초·구로·금천·양천·강서·도봉·노원·중랑 등 각 구를 이루는 광대한 지역에 가로망을 그려 넣는 계획이었기 때문이다.

그러나 나는 최근 4~5년간에 김현옥 시정 4년간을 깊이 있게 고찰해보면서 과연 김 시장이 강남을 개발할 의지가 있었는가를 의심하게 되었다. 그 이유는 다음과 같다.

첫째는 김 시장은 한번 계획을 세우면 1년간은 그 계획의 실행에 몰두해버린다. 말하자면 미쳐버리는 것이다. 그러나 그의 4년간 그는 끝내 강남개발에는 미치지를 않았다. 오히려 방관했다는 느낌이 들 정도로 무관심했음을 알 수 있었다.

둘째로 김현옥은 1967년 하반기에서 1968년 상반기까지의 1년간 한강개발에 몰두했다. 생각하면 그는 강남개발의 원대한 꿈을 꾸었고 그 전제로 우선 한강부터 정비·개발했다고 생각할 수 있다. 그런데 그가 제시한 한강개발3개년계획이나 한강개발구상 같은 것을 검토해보면 '한강연안 및 여의도의 근대적 개발'만을 제시하고 있을 뿐이지 강남개발은 제시하고 있지 않음을 알 수 있다. '한강연안'이 바로 강남이 아니냐라는 반문을 받을 수 있다. 그런데 엄밀히 고찰해보면 1967~1968년에 김 시장이 제시한 '한강연안'이라는 개념은 강변도로 조성에서 새로 얻어지는 소규모 택지, 예컨대 동부이촌동이나 반포단지 정도의 규모를 넘지 않았고 영동1·2지구, 잠실지구 같은 거대한 택지조성이 아니었다.

김 시장이 강남개발에 관심이 없었음을 알려주는 셋째 이유, 그것은 김 시장이 제3한강교 건설에 제동을 걸었다는 점이다.

한국경제의 고도성장을 유도한 관료들 중에 고집이 세고 개성이 강한 인물들이 적지 않게 있었지만 그중에서도 장기영[1]과 김학렬의 이름이 가장 강하게 떠오른다. 장기영은 두뇌도 명석했을 뿐 아니라 저돌적인 일꾼이었다. 모든 일을 과감하게 밀어붙이는 적극적인 행동파 인물이었던 것이다. 그러므로 그가 부총리로 있을 때의 별명은 불도저였다. 김현

---

1) 1916년 5월, 서울에서 출생한 장기영은 선린상업학교를 졸업한 학력만으로 34세 되던 해에 한국은행 부총재 자리에 오른, 실로 뛰어난 인물이었다. 한국은행 부총재를 그만둔 그는 조선일보사 사장을 거쳐 《한국일보》《코리아타임스》를 창간하여 그 사장이 되었다. 1954~1964년에 걸쳐서였다. 장기영이 부총리 겸 경제기획원장관이 된 것은 1964년 5월 11일이었고 1967년 10월까지 그 자리에 있었다.

옥이 서울시장으로 부임해온 지 만 1개월째 되던 날, 1966년 5월 3일자 《동아일보》 '횡설수설'란은 「불도저 3인조」라는 제목 아래 부총리 장기영은 금메달 격, 문교장관 권오병은 은메달 격, 그리고 "새로이 동메달 격으로 등장한 김 시장도 어지간한 불도저다"라고 평하고 있다.

그러나 당시 이 '횡설수설'란을 집필했던 논설위원이 부임한 지 한 달밖에 안 되는 김 시장밖에 몰랐듯이 정부관리들이나 전체 서울시민도 김현옥 불도저의 진가를 알기에는 시간이 더 필요했다. 그 후 김현옥 불도저는 점점 더 위력을 발휘하여 마침내 금·은·동 모두를 독점해버릴 정도로 큰 불도저가 되었다. 김현옥 시장 부임 1년 후쯤에는 장기영·권오병은 이미 불도저로 불려지지도 않았었다. 김현옥 불도저 때문에 앞을 달렸던 두 개 불도저가 훨씬 뒤처져 보일락말락해버린 것이었다.

불도저와 불도저의 사이가 좋을 턱이 없었다. 장기영 부총리는 김현옥 시장을 좋아하지 않았다. 김현옥은 우선 부임 후에 바로 엄청난 건설공사를 벌여 시멘트·철근 등의 품귀현상 즉 이른바 물자파동을 일으키는 원인을 제공했다. 장 부총리 입장에서는 "경제도 모르는 촌놈이 올라와서 마구 구정물을 일으킨다"라고 생각했다. 장 부총리가 김 시장을 싫어한 두 번째 이유는 부총리를 대단하게 생각지 않는 김 시장의 태도였다. 김현옥 시장에게는 항상 '박 대통령 한 분에의 충성'만이 있었고 총리니 부총리니 하는 존재는 대단하지가 않았다. 김 시장의 그와 같은 태도를 부총리인들 모를 턱이 없었다.

장 부총리의 김 시장 공격은 공개석상에서 김현옥을 야유하는 일이었다. 김 시장도 배석한 자리에서 공공연히 경제 이야기를 하고는 "사단장 출신은 그런 것 잘 모른다"는 말을 자주 했다. 또 서울의 옛이야기를 늘어놓고는 "서울사람 아니면 그런 건 알 수가 없다" "시골사람은 이런 일 잘 모른다"라는 말도 자주 했다. 직업군인 출신, 경남서부 진주 출신인 김 시장을 공개적으로 야유하는 말이었다. 김 시장 입장에서는 그런 말이 자기를 빗대어 하는 말인 줄 알면서도 참을 수밖에 없었다. 서울특별시장은 장관과 동급이었으니 부총리는 윗자리에 위치한 인물이었다. 화가 나도 참을 수밖에 방법이 없었던 것이다.

용산구 한남동에서 출생한 장기영이 강 건너 말죽거리 일대에 많은 토지를 갖고 있는데 제3한강교가 준공되면 제일 득을 보는 사람이 바로 장기영이라는 소문은 당시의 공인된 풍문이었다.

1966년 서울시 예산에 제3한강교 건설비 1억 원이 계상되었고 1967년에도 1억 원이 계상되어 집행되었다. 그런데 1967년 여름에 김 시장은 서울시 간부를 경제기획원 예산국에 보내어 "제3한강교 건설비를 국고에서 부담해달라"는 요구를 했다. 즉 "제3한강교가 건설되면 그 다리로 득을 보는 것은 국민 전체이고 국민경제 전반이지 결코 서울시민이 아니다. 그러므로 제3한강교 건설비를 서울시만이 부담한다는 것은 불공평하고 불합리하다. 만약에 국고에서 부담해주지 않는다면 서울시에서는 부득이 공사를 중단해버릴 수밖에 없다"라고 통고했다. 장 부총리가 아직 재직하고 있을 때였다.

훗날(1971~1975) 서울시 제2부시장을 역임한 김응준은 1967년 10월 13일까지 내무국 예산과장이었고 14일자로 재무국장으로 승진했다. 그는 당연히 1968년 당초예산 편성작업의 실무책임자였다. 그는 최근에도 나를 만날 때마다 당시를 회고한다. 제3한강교 건설비를 김현옥 시장은 "존치과목으로 1천만 원만 계상하라"고 했고 장기영의 부탁을 받고 있던 이기수 제1부시장은 "1억 원 이상을 계상하라"는 압력을 가해와서 중간에서 고생했다는 것이다.

결국 1968년도 서울시 예산은 제3한강교 건설비로 1천만 원만 계상했다. "제3한강교 건설비를 중앙정부에서도 일부 부담해달라. 서울시 단독으로 그 경비 일체를 부담하지는 않겠다"고 한 김 시장의 의지, 장기영 개인에 대한 평소의 좋지 않은 감정, 장기영이 이끄는 경제팀에 대한 저항이 이러한 모습으로 표출되었던 것이다.

2. 경부고속도로와 자동차시대 개막

경부고속도로 건설계획

제3한강교 공사를 맡은 현대건설 현장사무소는 강북에도 있었고 강남에도 있었다. 강남 쪽 현장사무소용으로 10kw짜리 발전기를 설치했는데 그것이 신사동·압구정동·반포동 등 이른바 강남지역에 등장한 최초의 전기시설이었다.

또 업무연락을 위해 강북(한남동) 쪽에서 교각에 철선과 전선을 함께 묶어 연결시켜 강남의 현장사무소에 전화를 가설했는데 이 역시 강남지역 최초의, 그리고 유일한 전화였다. 제3한강교가 착공될 당시 신사동 일대의 땅값은 한 평에 200원 정도, 공사착공 후 1년이 지나자 한 평에 3천 원을 호가하게 되었다(『현대건설 35년사』, 1341쪽).

제3한강교가 가설되던 초기, 1966~1967년은 지금부터 겨우 30년 전이었다. 그런데도 "전기도 전화도 없던 강남지역의 30년 전이란 정말로 옛날옛적이었구나"라는 것을 느끼게 된다. 그와 같은 '옛날옛적의' 상태를 한꺼번에 현대로 끌어당겨버린 사건이 일어났다. 실로 엄청나게 큰 사건이었다. 역사책은 이 사건을 가리켜 '경부고속도로 건설'이라고 설명한다.

고속도로 건설은 박 대통령의 독자적인 발상이었다. 여기서 독자적인 발상이라는 것은 사전에 국회나 정부 관련부서에서의 건의 같은 것이 전혀 없었던 상태에서 박 대통령이 착상하고 발설했다는 뜻이다. 박 대통령 20년 집권 중에 그런 것이 적지 않게 있다. 생각나는 대로 적어보면 경인·경부고속도로, 서울어린이대공원, 개발제한구역(그린벨트), 과천정부제2청사, 행정수도 건설 등의 구상이 모두 박 대통령의 독자적인 발상에서 나온 것이었다.

'고속도로'라는, 당시 대부분의 국민들에게는 생소했던 낱말이 처음 전해진 것은 1967년 4월 하순이었다. 그해 5월 3일에 있을 제6대 대통령 선거를 앞두고 현직의 박정희 대통령과 야당의 윤보선 후보가 치열한 선거전을 전개하고 있었다. 박 대통령 후보는 4월 17일 대전을 시작으로 전주·부산·대구를 거쳐 29일 서울에서 공약을 제시하는 유세를 마쳤는데, 장충단공원에서 행한 이 서울유세에서 4대강유역개발을 포함한 국토건설계획을 피력했다. 그리고 그 끝부분이 다음과 같았다. 고속도로에 관한 첫 발설이었다.

> 서울에서 부산에 이르는 경부고속도로계획 또는 대전에서 목포에 이르는 호남고속도로 이러한 것을 앞으로, 대략 금년 내로 이 계획이 완성되리라고 봅니다마는, 막대한 예산이 듭니다. 서울과 부산의 고속도로를 만들면 여기에는 몇억불이라는 돈이 들어갑니다. 과거에는 이런 것을 우리가 감히 엄두도 내지를 못했습니다. 그런 소리를 하면 정신 돈 사람이라고 그랬습니다(「5·3 대통령 선거 서울유세에서」).

당시는 제1차 경제개발 5개년계획이 성공적으로 달성되고 제2차 5개년 계획이 추진되고 있었던 때였으므로 수송수요는 급격히 증가하고 있었다. 1966년부터 IBRD(세계은행)에 의뢰하여 '한국경제와 수송문제'를 연구케 하고 있었고, 그와는 별도로 제1무임소장관실과 행정개혁조사위원회에서도 도로의 신설·확장 등을 내용으로 하는 수송문제 해결책이 연구되고 있었다. 그러나 어쨌든 서울-인천 간, 서울-부산 간 등에 고속도로를 건설해야 한다는 것은 박 대통령 단독의 구상이었으며, 결코 어떤 연구보고서의 내용에 영향을 받았거나 경제기획원장관이나 건설부장관의 건의에 의한 것도 아니었다.

박 대통령이 그와 같은 구상을 하게 된 동기는 1964년 12월 6일부터 15일까지에 걸친 10일간의 서독방문이었다. 이때의 서독방문은 정치적·경제적으로 많은 성과를 거두었지만 그중에서도 가장 의미를 갖는 것이 대통령이 고속도로를 직접 주행해보고 또 고속도로에 관한 식견을 넓히는 계기가 되었다는 점이다.

1932년부터 건설에 착수하여 1933년 히틀러가 총통에 취임한 후부터 본격적으로 건설된, 총연장 4천km가 넘는 독일의 고속도로 아우토반은 건설 당시에 세계를 놀라게 했고 오늘날에도 훌륭함을 지구상에 자랑하고 있다.

당시의 박 대통령 일정을 보면 12월 7일 밤 뤼브케 대통령의 만찬석상에서, 또 9일 낮 에르하르트 수상이 베푼 오찬석상에서 서독의 고도경제성장과 고속도로의 관계가 역설되고 있음을 알 수가 있다. 그리고 8일 오후 쾰른을 방문했을 때 본-쾰른 간을 고속도로로 왕복했으며 10일 오전 함보른 탄광에 갔을 때도 아우토반을 이용했다.

1960년대 후반, 서울시장이었던 김현옥의 예에서 볼 수 있듯이 당시의 군 출신 행정가들이 가장 힘을 기울였던 사업이 도로건설이었다. 가장 뚜렷하게 표가 나고 오랫동안 남는 업적이었기 때문이다. 박 대통령 역시 도로혁명의 필요성을 되풀이해서 강조하고 있음을 본다(「자립에의 의지」, 『박정희 대통령어록』 참조).

1967년 5월 3일에 치른 제6대 대통령 선거에서 박 대통령은 재선되

개통 직후의 경부고속도로. 경부고속도로의 개통으로 자동차시대가 개막되었고 전 국토가 1일 생활권시대에 접어들었으며 국토개발이 촉진되는 등의 변화를 맞았다. 한편 서울로서는 '시민 전체의 강남지향'이라는 새로운 현상을 맞이하는 계기가 되었다.

었고 이어 6월 8일에는 제7대 국회의원 선거도 치러졌다. 부정선거 규탄 데모가 온 나라를 뒤덮다시피 한 가운데서도 고속도로 건설의 타당성 검토는 계속되었고, 육군 공병단에서 파견된 기술장교들과 건설부 도로 관계 직원들은 밤낮을 가리지 않고 동분서주했다. 11월 14일에 있었던 정부·여당 연석회의에서 서울-인천 간, 서울-부산 간 고속도로를 다른 노선에 앞서 건설하기로 결정했다.

울산공업단지는 이미 제1차 5개년계획 기간에 조성되어 있었고 제2차 5개년계획 기간에는 포항종합제철을 건설키로 되어 있었을 뿐 아니라 대구·울산·부산·마산 등 이른바 낙동강경제권은 인구와 산업의 양면에서 수도권 다음가는 지역적 비중을 점하고 있었으므로 이 양대권을 우선적으로 연결하기로 한 것은 당연한 결정이었다.

1967년 11월 14일, 정부·여당 연석회의에서 경부고속도로의 건설이 결정되자, 바로 국무총리를 위원장, 경제기획원장관을 부위원장, 건설부장관을 간사장, 내무·법무·국방·재무·농림·건설·교통·무임소 등 각부 장관과 국세청장, 서울·부산 시장 및 한국은행 총재 등을 위원으로 하는 '국가기간 고속도로 건설추진위원회'가 구성되었고, 실무자들로 구성된 '국가기간 고속도로 건설계획조사단'도 발족되었다. 계획 및 조사업무 일체를 이 조사단에서 했고 최종적으로 대통령이 직접 지시하고 결정했다.

고속도로 건설의 관건은 첫째, 어디에서 출발하여 어디를 거쳐 어느 지점에 이르도록 하느냐였다. 네 가지 방안을 놓고 숙의한 끝에 현재의 노선인 서울의 제3한강교 남단을 기점으로 수원-오산-천안-대전-영동-김천-구미-대구-영천-경주-양산을 거쳐 부산시 동래구 구단동에 이르는 428km의 노선이 확정되었다.

둘째는 얼마나 많은 건설비가 소요되며 그 재원은 어디서 염출하는가 하는 문제였다. 여러 기관에서 건설에 소요되는 비용을 산출했는데, 건설부는 650억 원, 재무부는 330억 원, 서울시는 180억 원, 육군 공병감실은 490억 원, 현대건설은 280억 원이 소요된다고 추정했다. 당황한 것은 건설부였다. 서울시가 180억 원, 현대건설이 280억 원이 소요된다고 했으니 650억 원을 제시한 건설부의 입장이 말이 아니었다. 건설부는 결국 추정액을 다시 산정하여 450억 원이면 가능하다고 당초의 제안을 수정했다. 박 대통령은 서울시가 제안한 180억 원과 건설부의 450억원의 중간치인 315억 원과 현대건설이 제안한 공사비 280억 원을 검토하여 일단 3백억 원으로 추정하기로 최종결단을 내렸다.

재원염출 또한 큰 문제였다. 여러 가지 연구 끝에 1968년 2월 5일에 열렸던 경제장관회의에서 일반회계에 계상된 석유류 세법 중 휘발유에 대한 세율을 2배로 인상하기로 하고 그 밖에 95억 원의 도로국채를 발행하여 상환기간을 1년 거치 3년 분할 상환키로 했으며, 또 대일청구권자금 27억 원, 통행료 수입 15억 원 등으로 300억 원의 재원을 충당키로 결정했다.

이 재원염출과 관련하여 당시의 중앙정부는 고속도로에 편입되는 용지 매수비를 최대한으로 줄이는 방안을 여러 가지로 강구했다. 고속도로에 편입되는 각 시·도, 시·군·읍·면별로 추진위원회를 구성하게 하여 땅값 낮추기 경쟁을 벌이게 했다. 우선 시장·군수들이 경쟁하기 시작했다.

국유지 36만 9천 평은 처음부터 보상금 지급대상이 아니었다. 나머지 민간인 토지를 무상으로 확보하기 위한 방안이 바로 구획정리사업이었다. 지금 생각해보면 고속도로가 건설되면 가장 먼저 피해를 보는 것은 도로에 이웃한 주민들이다. 그런데 지방정부는 토지구획정리의 수법으로 고속도로용지를 무상으로 확보하는 경쟁을 벌였다. 경부고속도로의 기점인 제3한강교 남단에서 남쪽으로 7.6km, 9만 2천 평의 땅이 영동 제1구획정리지구에 들어가게 되어 무상확보가 되었다. 즉 구획정리사업을 벌여 9만 2천 평의 땅을 무상으로 확보한 것이었다.

그와 같은 수법은 경인고속도로에서도 똑같이 시행되었다. 영등포구(현재 양천구) 신월동·신정동 일대에는 경인고속도로 용지의 무상확보를 목적으로 하는 경인지구 구획정리사업이 실시되었고, 인천시에서도 제1에서 제6까지의 지역으로 나누어 구획정리로 고속도로용지 전량을 무상으로 확보했다.

경부고속도로의 경우 그렇게 해서도 확보 안 된 민간인 용지 582만 7천평은 지주와의 협의로 매수했다. 그때만 하더라도 민심은 한없이 순박했다. 고속도로 용지대금을 낮추는 것이 곧 애국하는 것으로 계몽되었고 또 백성들도 그렇게 믿고 따랐다. 582만 7천 평 용지대금으로 지급된

총금액이 13억 7,567만 3천 원이었으니 한 평당 평균 236원으로 매수한 것이다. 서울-수원 간의 경우 밭은 230원, 논이 270원, 임야는 50원꼴이었다. 아무리 30년 전이라 해도 믿을 수 없이 싼값이었다. 그때 파고다 담배 한에 40원, 쌀 한 가마니에 4,350원이었다. 당시의 땅주인들은 거의 무상에 가깝게 국가에 기부하는 심정이었을 것이다.

경부고속도로 건설공사의 정확한 착공날짜는 알 수가 없다. 왜냐하면 공식적인 착공일자는 1968년 2월 1일이었지만 서울-오산 간의 공사는 그보다 훨씬 앞선 1967년 11월부터 착공되었으며 그것도 단 한푼의 예산 뒷받침도 없는 사전공사였다는 점, 둘째 이 도로의 초기공사는 설계도 제대로 끝나기 전, 즉 설계와 공사가 거의 병행되고 있었다는 점이다. 이렇게 서둘러야 했던 것은 조금이라도 빨리 실현시키고 싶은 박 대통령의 조급한 심정 때문이었다. 특이한 것은 이 고속도로의 노선결정이나 공정계획 같은 것도 대통령이 직접 결정했다는 점이다. 경부고속도로 건설은 박 대통령의 '원맨쇼'였다고 해도 과장된 표현이 아닐 정도로 대통령이 앞장서서, 그리고 깊숙이 관여했다.

공사의 착공은 4개 구간으로 나누어졌다. 공사의 난이도에 따라 우선 제1차 착공은 서울-수원-오산 간이었고, 이어 1968년 4월 3일에 오산-천안-대전 간이 착공되었으며, 대구-경주-부산 간 공사의 기공식은 그로부터 5개월이 지난 9월 11일에야 거행되었다. 추풍령 등 소백산맥 때문에 난공사 구간을 많이 포함하는 대전-대구 구간은 노선 확정도 어려웠을 뿐 아니라 금강·낙동강 등의 대형 교량과 수많은 터널 때문에 설계도 늦어져서, 결국 해를 넘겨 1969년 1월 4일에 기공식을 가졌다. 이렇게 각 구간별로 착공일자가 같지 않았기에 구간별 완공날짜도 같지 않았다.

서울-수원 간이 개통된 것은 1968년 12월 21일이었고 수원-오산 간은 10일 후인 12월 30일, 오산-천안 간은 1969년 9월 29일, 천안-대전 간은 그해 12월 10일에, 대구-부산 간은 그보다 20일이 늦은 12월 29일에야 개통되었다.

당시 군사정부에 의한 '하면 된다'라는 우직함으로 마침내 총연장 428km에 걸친 대역사가 완공되었다. 토공량이 6천여만㎥, 길이가 긴 교량 32개소, 중소교량 273개소, 횡단통로 465개소, 터널 12개소, 동원된 연인원 9백만 명, 사망자 77명 등, '단군 이래 최대의 토목공사'인 이 도로가 완전 개통된 것은 1970년 7월 7일이었다. 가장 난공사였던 대전-대구 간 공사까지 준공된 날이었다. 대구공설운동장에서 개최된 준공식에서 박 대통령은 "이 공사는 민족의 피와 땀과 의지의 결정이며 민족적인 대예술작품"이라고 자찬했다.

서울-수원 간이 처음으로 개통된 1968년 12월 21일에는 서울-인천 간을 연결하는 경인고속도로도 완전 개통되었다. 이 날 양재동 톨게이트에서 테이프를 끊고 수원까지 시주한 박 대통령 승용차를 뒤따라간 내빈들의 차는 거의가 지프였다. 그 지프의 대다수는 대통령 차를 따라가지 못했으며 마지막까지 따라갔던 차들도 거의가 정비공장 신세를 져야만 했다. 이때부터 당시 국내를 휩쓸던 지프는 빠른 시일 안에 승용차로 대체되는 변화를 맞았다. 이른바 자동차시대가 개막되었던 것이다.

경부고속도로의 개통이 가져다준 영향 또는 그 효과는 엄청나게 큰 것이었다. 우선 자동차시대의 개막, 그리고 전 국토 1일 생활권시대를 열어 놓았다는 점, 전 국토에 걸친 엄청난 지역개발 효과와 경제개발 촉진, 엄청난 양의 사람과 물자의 지역 간 이동, 대도시 집중의 가속화, 국민의식수준의 향상과 평준화 등이 바로 고속도로의 개통이 가져다준 효과들이었다.

그런데 이 경부고속도로 개통이 수도 서울과 서울시민에게 가져다준 효과는 또 다른 것이 있었다. 바로 '시민 전체의 강남지향'이었고 영동지구 구획정리사업에 대한 깊은 인식이었다.

제3한강교 준공과 그에 따른 영동구획정리사업

경부고속도로 서울-수원 간 24.8km 개통테이프를 끊은 것은 1968년 12월 21일이었다. 이 날 오전 10시, 영등포구(현재 서초구) 양재동 당중국민학교 교정에서 개최된 준공식에 참석한 대통령 얼굴은 한국 땅에서 처음으로 고속도로가 이루어진 데 대한 흐뭇함으로 상기되어 있었다. 주원 건설부장관을 비롯한 정부요인들과 경제계 인사들, 수천 명 시민들 앞에서 낭독한 치사에서 박 대통령은 "근대산업국가에 있어서 도로의 혁명 없이는 산업의 혁명을 가져올 수 없고 도로의 근대화 없이는 산업의 근대화를 가져올 수 없다는 것이 하나의 상식"임을 강조한 뒤에 다음과 같이 이어가고 있다.

> 이 길을 달리면서, 이 길을 통해서 우리나라에 어떠한 산업이 발달이 되고, 이 연도(沿道)에 어떠한 새로운 산업이 발달될 것인가 하는 것을 한 번 생각해보라. 우리들 세대뿐만 아니라, 후세에 우리 후손들이 시속 100킬로미터의 빠른 속도로 주야로 이 도로를 달릴 수 있고 앞으로 우리나라 발전에 크게 기여한다는 것을 생각할 때 흐뭇한 마음을 금할 수가 없다.

박 대통령의 마음이 이렇게 흐뭇했던 데 비해 당시의 김 시장은 가히 죽을 맛이었다. 즉 고속도로 건설로 온 나라 안이 떠들썩했던 1968년의 1년간 경부고속도로의 기점이 될 제3한강교 공사현장은 잠을 자고 있었기 때문이다. 김 시장의 고집으로 당초예산에 1천만 원밖에 계상하지 않았으니 속수무책이었다. 오늘날처럼 서울시 재정이 풍부하여 추가경정예산을 편성할 수 있는 재원이 있는 것이 아니었다. 그해는 여의도윤중제 공사관계로 서울시 재정사정이 최악의 상태였다.

서울-수원 간 준공에 맞추어 박 대통령의 강남 나들이, 헬리콥터에 의한 공중시찰이 빈번해지고 있었으니 정말로 기가 막히는 일이었다. 여하튼 교량공사의 일손을 놓고 있는 것을 대통령에게 보여서는 안 되는 일이었다. 김 시장은 현대건설(주)을 시켜 1968년 11월 20일에 기공하여 12월 23일까지의 공기로 교각 1개 공사나마 진행하게 했다. 공사비는 314만 1,425원이었다. 우선 대통령에게 교량공사를 쉬지 않고 하고 있다는 흉내라도 보이기 위한 고육지책이었다.

1969년에 들어서면서 사정은 전혀 달라졌다. '12월 말까지는 어떤 일이 있어도 준공되어야 한다'는 것이 절체 절명의 과제가 되었다. 고속도로 공사는 점점 더 진행되고 있는데 그 기점이 되는 교량공사가 완성되지 않는다는 것은 무엇보다 대통령에 대한 예의(충성)가 아니었다. 당초 예산에 5억 5천만 원을 계상했지만 그것으로는 부족했다.

국고에서도 3억 원이 보조되었고 강재(鋼材)는 차관으로 들여왔다. 결국 이 교량공사에는 11억 3,300만 원이 소요되었고 1969년에만 9억 3천만 원이 투자되었다. 길이 915m 너비 27m(차도 23m, 보도 4m), 접속구간 공사까지 합해 철근이 3,410톤, 시멘트 30만 포대, 상판강재 2,956톤, 연인원 20만 명, 크레인·불도저 등 중장비 연 8,500대, 바지(barge) 900여 척이 동원된, 당시로서는 대단히 규모가 큰 힘겨운 공사였다.

제3한강교가 준공된 것은 1969년 12월 26일이었다. 이 날 타워호텔에서 제3한강교에 이르는 너비 35m, 길이 1,800m의 도로도 준공되었다. 착공되었을 때는 전 매스컴에 의해 완전히 묵살되었고 서울시민 누구하나도 관심을 두지 않았던 이 교량이, 3년 11개월이 지나서 준공되었을 때는 그 비중이 전혀 다른 것이 되어 있었다. 오전 11시에 있은 준공식에서 박 대통령 내외가 개통테이프를 끊었고 TV와 주요 신문사는 헬리콥터를 날려 준공식 장면을 다투어 보도했다.

서울시가 한강 건너, 오늘날의 서초구·강남구가 되어 있는 광범한 지역을 "서울시의 토지구획정리지구로 지정해달라"는 요청을 건설부에 낸 것은 1966년 9월 19일이었다. 이런 요청을 받은 건설부는 그해 12월 28일자 건설부고시 제3008호로 이 일대 약 800만 평의 광역을 '서울시 토지구획정리 예정지로 결정'했다.

1966년 가을에서 겨울에 이르는 이 시점, 서울시·건설부의 고급간부나 실무자들 누구도 이 지구의 구획정리사업을 서둘러 실시할 생각은 하지 않고 있었다. 양측 실무자들이 생각한 것은 우선 박흥식의 남서울 개발 구상과 같은, 민간기업체가 개입할 여지를 미리 막아둘 필요가 있다는 점, 그리고 제3한강교 건설사업의 진행에 따라 어차피 땅값 상승은 막지 못할 것이니 도로·광장·구거(도랑)·유수지·공원·학교·시장 등 각종 공공용지를 계획적으로 확보할 근거를 마련해두겠다는 생각이었다.

1966년 말 서울시 인구수는 380만을 약간 넘고 있었다. 그리고 제3한강교 건너에 전개되는 일대의 면적은 능히 1천만 평이 넘는 엄청난 광역이었다. 서울시·건설부의 그 누구도 그와 같은 광역의 땅이 택지화되고 주택과 사무실이 빽빽이 들어설 미래가 다가오고 있음을 예측하지 못하고 있었던 것이다.

그러므로 1966년 12월 28일자로 이 일대 광역의 땅을 토지구획정리 예정지로 지정한 것은 문자 그대로 예정지였을 뿐 그 이상도 이하도 아니었다. 아마 당시의 실무자들은 "제3한강교 공사가 끝나는 것은 앞으로 약 4~5년 후가 될 것이고 그때쯤 가서 그 광활한 지역을 40만 평 정도씩 잘라 3~4년 정도의 간격을 두고 단계적으로 구획정리해나갈 생각을 하고 있었던 것이다.

개통 당시의 한남대교(1966. 1. 19~1969. 12. 25).

1967년 4월 하순에 첫 얼굴을 나타내는 '고속도로 건설'이라는 사건은 서울시·건설부의 도시계획 당무자들에게도 엄청나게 큰 사건이었다. 그때까지 강남의 구획정리사업에 관해서 가지고 있던 여유 있는 생각에 일대전환이 강요되었다.

"현재 건설 중인 제3한강교의 남단을 경부고속도로의 기점으로 한다"는 것이 결정된 것은 1967년 11월 중이었다. 이 결정이 있자 건설부·서울시 구획정리 실무자들의 발걸음은 매우 빠른 속도로 움직이기 시작했다. '국가기간 고속도로 건설계획조사단'이 발족된 것은 1967년 12월 15일부터였다. 그리고 이 조사단은 발족하자마자 서울시에 다음과 같은 사항을 연거푸 지시했다.

① 경부고속도로가 지나가게 될 제3한강교 이남지역에 대규모 구획정리사업을

시작하라.

② 제3한강교-양재동(성남·과천 분기점)에 이르는 길이 7.6km 고속도로 용지를 이 구획정리사업에서 무상 확보하라

③ 어차피 구획정리로 정지작업·도로조성 등의 사업을 전개할 터이니 제3한강교에서 양재동 분기점까지 7.6km의 고속도로 공사도 서울시 책임 하에 추진하라. 그 비용은 국고에서 보조한다.

이러한 지시는 성급했을 뿐만 아니라 대단히 엉뚱하고 무리한 내용이었지만 거역할 수도 불응할 수도 없었다. 그것은 바로 박 대통령이 직접 지시하는 거나 같은 것이었기 때문이다.

한마디로 강남이라고 불렀으나 행정구역상으로는 영등포구 관내와 성동구 관내로 나뉘어 있었다. 경부고속도로가 통과하는 코스는 영등포구 잠원·반포·서초·양재·원지의 각 동이었다. 서울시의 입장에서는 우선 고속도로 용지확보가 선결과제였으니 영등포구에 속하는 각 동만을 대상으로 구획정리사업 구역범위를 정했다. 서초동·반포동 서쪽에 인접한 동작동·방배동 일부도 포함되었으나 아주 좁은 넓이에 불과했다. '범위를 넓혀 업무량이 많아지면 서울시 행정력이 감당하지 못한다. 구역을 최소한으로 좁히자'라고 다짐하기는 했으나, 양재동 분기점까지의 연장이 7.6km이나 되었으니 구역이 넓혀지지 않을 수 없었다. 그렇게 억제했는데도 1,033만 4,641㎡(약 313만 평)의 대규모가 되었다.

지금은 달라졌겠지만 각 시·도가 중앙정부에 상신하는 각종 인·허가 관련서류가 결재되어 하달될 때까지는 몇 개월씩 걸리고 경우에 따라서는 몇백일 씩 걸리는 것이 상례였고, 인사발령 관련서류도 특별히 독촉을 하지 않으면 몇 주일씩 걸리던 시대였다. 그러나 영동 구획정리사업의 경우는 그럴 수가 없었다. 대통령이 특별히 서두르는 경부고속도로 건설과 맞물려 있었기 때문이다. 얼마나 빨리 처리되고 있는가를 보면

다음과 같다.

1967.	12. 14	서울시 영동지구 구획정리사업 시행명령 요청
	12. 15	건설부 위의 시행명령 하달(건설부 공고 제154호)
	12. 21	서울시 영동지구·경인지구 등 구획정리사업 공고(서울시 공고 제211호)
1968.	1. 5	서울시 영동토지계획정리사업 실시계획 인가신청
	1. 18	건설부 위의 실시인가 하달(건설부 공고 제6호)
	2. 2	영동토지구획정리사업 시행공고(서울시 공고 제26호)

'고속도로 건설계획조사단'이 업무에 착수한 것은 1967년 12월 15일부터였고 경부고속도로 기공식이 거행된 것은 1968년 2월 1일이었으며 '경부고속도로 건설공사사무소'가 문을 연 것은 1968년 2월 12일이었다. 경부고속도로 건설작업이 숨 가쁘게 추진되는 것과 발걸음을 같이하여 영동지구 구획정리사업도 추진되었음을 알 수 있다.

경부고속도로 건설공사사무소가 서울시에 "영동지구 구획정리사업의 일환으로 제3한강교 남단-양재동 분기점 7.6km의 공사를 서울시가 맡아서 추진해달라. 그 비용은 국고에서 부담하겠다"는 제안을 해온 것은 고속도로 건설공사사무소가 발족한 직후의 일이었다. 고속도로 건설계획조사단이 마련한 설계기준에 따라야 한다는 조건이었다.

이 요청을 받은 서울시는 지체 없이 '영동토지구획정리사업 고속도로 공사'라는 사업명칭으로 동아건설(주)에 도로공사를 발주했다. 동아건설(주)이 이 공사를 착공한 것도 1968년 2월 하순이었다. 이 공사가 준공된 것은 제3한강교가 준공식을 거행하기 1주일 전인 1969년 12월 20일이었다. 오산-천안 간이 1969년 9월 29일, 천안-대전 간은 그해 12월 10일에 개통되었다. 제3한강교-양재동 분기점간이 영동구획정리사업의 일환으로 이룩됨으로써 제3한강교가 준공된 1969년 12월 29일에 제3한강교-대전 간이 완전히 연결되었던 것이다.

중앙정부가 이 공사대금으로 서울특별시 구획정리사업 특별회계에 시달한 국고보조액은 1968년도에 3억 6,210만 원, 1969년도에 2억 3,250만 원, 계 5억 9,460만 원이었다.

여하튼 1969년 말, 1970년 초의 영동구획정리지구는 경부고속도로만이 뻗어 있고 황량한 전답의 연속이었다. 모든 도시계획사업이 모두 그러하지만 특히 구획정리사업은 개개인의 토지소유권을 전제로 하는 사업이기 때문에 필지마다 정확한 계획·설계가 선행되어야 하고 그에 입각하여 환지라는 업무가 뒤따른다. 그런데 1968년에 영동구획정리사업이 착수되어 고속도로공사가 추진될 때까지 서울시는 아무런 사전준비가 없었으니, 물론 계획이나 설계가 있을 리 없었다. 서울시는 경부고속도로 노선과 그 설계기준만을 가지고 도로공사를 시작했으며, 구획정리의 면밀한 계획과 설계는 도로공사의 후속조치로 뒤따라갈 수밖에 방법이 없었다.

그런데 구획정리 설계를 해보았더니 구역을 훨씬 더 확장하지 않고는 필요한 공공용지가 확보될 수 없음을 알게 되었다. 즉 영등포구 관할지역만으로 구획정리를 할 경우, 이미 고속도로용지로 9만 2천 평이라는 엄청난 양의 토지가 공급되었기 때문에 나머지 땅만으로 도로·공원·학교용지를 염출할 방법이 없었던 것이다. 부랴부랴 구역확장 작업을 시작했다. 성동구 압구정·신사·논현·역삼·염곡·포이·도선 등 각 동의 일부 528만㎡가 새로 편입되어 결국 1,417만 1,133㎡(약 428만 6,768평)가 되었다. 실로 엄청난 넓이였다. 이 구역확장은 1969년 11월 28일자 건설부공고 제120호로 이루어지고 있다.

서울의 도시계획사업은 일제 때부터 구획정리가 그 주축을 이루어 6·25

한국전쟁 후 1970년대 말까지 그대로 답습되어왔다. 그리고 경부고속도로 때문에 영동구획정리사업이 검토되고 있던 1967년 12월, 서울시는 연희(264만 4,628㎡)·역촌(231만 4,050㎡)·화양(211만 1,986㎡)·망우(645만 2,821㎡) 등 여러 지구에 구획정리사업을 전개하고 있었다. 그런데 영동 구획정리사업 지구의 넓이는 연희·창동·역촌·화양·망우 등 5개 지구의 넓이를 합한 것과 거의 맞먹는 넓이였다. 구획정리 대규모화의 시작이었다.

한 개 구획정리사업의 넓이가 4백만 평을 넘는다는 것은 일본을 비롯하여 세계 어느 나라에도 그 사례가 없다. 솔직히 말해서 구획정리사업의 면적규모가 넓으면 넓을수록 개인의 재산권 관리측면이 소홀해지기 쉬운 것을 부인할 수는 없다. 그러므로 일본 등지의 구획정리 면적은 겨우 40~50만 평이 고작이었지 그 이상이 되는 경우는 거의 없었다. 영동구획정리사업지구가 400만 평을 넘었다는 것은 개발독재주의의 한 단면이었고 중앙정부·서울시 실무자들의 의식구조도 이미 '하면 된다, 못할 것이 없다'는 식으로 바뀌어 있었던 것이다.

여하튼 이와 같은 구역확장으로 제3한강교에서 양재동까지 남북을 관통하는 너비 50m, 길이 6,900m의 대규모 광로(현재 강남대로)를 비롯하여 가로세로의 큰길 여러 개를 확보할 수 있었고 역삼공원 등 규모가 큰 공원용지도 확보했다.

그런데 영동(제1)지구의 구역확장은 그 후에도 세 차례나 되풀이되어 1971년 2월에는 1,695만 2,367㎡(약 512만 8,091평)까지 확장되었다. 1971년 2월의 마지막 확장 때는 '반포에서 제3한강교 남단에 이르는 강변도로(당시 강변 5로) 용지확보'를 위한 확장이었다. 그때그때의 필요에 따라 마구 확장해간 것임을 알 수가 있다.

3. 정치자금 마련을 위한 강남 토지투기

1960년대 말의 강남 땅값

제3한강교 남단에 서서 앞을 바라보면 전개되는 들판은 여기저기 높고 낮은 언덕들이 흩어져 있기는 했으나 동서로 길게 뻗었고, 남북으로도 아득히 끝이 보이지 않는 엄청나게 큰 들판이었다. 동서의 길이는 8km가 넘었고 남북의 길이가 5km에 달했다. 1960년대 전반에 거상 박흥식은 이곳에 대규모 전원도시 건설을 계획했지만 실현되지 않았다. 하늘이 박흥식에게 더 이상 부의 축적을 허락하지 않았던 것이다.

서울시와 건설부가 이 넓고 넓은 들판을 토지구획정리사업 예정지로 지정한 것은 1966년 12월 28일자 건설부공고 제3008호에서였다. 그리고 이렇게 한 묶음으로 지정된 구획정리 예정지 중에서 제3한강교를 중심으로 오른쪽(서쪽) 일대 약 500만 평은 1967년 말부터 구획정리사업이 실시되었다. 경부고속도로 용지확보와 도로공사 때문이었다. 앞으로 몇 년이 걸릴지는 모르지만 여하튼 구획정리사업은 시작되었다.

그런데 강남의 땅은 동과 서를 나누어서 개발할 땅이 아니었다. 누가 보더라도 일체로 다루어야 할 들판이었다. 서울시가 서쪽의 개발만 시작하고 동쪽을 착수하지 않은 것은 행정적인 준비가 안 되었고 행정수행능력이 없었기 때문이다. 1970년까지 서울시 도시계획국에는 구획정리과가 하나밖에 없었다. 이 한 개 과가 서울시내 전체 구획정리지구의 계획·정리·환지업무를 같이 맡고 있었으니 직원의 업무량이 폭주하여 도저히 신규사업을 전개할 엄두를 내지 못하고 있었다. 제3한강교 공사가 시작되기 전의 강 건너, 압구정·신사·잠원에서 양재·내곡에 이르는 일대의 땅은 지금은 상상도 할 수 없는 시골이었다. 전화나 전기조차 들어와

1971년 당시에 그려진 영동 신시가지 개발조감도.

있지 않은 지역이었다.

지금은 각 기업체마다 사내보(社內報) 또는 사우지(社友誌)라는 것을 발간하고 있다. 그러나 1960년대만 하더라도 사내보를 발간하는 회사는 거의 없었다. 그런데 당시 제3한강교 공사를 맡은 현대건설(주)은 국내 최대의 기업체였으니 ≪현대≫라는 이름의 사내보를 발간하고 있었다. 이 ≪현대≫ 1967년 9월호는 제3한강교 공사상황과 강남의 실정을 알리는 글을 실어 교량공사 전에 한 평에 200원 정도밖에 안 되었던 압구정·신사·잠원 등지의 땅값이 공사착공과 더불어 오르기 시작하여 착공 1년 만에 평당 3천 원을 호가하게 되었다고 전하고 있다.

그런데 강남의 땅값이 겨우 평당 2백 원도 안 하던 시절부터 이 일대의 땅을 사모으는 사람들이 있었다. 훗날 반드시 크게 오를 것임을 전망한 사람들이었다. 그런데 제3한강교 건설 이전의 한국사회에는 엄밀한 의미에서의 토지투기라는 것이 없었다. 여기서 토지투기라는 것은 주택이나 공장을 짓기 위해 실수요자가 토지를 사는 것이 아닌, '훗날 땅값이 오르면 되팔 것을 전제로 한, 가수요자의 토지매수'를 의미한다.

땅 한 평에 2백 원도 안 하던 1960년대 전반에 강남에 수십만 평의 토지를 사모은 사람은 종로구 내수동에 주소지를 둔 김형목과 서대문구(당시) 정동에 주소지를 둔 조봉구였다. 당시 김형목이 확보한 정확한 토지평수는 알 수가 없다. 아마 30~40만 평에 달했을 것이다.

조봉구가 확보한 땅 넓이는 자료가 남아 있으니 알 수가 있다. 조봉구 본인과 부인(咸敬子) 명의로 등기된 토지평수가 37만 7,477평이었다. 김형목이 매점한 것은 주로 문화재관리국이 관리하고 있던 구 왕실 재산이었다. 선인릉을 중심으로 한 일대, 청담동·삼성동·대치동에 자두밭·복숭아밭의 상태로 산재해 있던 그 땅을 1960년대 초에 평당 90원에서 120원으로 매점했다는 것이다. 조봉구가 매점한 땅은 일본인이 남기고 간 귀속재산 등이었는데 주로 역삼동·도곡동에 집중되어 있었다.

제3한강교 착공 후 서서히 올라가던 강남의 땅값은 교량공사 지연으로 1968년경에는 약간 떨어지는 기미를 보였으나 1969년 말에 다리가 준공되면서 다시 뛰어올랐다. 1960년대 말에서 1970년대 초, 앞으로 크게 개발된다는 소문이 났던 말죽거리(양재동) 일대의 땅값은 한 평(3.3㎡)에 약 4천 원에서 5천 원 정도였고, 그보다 남쪽에 위치한 신사동·압구정동은 홍수 때마다 침수가 되는 지역이었으므로 오히려 2천~3천 원선에서 거래되었다. 그동안 전기도 전화도 들어가 있지 않던 이 일대에도 제3한강교의 준공과 더불어 급속히 전기·전화가 보급되었다.

단군 이래 처음으로 이 나라 안에 토지투기가 시작하려는 조짐이 나타나고 있었다. 생각해보면 불안한 조짐이었다. 당시 중앙공무원교육원

교수부에 근무하고 있던 내가 내무부 산하 도시행정협회의 의뢰를 받아 『도시의 지가(地價)대책에 관한 연구』라는 책자를 집필 발간한 것이 1968년 말이었다. 어떤 원리에 의해서 도시의 땅값이 오르느냐, 그것이 어떤 폐단을 가져오느냐, 그에 대한 대책이 무엇이냐를 설명한, 이 나라 최초의 저작물이었다.

토지매입에 나선 도시계획과장 윤진우

서울특별시 본청에는 항상 약 30여 개의 '과(課)'가 있지만 이름만 들어도 매력을 느끼는 과 한 개를 들라면 거의 모든 사람이 도시계획과를 들 것으로 생각한다. '1천만 인이 거주하는 거대도시 서울의 도시계획을 총괄하는 과'가 서울시 도시계획과이다. 그러므로 역대 도시계획과장 중에는 출중한 인물들이 적지 않았다. 장훈을 필두로 한정섭·윤진우·우명규·김병린 등의 이름이 떠오른다. 하나같이 강한 개성의 소유자였고 동시에 능력자들이었다. 그런데 그들 역대 도시계획과장 중에서 가장 유능했던 인물 하나를 택하라면 무조건 윤진우를 꼽을 수밖에 없다.

윤진우를 가장 유능했던 과장으로 꼽은 것은 그의 중앙도시계획위원회 대책이었다. 지금은 모르지만 1960년대에서 1980년대까지의 도시계획 과장·국장이 가장 신경을 쓴 것은 중앙도시계획위원회였다. 서울시가 아무리 좋은 계획을 세워도 '각자가 도시계획 전문가임을 자처하는 인물들로 구성된 중앙도시계획위원회'가 보류 또는 부결해버리면 그만이었다. 그러므로 서울시 도시계획 과장·국장이 유능하려면 무엇보다도 먼저 중앙도시계획위원회 대책을 잘 세워야 했다.

윤진우는 1953년에 서울대학교 공과대학 건축과를 졸업했다. 동기생으로 다년간 서울대학교 교수로 재직한 윤정섭, 현대건설 사장과 현대그룹 부회장 등을 역임한 이춘림, 저항시인 윤동주의 동생이며 건축사를 전공했던 윤일주 등이 있다. 공대 건축과를 졸업한 그를 당시 내무부 토목국 도시과에 취직시켜준 것은 주원이었다. 건축과를 다닐 때 "주원 선생이 숙제로 낸 도시계획 리포트를 열심히 써내었더니 인정을 받았던 것"으로 회고하고 있다.

그는 내무부 토목국이 건설부가 되자 자동적으로 건설부 직원이 되었고 도시과 도시계획계장의 자리에까지 올랐다. 그가 한 계급 승진해서 서울시 도시계획과장으로 옮겨온 것은 김현옥 시장이 부임한 지 약 3개월 후인 1966년 7월 15일이었다.

그의 도시계획과장 전임자이고 대학도 한 해 선배인 한정섭은 비타협적이었고 상사의 명령이라 할지라도 옳지 않으면 따르지 않는 성격이었는데 반해 윤진우는 매사에 쉽게 타협했고 상사의 명령이라면 죽을 형용이라도 하는, 그런 사람이었다. 그래서 그는 주위에 적이 없었고 따라서 상사의 총애도 받았다. 그에게 흠이 있다면 그 호인성이었고 그 때문에 약간 가벼워도 보였다. 또 그는 다분히 스타성도 띠고 있었다. 여하튼 그가 있는 곳에는 항상 웃음꽃이 피었고 밝고 가벼운 분위기가 조성되었다.

내가 그를 "그런 사람이었다"고 표현한 것은 결코 그를 가볍게 다룬 표현이 아니다. 그에 대한 나의 친근감이 그런 표현을 쓰게 한 것이다.

윤진우와 나는 경주중학교의 선후배 간이다. 그가 나보다 1년 아래였다. 그는 중학교 다닐 때 뛰어난 수재로서 공부가 일등이었을 뿐 아니라 육상 단거리선수, 야구 명투수, 탁구선수 등으로 만능운동가였다. 시민체육대회를 하면 100·200m 경주를 휩쓸었고 야구시합을 하면 날씬한 묘기로 관중들을 매료시켰다. 얼굴이 희고 미남인 데다가 키도 커서 당시 경주여중·고에 다니는 여학생 치고 그를 짝사랑하지 않는 학생이 없을 정도였다. 게다가 부친이 큰 안과병원을 하는 부잣집 아들이었고 여러 동생을 두었는데 모두가 수재이고 출중했다. 그가 중학생이었을 때의 경주는 인구수가 3~4만밖에 안 되는 조그마한 시골이었고 그는 그 시골에서 항상 손꼽히는 스타였다. 그의 호인성과 스타성은 국민학교에서 대학에 이르는 시기, 주위사람 모두가 부러워하는 환경에서 자란 때문에 형성된 인격이었다.

그는 서울시 도시계획과장이 되자마자 중앙도시계획위원회로부터 혹독한 시련을 두 번에 걸쳐서 받았다. 첫 번째가 세운상가 조성에 대한 중앙도시계획위원들의 강한 반대였다. 두 번째가 명동·서린동 등 도심부 2개 공원용지 해제를 둘러싼, 서울시 간부진과 중앙도시계획위원들 간의 싸움이었다. 1967~1968년에 걸친 큰 싸움이었고 결국 3명의 위원이 중앙도시계획위원회를 떠났고 그 자리에 손정목 등 3명이 들어갔다.

서울시·중앙도시계획위원회 간에 벌어진 두 번의 혈투를 체험하면서 윤진우는 크게 성장할 수 있었다. 내가 중앙도시계획위원이었고 그가 서울시 도시계획과장이었던 시기, 결코 잊을 수 없는 두 가지 사건이 있다.

그 첫째가 도시계획위원들을 기만한 사건이었다. 명동성당 앞, 지금 로얄호텔이 들어서 있는 '명동 1가 6번지'는 원래 전재복구구획정리를 할 때 확보해놓은 공원용지였다. 1969년, 부족한 관광호텔 확충계획의 일환으로 이곳 공원용지를 불하하여 재일교포 기업인 장태식에게 호텔을 짓도록 하는 방침이 섰다. 중앙도시계획위원회는 이곳 공원용지를 해제하는 대신에 도심부에 대체공원용지를 한 군데 확보할 것을 요구했다.

그 다음 도시계획위원회 때 윤진우 과장이 제시한 장소가 중구 저동 1가의 비교적 넓은 공지였다. 한 위원이 "그곳에 틀림없이 빈 땅이 있지요"라고 묻자 그는 "예, 틀림없이 빈 땅입니다"라고 대답했다. 그 공지를 새 공원용지로 하고 명동 1가 공원용지는 해제하기로 결정했다. 훗날 내가 알아보았더니 윤 과장이 공지라고 우긴 그곳은 저동 1가 1번지,

바로 중부세무서의 뜰이었다. 내가 왜 거짓말을 했냐고 따졌더니 김현옥 시장이 "중앙도시계획위원회에 가서 그것을 통과시키지 못하면 시청에 돌아오지 말라고 했다. 김 시장 같은 상사를 모시려면 그런 거짓말도 해야 된다"는 대답이었다.

두 번째가 올림픽 개최지 지정이었다. 원래 서울시 도시계획상에는 1960년대 이후로 올림픽대회 후보지라는 것이 정해져 있었다. 지금의 광진구 중곡동·능동 일대의 넓은 땅이었다. 알기 쉽게 말하면 어린이대공원이 되어 있는 골프장에서 용마산 허리에 이르는 일대가 그것이었다. 그런데 이 중곡동 올림픽 후보지에 구획정리사업을 벌여 주택지로 개발하겠다는 계획이 중앙도시계획위원회에 상정되었다. 1968년 말이었다. 한 위원이 "그 자리를 주택지로 개발하면 먼 훗날 유치될 올림픽은 어디에서 개최할 셈이냐"라고 물었다. 당황한 윤 과장이 엉겁결에 "다음 회의 때까지 올림픽 후보지를 선정해서 가져오겠습니다"라고 대답했다.

다음 회의 때 윤 과장이 제시한 곳이 잠실섬 건너, 당시의 성동구 풍납동·방이동 일대 100만 평 가까운 광역의 땅이었다. "현장에 가보았느냐"라는 질문에 "현장에 가보지 않았습니다만 현지 출장소장 보고에 의하면 허허벌판으로 대단히 좋은 지역이라고 합니다"라는 것이었다. 그 당시의 누구도 분단국가인 한국에서 올림픽을 치르는 앞날이 기다리고 있을 줄 짐작하지를 못했다.

그러나 그렇다고 올림픽 개최예정지가 없을 수는 없었다. 윤 과장이 이 지역을 제시했을 때 "어차피 버려진 땅이나 마찬가지이니 올림픽 예정지로나 지정해두자"라는 정도의 가벼운 생각을 했던 것이고 그것을 받아들인 도시계획위원들 역시 그런 정도의 생각이었다. 여하튼 윤 과장이 제시한 그 지역일대는 그때부터 '운동장시설용지'로 지정되었고 일체의 건축행위가 금지되었다. 윤 과장이 제시한 '올림픽 개최예정지'의 중간위치에 나지막한 언덕이 있었고 언덕 위에 기와집 한 채가 있었으며 집 주위는 채소밭이었다. 그 언덕의 땅 주인은 1983년 10월 9일, 미얀마 아웅산묘소에서 비명에 간 당시의 외무부장관 이범석이었다.

1973년 가을에서 1974년 초에 걸쳐 나는 서울시 도시계획국장으로서 지금의 송파지구 일대에 자주 출입했다. 잠실구획정리사업을 계획하고 독려하기 위해서였다. 그 나들이에서 나는 이른바 '올림픽 개최예정지'를 여러 번 바라보았고 그 중간에 위치한 언덕에 올라가본 일도 있다. 지금의 잠실 대운동장을 계획한 장본인이 바로 나, 손정목이었다. 그런데 나는 단 한 번도 훗날 잠실 대운동장과 '올림픽 개최예정지'에서 올림픽이 개최될 날이 오리라는 생각을 해본 일이 없다. 잠실 대운동장을 계획했을 때 내가 생각한 것은 아시아경기 정도를 치를 수 있는 규모에 불과했고 그곳에 그런 규모의 운동장을 만들라고 지시한 박 대통령의 생각 또한 마찬가지였다.

윤진우 과장이 그곳을 올림픽 개최예정지로 제시한 때로부터 정확히 만 20년이 지난 1988년에 내가 계획한 잠실 운동장과 윤 과장이 제시한 지역일대에서 실제로 올림픽대회가 치러지는 것을 보고 서울시 도시계획 과장·국장의 말과 행동의 무게가 얼마나 큰 것인지를 실감했다. 그리고 '시간과 공간을 초월하여 모든 것을 미리 알고 꾸미고 지배하는 절대자의 존재'라는 것을 절감한 것이다.

이범석이 주인이었던, 버려지다시피했던 그 언덕이 몽촌토성이라는 이름으로 가꾸어져 올림픽공원 안의 중심시설이 된 것을 보고 도시계획이라는 것이 지니는 변화무쌍함을 새삼 절감하고 있다.

공권력에 의한 강남 토지투기 기록, XY문서

서울시 도시계획과장·국장 중에는 많은 업적을 남긴 사람들이 있다.

한국전쟁 후 폐허가 된 서울의 복구계획을 세우고 그것을 수행한 장훈 과장, 1963년에 새로 서울시에 편입된 엄청나게 넓은 지역을 일일이 답사하여 방사선·순환선 가로망계획의 기틀을 짠 한정섭 과장, 오목교-성산대교-금화터널-중앙청을 연결하는 성산대로, 남부고속터미널-잠수교-남산 제3터널 등을 계획한 김병린 등의 공적을 들 수가 있다.

그런데 역대 도시계획과장 중에서 가장 화려하게 그 직책을 소화한 사람 하나를 들라면 '윤진우'라고 하는 데 반대할 사람은 없을 것이다. 윤진우가 도시계획과장이었던 4년간, 시 본청 내 전체 과장 중에서 그의 존재는 특이했다. 김 시장이 남다르게 총애했고 모든 언론사 기자들이 그의 방에 모여들었다. 서울시 도시기본계획과 8·15전시, 세운상가·낙원상가·대왕코너 등의 민자유치사업, 한강개발과 여의도윤중제 등 김 시장이 엄청나게 많은 일을 저지르고 있었으니 그것을 계획면에서 뒷받침한 도시계획과장의 주변이 조용할 수가 없었다.

제3한강교가 준공된 1969년에서 1970년으로 넘어가고 있던 때, 쌀 한 가마에 5천 원 안팎, 파고다 담배 한 갑에 50원이었으니 10만 원이면 큰돈이었다. 그런데 윤 과장의 호주머니에는 항상 10만 원짜리 수표 몇 장, 많을 때는 수십 장이 들어 있었다. 중앙도시계획위원회가 끝나면 으레 서울시 도시계획과장의 안내로 공평동에 있던 요정 다성에서 술을 마셨으니 윤 과장의 인기는 대단했다.

경북지사로 있던 양택식이 서울특별시장이 된 것은 1970년 4월 15일이었다. 양 시장 부임 후 첫 인사발령은 1970년 5월 2일에 있었다. 이 첫 인사발령에서 윤 도시계획과장은 국장으로 바로 승진되었다. 서울시 역대 도시계획과장 중에서 다른 과장·국장자리는 거치지도 않고 도시계획국장으로 직행한 사람은 윤진우 단 하나밖에 없다. 그 인사가 그렇게 파격적이었음에도 불구하고 누구도 그것을 비난하지 않았고 시기하는 사람도 없었다. 당시의 그는 그만큼 능력이 있었고 또 인기도 있었다.

내가 기획관리관으로 서울시에 부임한 것은 1970년 7월 20일이었다. 그때부터 나는 윤 과장 바로 옆에서 그의 일거수 일투족을 관찰할 수 있었다. 여하튼 몹시 바쁜 사나이였다. 동분서주하고 있었다. 영동지구 개발계획의 전모가 발표된 것은 그해 11월이었다. 서울시정은 물론이고 서울시민 모두에게 '강남-영동지구'라는 것이 크게 부각되었다. 1971년 봄쯤이 되었을 때는 본청의 몇몇 국장, 도시계획국의 과장·계장들은 그의 행동을 눈치채고 있었고 소문도 돌고 있었다. 즉 "윤 과장이 강남의 땅을 엄청나게 많이 매수하고 있다. 그리고 그 매수대금은 높은 곳과 어떤 중앙부처에서 제공된 것이다"라는 내용이었다. 수사기관에서도 조사를 했고 언론사에서 취재를 했다는 소문도 돌았다.

1971년 가을쯤에는 그의 행동이 자못 불안해지는 것을 느꼈다. 그리고 그해 12월 31일자 인사발령에서 그는 한강건설사업소 소장으로 전출되었고 그 대신 나 손정목에게 "기획관리관으로 있으면서 도시계획국장을 겸하라"는 발령이 내렸다. 전혀 예상치 못했던 전격적인 인사발령이었다. 그때부터 나는 기획관리관 겸 도시계획국장, 도시계획국장 전임생활을 1975년 3월까지 계속했다. 그리고 윤진우는 1974년 2월에 공직에서 물러나 민간회사로 자리를 옮겼다.

나는 약 3년 3개월간 도시계획국장 자리에 있으면서 윤진우가 강남에 대량의 토지를 매입·매각한 경위, 그가 왜 도시국장자리에서 물러나야 했고 마침내는 공무원의 신분에서도 물러나야 했는가의 대체적인 윤곽은 알 수 있었다. 그러나 그것은 어디까지나 윤곽에 불과했지 확실한 것이 아니었다. 강남토지 매입·매각에 관한 일체의 서류가 없었기 때문이다. 윤진우에게 그와 관련된 서류를 인계해달라고 요청했으나 "그것은 기밀에 속하니 보여줄 수 없을 뿐 아니라 그런 서류는 처음부터 존재하지 않는다"라는 것이었다. 그로부터 20여 년의 세월이 흘렀다.

내가 이 책의 집필을 위해 본격적인 자료수집을 시작한 것은 1994년경부터의 일이다. 서울시 행정에 관한 자료를 모으기 시작한 것은 30년도 훨씬 넘었지만 막상 글을 쓰려고 보니 자료부족이 절감되었다. 특히 세운상가와 같은, 김현옥 시장 재임 중의 자료에 빠진 것이 많았다. 내가 그 당시는 서울시에 근무하지 않았으니 당연한 일이었다. 윤진우에게 여러 번 전화를 걸어 "혹 당신의 서가에 김현옥 시장 당시의 팜플렛이나 용역보고서 같은 것이 있으면 어떤 내용이라도 상관없으니 나에게 인계해달라"는 부탁했다.

그가 연희동에 있던 나의 일터에 서류 보따리 하나를 들고 찾아온 것은 1995년 초여름이었다. 그것이 그가 갖고 있는 서류의 전부라고 했다. 그 보따리 안에는 내가 기대했던 팜플렛이나 용역보고서 같은 것은 들어 있지 않았다. 그 대신에 전혀 정리가 안 된 채로 뭉쳐놓은 부동산 매매관련 문서들이 들어 있었다. 토지 매입·매각계약서, 등기부등본, 매입·매각과 관련된 여러 가지 메모, 서류, 세금통지서 및 납입영수증 등 강남의 토지 매입·매각과 관련된 서류 중 약 80% 정도가 그 안에 들어 있었다.

나는 이 서류를 성질별로 나누고 날짜순으로 정리하여 'XY문서'라는 이름을 붙였다.

국가공무원법 제60조는 "공무원은 재직 중은 물론 퇴직 후에도 직무상 알게 된 비밀을 엄수하여야 한다"라고 규정하고 있다. 이른바 수비(守秘)의무라는 것이며 지방공무원법·교육공무원법 등에도 같은 내용이 규정되어 있다. 또 형법 제127조는 "공무원 또는 공무원이었던 자가 법령에 의한 직무상 비밀을 누설한 때에는 2년 이하의 징역이나 금고 또는 5년 이하의 자격정지에 처한다"라고 규정하고 있다.

그런데 윤진우가 관여한, '공권력에 의한 강남토지투기'가 공무원법이나 형법에 규정한 '공무상의 비밀'인가 아닌가라는 점에는 의문이 있다. 엄격히 해석하면 그것은 공무원법이나 형법에 의해서 보호를 받아야 할 비밀사항이 아니다.

백보를 양보해서 그것도 공무원법·형법에 의해서 보호를 받는 비밀에 속한다고 하자. 그렇다면 공무원법이나 형법에서 규정한 '비밀을 지킬 의무'에는 시효가 없느냐, 즉 죽을 때까지 영원히 지켜야 하느냐가 문제가 된다. 국가의 이익이 첨예하게 대립하는 외교문서도 30년이 지나면 공개하는 것이 국제간의 원칙이다. 사람을 몇 사람이나 죽였어도 15년이 지나면 시효가 사라진다(형사소송법 제249조).

'임금님 귀는 당나귀 귀'라는 동화가 말하듯이 사람이 어떤 비밀을 혼자만이 간직한 채 기나긴 세월을 보낸다는 것은 대단히 고통스러운 일이다. 윤진우는 그런 무거운 비밀을 20년이 훨씬 넘도록 혼자의 가슴에만 묻은 채 우스갯소리를 하고 너털웃음을 웃으면서 살아온 것이다. 그럼으로써 그는 당시의 관련자들, 박정희 대통령·김정렴 비서실장·박종규 경호실장·이낙선 상공부장관·김현옥 시장·양택식 시장·김성곤 공화당 재정위원장 등에 대한 사나이로서의 의리를 다한 것이다. 생각해보면 25년 세월이 흐르는 동안, 하나둘씩 저 세상으로 떠나고 당시의 관련자들 중에서 살아 있는 사람은 김정렴·양택식·윤진우 세 사람뿐이다. 세월이 그만큼 덧없음을 새삼 실감한다.

정치자금 마련을 위한 강남 땅 사모으기

김현옥 시장이 윤진우 과장을 불러 함께 용산의 헬리포트로 갔던 날짜는 알 수가 없다. 아마 제3한강교가 준공된 1969년 12월 26일부터 약 한 달 정도가 지난 1970년 1월 말경이 아니었던가 추측된다.

여하튼 시간은 오후 3시경이었다. 시장실에 들어가자 김 시장은 아무 설명도 없이 그를 차에 태워 용산에 있던 육군 헬리포트로 데려갔고 거기서 헬리콥터를 함께 타고 과천·사당·서초·잠원·압구정·양재·내곡동을 거쳐 잠실·송파에 이르는, 이른바 강남일대를 선회했다. 김 시장이 윤 과장에게 지시한 것은 "과연 어느 지대가 가장 발전 가능성을 지니고 있는가를 판단해보라"는 것이었고 그 밖의 다른 말은 별로 없었다고 한다. 헬리콥터를 내렸을 때는 이미 어둠이 깔려 있었는데 김 시장 승용차는 그 길로 바로 용산구 한남동 유엔 빌리지 안에 있던 박종규 경호실장집으로 향하고 있었다.

한남 1동 언덕을 끼고 한강을 발아래 내려다보는 일대는 조선왕조시대부터 풍치 좋기로 이름난 곳이었고 일제시대에는 일본군 고급장교들의 관사지역이었다. 6·25한국전쟁으로 부산에 피난 가 있던 정부가 서울에 돌아온 것은 1953년이었다. 그런데 정부가 이렇게 돌아왔는데도 유엔군 장성, OEC 직원, 그리고 주한 외교사절(대사·공사 등)들은 가족을 일본에 두고 토요일만 되면 가족들을 만나기 위해 비행기로 일본에 가고 있었다. 이런 실정을 알게 된 이승만 대통령이 국무회의 석상에서 "그들 외국인 가족들을 받아들일 수 있는 주택단지를 긴급히 조성하라"는 지시를 내린 것은 1956년 5월이었다.

이 지시에 따라 당시 부흥부장관이었던 유완창이 중앙산업(주) 사장 조성철과 육군 공병대에 긴급 지시하여 부랴부랴 건설한 것이 유엔빌리지였다. 건설자금은 산업은행에서 융자되었고 부족분은 정부가 갖고 있던 '귀속재산적립금'으로 충당했다. 주택공사의 전신인 대한주택영단이 중앙산업(주)으로부터 이 유엔빌리지를 인수한 것은 1959년 12월 말이었는데, 독립주택 106동, 아파트 2동, 차고 15동 등이었다(『대한주택공사 20년사』, 226~228쪽).

이 유엔빌리지는 당시 서울시내에 존재한 색다른 고급 외국인 주거지였고 소수의 한국인 특수층도 거주하고 있었다. 5·16군사쿠데타의 각종 인쇄물 인쇄를 맡은 탓으로 일약 거물이 된 광명출판사 사장 이학수, 국무총리 정일권, 청와대 경호실장 박종규 등이 이 단지 안에 거주하고 있었다. 주택영단이 인수할 당시에는 대지 3만 1,708평 연건평 6,316평이었지만, 주택영단이 주택공사로 바뀐 후에 신규택지도 더 조성하고 아파트도 더 지어(힐탑아파트) 1960년 말경에는 훨씬 규모가 커져 있었다.

박종규 경호실장이 어느 정도의 권력가였는가를 알고 있는 독자가 과연 얼마나 될 것인가. 1974년 8월 15일에 있은 육영수 여사 저격사건으로 경호실장을 그만둘 때까지, 박정희 정권 아래서는 3인의 실권자가 있었다. 김종필(중앙정보부장·공화당의장·국무총리), 이후락(대통령비서실장·주일대사·중앙정보부장) 그리고 박종규였다. 김종필은 대권을 향한 욕심이 있었고, 이후락은 실권자이기 위한 노력이나 공작 등이 있었는데, 박 경호실장에게는 그러한 것이 없었다. 오직 대통령 한 분에 대한 충성이 있을 뿐이었다. 아무튼 다른 야심이 없었던 만큼 그 권력은 더욱 큰 것으로 비쳐졌다. 박종규 앞에서는 모든 장관들이 바짝 긴장을 했다. 언제 어떤 불호령이 떨어질지 알 수 없었기 때문이다.

박종규는 1930년생이었으니 1929년생인 윤진우보다 나이는 한 살 아래였다. 그러나 인간의 그릇에서 전혀 비교가 되지 않았다. 박 실장은 실질적인 제2인자였으니 윤진우가 긴장한 것은 당연한 일이다. 윤 과장이 기억하고 있는 것은 단 두 가지, 먼저 그 집 응접실을 장식하고 있던 호랑이·표범 가죽, 박제가 된 큰 악어 등이었다. 아마 외국을 다녀온 고관들이 귀국할 때 갖고 와서 선물한 것이라고 생각되었다. 그리고 응접실 창문에서 바로 내려다보이는 정면에 한강이 있었고 그 대안인 압구정동에 현대건설에서 시행하고 있던 매립공사 장면이 유난히 눈에 띄었다고 한다.

박 실장의 질문은 간단명료했다. 헬리콥터로 돌아본 지역(과천-서초-강남-잠실) 중에서 어느 곳이 가장 장래성이 있고 투자가치가 있다고 생각하는가라는 것이었다. '탄천을 경계로 그 서부지역 일대' 즉 오늘날 강남구가 된 일대의 지역이 가장 유망한 것 같다고 대답했더니 "그러면 그쪽 땅을 사모으지"라고 했다.

그리고 약 2주일이 지난 후, 윤 과장이 그 일을 거의 잊고 있을 때 시장실에서 연락이 와서 갔더니 "제일은행 고태진[1] 전무실에 가면 돈을 줄 테니 받아와서 우선 그 돈으로 땅을 사모으라"는 것이었다.

당시의 제일은행 본점은 신세계백화점 서편, 지금의 제일지점 건물이었다. 전형적인 네오바로크 형식으로 1935년에 지어진 이 건물은 1989년 5월 25일에 서울특별시 유형문화재 제71호로 지정되었다. 고태진 전무실은 서울시장실보다도 더 으리으리한 방이었다. 조심조심 찾아온 용건을 말하는 윤 과장에게 고 전무가 책상서랍에서 꺼내준 것은 적금통장 한 개였다. 원금 3억 원짜리였는데 예금한 지 햇수가 많이 지나서 이자가 누더기로 붙어 있었다. 윤진우 메모는 이 자금을 '통장' 또는 'A통장'이라고 적고 있으며 '3억 4,138만 6,983원'으로 기록하고 있다. 첫 번째 자금공급은 이렇게 시작되었다.

"높은 곳에서 나온 자금으로 땅을 사모으고 땅값이 어느 정도 상승하

---

1) 지금은 고태진이라고 해도 모르는 사람이 훨씬 더 많은, 과거의 인물이 되었지만 1960~1970년대에는 금융계·체육계를 통하여 그는 유명인사였다. 5·16군사쿠데타 후인 1962년에 상업은행 용산지점장, 1967년에 상업은행 상무, 1969년에 제일은행 전무, 1972년에 조흥은행 행장, 1973년에 축구협회 회장, 1974년에 한국 올림픽위원회(KOC) 상임위원, 1975년에 서울상공회의소 부회장 등을 지낸 그는 단순한 금융계·체육계의 거물이 아니었다. 울산시 출신으로 이후락과 고향이 같다는 점 때문에 항상 정치적인 냄새를 강하게 풍기는 그런 인물이었다. 1921년생인 그는 80세가 넘는 지금도 건강하게 생활하고 있는 것으로 알고 있다.

면 되팔아서 갖다 바친다. 이 사실은 청와대에서 근무하는 매우 높은 분 한둘과 서울시장 그리고 자기만이 알고 있는 비밀사항이다"라는 것을 인식했을 때의 그의 흥분은 충분히 짐작할 수 있다. 제3·4공화국시대의 청와대의 권한, 그것은 바로 생살여탈을 자유자재로 하는 절대권력이었다. 윤진우는 '그 어른에게 잘 보이면 출세길이 훤하게 뚫린다'는 것을 생각하면 잠이 오지 않을 정도로 흥분되었다.

그는 맡겨진 일을 잘 처리하기 위해 면밀한 계획을 세웠다. 당초에 그가 세운 계획은 다음과 같은 것이었다(메모지에 기재된 내용 그대로를 인용).

① 매입은 최저 4천 원 최고 6천 원 한도 내로 한다.
② 매각은 가급적 시장성이 대중적이고 저렴·적정케 한다.
③ 매각 평균가격을 최하(한 평당) 2만 원선으로 전망한다.
④ 소요자금은 계약금(10분의 1), 중도금(총액의 2분의 1)까지만 마련토록 한다.

우선 해야 할 일은 가명을 쓰는 일이었다. 윤진우라는 본명으로 땅을 사모을 수는 없는 일이었다. 윤태진이 그가 주로 사용한 이름이었고 때로는 김준이라는 가명도 썼다. 당시는 얼마든지 전매도 할 수 있었고 가명을 쓸 수도 있었던 시대였으니 매입계약서에서는 실로 다양한 주소와 이름이 사용되었다. 윤태진·김준·김시영·박옥성·김희태·신유호·박시헌 등이다. 박옥성·김희태 등의 실제인물이 있었던 것이 아니다. 거의가 그때그때 즉흥적으로 사용한 이름들이다.

토지매입은 1970년 2월 초부터 시작되었다. 그가 최초로 매입한 땅을 청주 대성학원 이사장 김준철 소유의 땅 약 4만여 평이었다고 기억하고 있으나 그 매매계약서는 찾을 수 없었다. 매매계약서가 남아 있는 것 중에서 최초의 것은 1970년 2월 1일 김형목 소유 삼성동의 밭 1만 평이었고, 다음이 2월 3일 함경자 소유 대치동 임야 2만 평, 2월 5일 단사천

소유 삼성동 임야 22개 필지 6만 7,232평, 2월 15일자 함경자 소유 대치동·도곡동 임야·전답 30개 필지 6만 9,974평으로 이어지고 있다.[2)]

자금이 달려 좀더 공급되기를 희망한 윤 과장이 김 시장에게 가서 상의를 했다. 며칠 후 김 시장은 공화당 재정위원장 김성곤을 찾아가면 자금을 빌려줄 것이라고 했다. 아마 김 시장이 청와대 김 비서실장에게 협의를 했고 비서실장이 김성곤 위원장에게 돈을 좀 빌려달라고 부탁한 것으로 추측된다. 공화당 재정위원장 김성곤이 3월 5일에 3천만 원, 3월 6일에 2억 2천만 원, 이렇게 두 차례에 걸쳐 2억 5천만 원을 입금시켰다. 그런데 그 이후에는 자금공급이 끊기고 있다. 그렇다고 청와대를 찾아가서 자금이 끊겼으니 증액을 해달라고 조를 성질의 것도 아니었다.

그 당시 청와대가 좀 여유 있게 자금공급을 하지 않았던 데는 두 가지 이유가 있었다고 추측된다.

그 첫째는 청와대 자체의 살림살이가 넉넉지 못하여 많은 자금을 적기에 공급할 능력이 없었을 것이라는 점이다. 전두환·노태우로 이어지는 제5·6공화국 시대에는 재벌들이 100억·200억씩 싸들고 갖다 바쳤다는 것은 이미 하나의 상식이 된 일이지만 그것은 1980년대의 일이다. 강남 땅을 매입한 1970년 전반, 우리나라 국민 1인당 평균소득은 겨우 220달러 정도에 불과했다. 삼성이나 현대가 대기업체이기는 했지만 아직 재벌은 아니었던 시대의 일이니 갖다 바치는 정치자금의 액수도 그렇게 대단한 것이 되지 못했던 것이다.

두 번째 이유는 김정렴 비서실장의 소심함과 강직함 때문이었을 것으

2) 김형목은 훗날 청화기업 회장 및 영동고등학교 설립자가 되는 인물이며, 함경자는 훗날 (주)삼호라는 대건설업체(1985년 국내기업 자본금 83위)의 오너가 되는 조봉구의 부인 이름이고, 단사천은 해성문화재단 이사장으로 한때 국내에서 현금을 가장 많이 가진 실력가로 알려졌던 인물이다. 이때 윤진우에게 토지를 매각한 사람은 우제봉·이정례·은평·전택보·김도진·이성달·김득모·노용석 등이었다.

로 생각한다. 강경상업학교·오이다고상(大分高商)을 나와 한국은행 말단 행원에서 시작하여 오직 정직과 성실함만으로 재무부장관·상공부장관에까지 오른 김 실장의 입장에서는, 최고권력이 토지매매로 정치자금을 마련한다는 사실 자체가 왠지 불안하고 못마땅했을 것 같다. 김정렴 비서실장은 9년간이나 그 권좌에 있으면서 이권에 개입한 일도 없었고 인사에 관여한 일도 없는, 정말로 깨끗한 사람이었다. 그런 그의 입장에서 부동산 매매로 정치자금을 마련한다는 것은 결코 내키지 않는 일이었을 것이다.

위에서 공급되는 자금이 그렇게 어려웠지만 윤 과장의 입장에서는 사정이 달랐다. 위에서 공급되는 자금 한도 내에서만 쓰면 큰 액수를 마련할 수가 없었다. 확보한 땅을 희망자에게 높은 값으로 팔고, 좀 싼 토지를 다시 매입하여 다시 팔고, 그렇게 하는 과정에서 자금이 눈덩이처럼 불어가고 있었다.

그러나 윤진우는 토지투기꾼이 아닌 엄연한 공무원이었다. 따라서 중간단계에서 토지를 매각한 것은 비밀이 유지될 수 있는 공적 기관이어야 했다. 김현옥 시장의 힘을 빌려 신탁은행의 자회사였던 한신부동산(주)에 매각을 했고 서울시 직원상조회, 그리고 총무처가 관리하고 있던 공무원연금자금에도 매각을 했다.

당시의 인감증명 효력은 발행 후 3개월간이었다. 즉 토지대금 잔금을 지급하고 등기서류 일체를 넘겨받으면 3개월 이내에 등기를 해야 했다. 물론 가명으로는 등기가 되지 않았다. 그렇다고 모든 부동산을 윤진우 이름으로 등기할 수는 없었다. 농지개혁법의 규정에 의하여 한 사람이 3정보 이상의 농지소유는 금지되어 있었다. 부득불 실존인물의 이름을 빌려야 했다.[3]

---

3) 조병순과 그 부인 윤유엽, 박민형 등의 이름을 빌렸다. '어떤 연고관계가 있어 명

이 일을 윤진우에게 하명한 박 경호실장, 김 서울시장은 성격이 치밀한 사람이 아니었지만 윤진우는 달랐다. 자칫 잘못하면 자신은 물론이고 패가망신할 일을 하고 있었다. 그러므로 정식 장부는 만들지 않았지만 비교적 상세한 내용을 메모로 남겼다. 그 메모를 정리하면 자금의 흐름을 어느 정도까지 재현할 수 있다. 다만 30년 가까이 지난 지금 그것을 재현해봤자 별 의미가 없을 것 같다.

여하튼 1970년 5월 20일 현재로 그가 청와대 정치자금분으로 매입한 토지가 23만 7,366평, 동원된 토지대금이 12억 7,088만 5,250원이었다는 것을 알 수가 있다. 그리고 그 메모를 통하여 그가 이 일 때문에 얼마나 많은 고민을 했고 또 얼마나 많은 수고를 했는가도 충분히 추측할 수가 있다.

자금회전 등으로 매우 어려움을 겪고 있었지만 한편으로 윤진우에게는 신바람이 나는 나날이었다. 우선 개인적으로 돈을 풍족하게 쓸 수 있었다. 토지매입 자금 중 3%는 판공비로 쓰도록 지시가 되어 있었기 때문이다. 땅을 구입하게 되면 사전에 양해된 사람 명의로 등기이전도 해야 하고 또 땅을 매각할 때도 소유권 이전에 따른 제반 수수료 등 경비가 들게 마련이었다. 뒤에서 설명하는 상공부 관계 자금을 합하여 1970년 상반기에 그가 썼던 자금의 총액수는 20억 원을 훨씬 넘었다. 20억 원의 3%는 6천만 원이다.

1970년 하반기에 서울시가 여의도 시범아파트를 분양했을 때의 평당 가격 평균이 14만 2천 원, 40평짜리가 571만 2천 원이었다. 현대·대림·동아건설 등 큰 건설회사가 중앙정부나 서울시 국장들에게 연말과 추석에 돌리는 떡값이 겨우 10만 원짜리 수표 한두 장이었으니 6천만 원은

의를 빌릴 수 있었는가'의 이유까지 밝힐 필요는 없을 것 같다.이 글이 여러 사람에게 폐가 되지 않기 위해서이다.

엄청난 거금이었다. 물론 그중의 상당한 액수가 필요경비로 쓰였지만 떨어지는 금액도 적은 것은 아니었다.

그 다음 신나는 일은 승진이었다. 경북지사로 있던 양택식이 서울시장으로 부임한 것은 1970년 4월 16일이었다. 양 시장 부임 2주일 후인 5월 2일에 윤진우는 도시계획국장으로 승진 발령되었다. 즉 토지매입·매각으로 고생하고 있던 중간에 과장에서 국장이 되었으니 신바람이 난 것은 당연한 일이었다.

눈치 빠른 사람의 순서를 소개한 글을 읽은 기억이 난다. 소매치기·형사·신문기자의 순이라는 것이었다. 당시는 아직 TV 기자나 경제신문 기자는 대단하지 않았다. 서울시 기자실은 동아·조선·한국·중앙·경향·서울의 6대 일간지가 판을 치고 있었다. 기자들이 윤진우를 덮쳤다. 이유는 확실히 알 수 없지만 엄청나게 돈이 많고 벼락승진까지 한 윤진우는 기자들의 봉이 될 수밖에 없었다. 인사동의 녹산지, 공평동의 다성, 무교동의 대아 등의 요정에서 거의 밤마다 술자리를 벌였다. 그 시기에 나도 그 술자리에 동석한 일이 한두 번 있었다. 그때 내가 의아하게 생각한 것은 그의 주량이 과하다는 점이었다. 아마 비밀스런 일을 하고 있다는 인간적 자책이 그런 폭음을 자초했을 것이다.

오해를 할까 두려워 여기서 이 사건의 본질을 밝히고 넘어가야 하겠다. 이 강남 토지투기사건은 박종규·김현옥 두 사람이 장차 있을 대통령 선거에 대비해서 박 대통령에게 목돈을 좀 마련해주겠다는 발상에서 시작된 것이었다고 한다. 이후락 비서실장이 관여했는가는 확실히 알 수가 없다. 아마 제일은행 고태진 전무에게 맡겨둔 적금통장에서 최초의 자금이 나왔으니 이후락 실장도 관여하지 않았을까 추측되지만 어디까지나 추측에 불과하다.

김정렴 상공부장관이 대통령 비서실장이 된 것은 1969년 10월 21일이었다. 김 비서실장은 취임 직후에 그 내용을 알게 되었다. 아마 박종규 경호실장이 매사에 치밀한 김 실장에게 이 일의 처리를 부탁했고 소심했던 김 실장이 그 부탁을 거절하지 못했기 때문에 결국은 일 처리 자체가 김 실장 몫이 되었을 것이다.

박 대통령이 이 사실을 알게 된 것은 정치자금이 조성되어 그것이 대통령에게 바쳐진 마지막 단계였다고 한다. 박 대통령시대 즉 제3·4공화국 당시에도 정치자금은 여러 경로로 수합되었다. 다만 박 대통령은 기업가로부터 직접 상납을 받지는 않았다. 돈에 대해 결벽증이 있었던 것으로 추측된다. 그러므로 3·4공화국 시대의 정치자금은 주로 공화당 재정위원장, 경제기획원장관, 서울특별시장(김현옥·구자춘) 등이 마련했고 연말과 추석 때 대기업에서 가져간 정치자금은 반드시 비서실장·경호실장을 경유하는 것이 관례가 되어 있었다고 한다.

4. 영동제2지구 개발계획 발표와 땅값 상승

상공부단지 및 상공부 직원주택단지 토지 매입

김현옥 시장과 윤진우 과장이 박종규 경호실장을 만나고 청와대로부터의 자금공급을 기다리고 있던 1970년 1월 말이나 2월 초의 어느 날, 이낙선 상공부장관이 은밀히 김현옥 시장을 찾았다.

이 장관이 서울시장실을 찾아온 용건은 "정부방침인 인구분산정책에 호응하여 서울시가 추진하고 있는 제2서울(남서울)지구에 상공부 및 상공부 산하기관이 모두 들어갈 수 있는 대규모 종합청사를 건립할 계획이다. 서울시장께서 제2서울 지역에 적절한 부지 약 10만 평을 물색해달라"는 것이었다.

청와대가 정치자금 염출을 위한 토지투기를 계획하고 착수하고자 한 것과 때를 같이하여 이낙선 장관이 김 시장을 찾아가서 그런 요청을 한 데는 청와대측과 서로 통하는 바가 있었을 것으로 추측된다. 즉 청와대에서 남서울의 땅을 매점하는 데 상공부도 같이 끼면 땅값을 올리는 데 상승효과가 있다. 즉 "청와대가 땅을 사모으고 난 뒤에 상공부단지 조성계획을 대대적으로 발표하면 청와대가 미리 사둔 땅값은 더 빨리, 더 많이 오르고, 더 쉽게 팔릴 수 있다. 그러니 상공부단지도 서울시에 의뢰하여 같이 매수에 들어가는 것이 어떻겠느냐"라는 내통이 이낙선 장관에게 갔을 것으로 추측된다.

내가 그렇게 추측하는 이유는 첫째, 우연의 일치라고 하기에는 너무나 그 시기가 일치하고 있다. 둘째, 청와대 김정렴 비서실장은 바로 전직 상공부장관이었다. 셋째, 이낙선 장관은 5·16군사쿠데타 당시 박정희 소장의 전속부관이었고 1966년까지 대통령 비서실 비서관이었다. 그러나 윤진우에 의하면 나의 그와 같은 추측은 잘못된 것이고 양자 간에는 전혀 상통함이 없었다는 것이다. 그러나 우연의 일치라고 하기에는 무엇인가 석연치 않은 느낌이 드는 것이다.

이 장관의 요청을 받은 김 시장은 제2서울 개발방향의 기밀이 누설될 염려가 있으므로 시에 토지매입권 일체를 위임해줄 것을 조건으로 제시한다. 이 장관의 입장에서 그것을 거부할 이유가 없었다. "상공부단지 10만평을 확보하라. 평당 가격은 4,500~5,000원 정도로 하라"라는 명령도 윤진우에게 떨어졌다.

상공부 종합청사를 짓기 위한 10만 평의 단지는 여기저기 흩어진 토지를 사모아서는 아무런 의미를 가지지 못한다. 한곳에 집중되어 있는 땅을 구입해야 했다. 언뜻 보면 어려운 조건인 것 같지만 그 조건 때문에 오히려 쉽게 구할 수가 있었다.

삼성동 73번지, 수도산에 위치한 봉은사는 통일신라시대 원성왕 10년(794년)에 견성사라는 이름으로 창건된 사찰이었다. 조선왕조 전기, 연산군 4년(1498년)에 정현왕후가 선왕인 성종의 능인 선능을 위하여 능의 동편에 있던 사찰을 크게 중창하고 절의 이름을 봉은사라고 개칭했다. 선능의 원찰이 된 것이다. 1551년에는 이 절을 선종의 으뜸가는 사찰로 정하고 명승으로 이름이 있던 보우를 주지로 임명하여 불교 중흥의 도량이 되게 했다.

봉은사가 그 후 조선왕조 대대의 왕실과 깊은 관계를 맺은 대찰이었기 때문에 사찰의 재산 또한 적지 않았다. 바로 사찰 앞에 위치한 10만 평이나 되는 전답이 봉은사 소유였다. 윤진우가 착안한 것이 이 사찰재산이었다. 알아보았더니 비록 봉은사에 속한 전답일지라도 그 처분권은 대한불교조계종 총무원이 가지고 있었다.

당시의 총무원장은 최월산(崔月山) 스님이었다. 윤진우는 그런 교섭에는 뛰어난 능력이 있었다. 아마 그의 티없이 맑은 얼굴과 표정에 상대방이 쉽게 설득되었던 듯하다. 삼성동 159·167·308번지 등으로 이루어진 10만 평을 사들이는 교섭은 쉽게 이루어졌다. 한 평에 4,300원, 10만 평 대금이 4억 3천만 원이었다. 계약성립일은 1970년 2월 말경이었고 4월 중순에 중도금 1억 원이 지불되었다.

조계종이 이 땅을 매각한 데는 이유가 있었다. 당시 중구 장충동 2가 197번지 즉 장충단공원 바로 서쪽 언덕 위에 총무처 산하 중앙공무원교육원이 위치하고 있었다. 정부에서 이 건물을 동국대학교에 매각하고 공무원교육원을 대전으로 옮겨갈 계획을 추진하고 있었다. 동국대학교가 교육원 건물을 확보하기 위해서는 그 구입자금이 조계종 총무원에서 지급되어야 했다. 삼성동의 그 일대가 훗날 괄목할 만한 요지가 되리라

상공부 종합청사 대신에 들어선 무역협회·한국전력 등. 상공부는 남서울에 대규모 종합청사를 세울 계획으로 대규모의 땅을 매입했으나 정부청사는 서울시를 벗어나야 한다는 그 후의 방침 때문에 이곳에 상공부단지가 형성되지는 못한다(1980년대 말).

고 전망한 사람은 아무도 없었던 시대였으니 조계종의 스님들이 알 수 없었던 것은 당연한 일이다.

상공부가 끝내 서울시에 모든 것을 맡겼으면 그 금액으로 그 땅을 취득할 수 있었을 것이다. 토지대금 중 잔금을 치르는 단계에서 "서울시 간부를 어떻게 믿고 그런 거금(약 3억 원)을 맡길 수 있느냐"라는 의견이 상공부 모 간부의 입에서 튀어나왔다. 윤 국장은 매매계약서 및 계약금·중도금 수령증 등 일체를 상공부에 인계하고 손을 떼버렸다. 조계종측은 그 땅의 취득자가 정부이고 정부청사 일부가 들어선다는 것을 알았을 때 크게 놀랐고 그런 헐값으로 계약한 것을 후회했다. 더 많은 액수를 요구한 것은 당연한 일이다. 상공부 모 간부가 나선 때문에 이 땅값은 한 평에 1천 원씩이 더 올라 5억 3천만 원에 10만 평의 소유권이 조계종에서 한국전력(주) 등 상공부 산하기업체로 이전되었다. 1970년 10월의 일이었다.

정부청사는 서울시를 벗어나야 한다는 그 후의 방침 때문에 이곳에 상공부단지는 조성되지 않았다. 그러나 지금의 무역센터(COEX)·종합전시장(현재 아셈타워)·공항터미널·한국전력공사 등이 들어선 일대의 땅은 이렇게 해서 확보된 것이다.

상공부 및 그 산하기관이 들어갈 종합청사 부지매입 의뢰를 한 지 약 한 달 정도가 지난 1970년 3월이었다. 이낙선 장관이 다시 서울시장실을 찾아와 이번에는 상공부 및 상공부 산하기관에 근무하는 직원들의 주택지 약 30만 평을 구입해줄 것을 의뢰했다. 이른바 '상공부 직원주택단지'라는 것을 조성하겠다는 것이었다. 상공부 종합청사에 이웃하여 직원주택단지가 조성되면 출퇴근 등 여러 가지 면에서 편리하다는 발상이었다. 이 장관의 입장에서는 어차피 머지않아 값이 엄청나게 올라갈 것이 명백한 곳에 주택지를 마련해줌으로써 부하직원들에게 생색을 내자는 생각도 강하게 작용하고 있었다.

김 시장은 이번에도 윤진우 과장을 불러 30만 평 토지매입을 지시했다. 당시 서울시가 추진하고 있던 영동 제1·2구획정리지구 면적합계는 900만평으로 끝에서 끝이 보이지 않는 엄청난 넓이였다. 이 900만 평 넓이 중에서 30만 평쯤 매입하는 것은 문제도 되지 않는 일이라고 생각되었다. 서울시와 상공부 간에 합의된 내용은 다음과 같다.

> 첫째, 당분간은 기밀을 유지해야 할 필요가 있기 때문에 매입할 토지의 위치와 그 값은 시에 일임한다.
>
> 둘째, 토지매입이 끝나는 즉시로 관련문서 일체를 상공부 산하 각 주택조합에 인계할 것이며, 서울시는 구입한 토지를 빠른 시일 내에 구획정리사업으로 정지 개발한다.

셋째, 토지가격이 점차 상승하는 추세에 있으니 매입자금은 빠른 시일 내에 지급되도록 조치한다.

서울시장과 대체적인 합의를 끝낸 이 장관은 그 길로 상공부 본청 및 산하기관 간부들을 불러 각 기관별 주택조합 결성을 지시하고 희망하는 직원마다 100평 기준 약 50만 원씩 거출키로 한다. 이때 상공부 각 기관 주택조합에 제시된 조건은 다음과 같다.

첫째, 상공부 본부 및 산하기관 직원은 주택조합에 가입할 수 있다.
둘째, 조합원은 150·100평의 두 종류로 한다. 국장 이상 및 산하기관 임원 이상은 150평, 과장 이하 평직원은 100평으로 한다[구획정리 감보(평균 35%)가 끝나면 150평은 100평 정도, 100평은 65평 정도의 택지가 제공된다]. 150평 조합원은 70만 원, 100평 조합원은 50만 원씩 거출한다(토지매입 완료 후 청산가격은 150평이 77만 9천 원, 100평이 51만 9,400원이었다고 한다).
셋째, 타 정부부처 또는 언론사 등과의 문제(기밀유지)가 있으므로 당분간은 극비사항으로 추진되어야 하며 결코 외부에 누설되지 않도록 한다.

당시만 하더라도 정부부처 직원 중 자기 집을 가진 사람은 그렇게 많지 않았다. 또 집을 가졌다 한들 그 대지평수가 30평을 넘는 경우는 거의 없었다. 더욱이 이 장관이 주선한 것이고 서울시 도시계획국이 보증하는 것이었으니 희망자가 쇄도했다. 이때 주택조합이 구성된 것은 다음의 기관이었다.

상공부 본청·표준국·특허국, 한국전력(주)·대한석탄공사·(포항)종합제철·대한중석공사·광업진흥공사·호남비료(주)·충주비료(주)·대한염업공사·카프로락담·석유자원공사 그리고 이 각 조합을 총괄하는 기구가 본청 총무과 서무계에 두어졌는데 그 명칭이 '상공부 산하 남서울주택조합연합회'였다. 상공부측이 당초에 요구한 평수는 30만 평이었고 매입 희망가격은 1평당 6천 원이었다. 그리고 13개의 주택조합이 구성될 터이니 가급적이면 각 조합원끼리 같은 위치에 택지분배가 되도록 규모가 큰 토지를 물색해달라는 것이었다.

윤진우는 이미 노련한 토지매입자였다. 전화 한 통으로 당장에 달려오는 소개업자가 한둘이 아니었다. 윤진우의 메모에 의하면 당시 윤진우와 관계를 맺고 있던 소개업자는 강남사·새서울·신후사·연성·동신·삼거리·도림 등 7~8개나 되었음을 알 수가 있다.

토지매입은 1970년 4월 25일부터 시작되었다. 아마 주택조합에서 자금이 모이는 대로 서울시 도시계획국장실로 전달되었고 그때마다 소개업자를 불러 매매를 진행한 것 같다. 5월 16·29일, 6월 3·8·18일, 7월 9·24·30일, 8월 7·24, 9월 7일, 10월 7·21일, 11월 9·18일, 12월 17·31일, 이렇게 17회에 걸쳐 땅이 매수되었다. 토지가격은 최하 3천 원에서 최고 7천 원까지 잡다했다. 모두 29만 3,766평의 토지가 매입되었다. 세금(3,913만여 원)·소개료 등(약 1,290만 원)을 포함하여 모두 15억 4,736만 6,450원이 지불되었다. 땅 한 평에 5,628원이 든 셈이었다.

그런데 이 주택단지 30만 평 매입에는 그것을 의뢰한 상공부측, 의뢰를 받은 서울시측 모두가 예측하지 못했던 함정이 있었다. 몽고의 고비사막처럼 끝없이 전개되는 초원의 끝부분 30만 평을 두부 자르듯이 잘라서 구입한 것이 아니었던 것이다.

상공부가 요구한 것은 13개 조합원이 가급적 공동 주거할 수 있도록 대규모 토지를 구입해달라는 것이었다. 즉 상공부 본청직원 조합원들끼리 같이 거주하고 특허국은 특허국대로 같이 거주할 수 있도록 해달라는 것이었다. 그리고 토지가격도 평당 평균 5천 원 정도라는 제약도 있었다. 이 두 가지 조건에 맞추려면 산지(山地)일 수밖에 없었다. 큰 산 하나를 사면 많은 직원이 같이 거주할 수 있기 때문이다.

이때 윤진우가 매입한 전체 필지 118개 필지 중 산 번지 즉 임야가 54개 필지였고 면적은 25만 5,499평이었다. 전체 29만 3,766평 중 87%가 임야였던 것이다. 임야에는 당연히 높낮음이 있고 양지가 있으면 그만한 면적의 음지가 있다. 급경사지도 있었고 늪지도 있다. 118개 필지 중에는 한 덩어리로 10만 평이나 되는 땅도 있었고 50평밖에 안 되는 밭도 있었다.

정치자금을 위한 땅, 상공부 종합청사 땅을 구입했을 때에 비하면 직원주택단지 구입 때의 윤진우는 분명히 등한과 오만이 있었던 것도 사실이었다. 즉 일일이 현장확인을 하지 않았다. 소개업자의 말만 듣고 도면만 보고 구입한 땅이 대부분이었다. 영등포구(제1지구) 관내의 땅도 있었고 성동구(제2지구) 관내의 땅도 있었다. 29만 3,766평 토지의 소재지 내역은 다음과 같다(괄호 안은 임야면적).

영등포구	서초동	114,790평(105,256평)	양재동	24,327평(23,386평)
	소계	139,117평(128,642평)		
성동구	삼성동	45,357평(40,718평)	청담동	25,290평(23,495평)
	압구정동	8,583평	도곡동	29,520평(29,520평)
	대치동	33,124평(33,124평)	논현동	9,000평
	학동	1,775평		
	계	154,649평(126,857평)		

이 상공부 주택단지로 구입한 토지가 장차 어떻게 되는가에 관해서는 뒤에서 상세히 언급하겠다.

남서울 개발계획안 발표와 땅값 앙등

경북지사로 있던 양택식이 서울특별시장으로 부임한 것은 1970년 4월 17일이었다. 양 시장 부임 후 당분간은 '남서울 토지매입의 건'은 시장에게 보고되지 않았다. 가급적이면 신임시장도 모르게 처리해버리려는 심산이었다. 그러나 그런 일을 언제까지나 숨길 수는 없었다. 양 시장의 추궁을 받고 윤진우가 그 전모를 밝힌 것은 양 시장 부임 후 약 2주일도 더 지난 1970년 5월 초였다. 윤진우가 도시계획국장으로 승진한 직후였다. 정치자금 건, 상공부 청사 및 주택단지 건까지 소상하게 털어놓았다.

윤 국장의 설명을 듣고도 양 시장은 그렇게 놀라지 않았다. 그런 선례를 알고 있었기 때문이다. 양 시장이 경북지사로 있을 때인 1968년, 동대구 역사를 신축할 때 당시의 대구시장이 역시 청와대 고위층이 내려준 자금으로 계획발표 전 토지매입, 계획발표 후 토지매각으로 거액의 정치자금을 조성하는 것을 어깨너머로 구경했던 것이다.[4] 다만 양 시장은 남서울에서 전개되고 있는 이 일을 전혀 소리 안 나게 빠른 시일 내에 처리해버릴 것을 결심했다.

오늘날 주로 서초구 관내에 들어가 있는 영동 제1지구의 구획정리계획은 1968년 말까지는 거의 확정되어 이미 그 내용이 발표되어 있었다. 그런데 이 제1지구 계획은 별로 좋은 평을 받지 못했다. 도시계획 전문가는 물론이고 관심이 있던 일반인들도 실망해버린 내용이었다. 김현옥 시장이 1966년 여름에 새서울백지계획을 발표했을 때부터 김 시장은 기회 있을 때마다 '이상적인 신시가지'를 강조했고 그것이 강남에 실현될

---

4) 대구시의 일은 더 깊이 언급하지 않기로 한다. 당시의 대구시장이 이미 고인이 되었고 서울도시계획과는 아무런 관계가 없기 때문이다. 그러나 이 일은 당시 대구 시내에 거주한 시민들은 거의 다 알 정도로 공인된 비밀이었다.

상공부와 산하 12개 국영기업체가 들어갈 건평 2,8000평의 종합청사 조감도.

것임을 암시해왔다. 그런 사정을 잘 알고 있는 모든 사람들은 영동구획정리지구 계획에서 무엇인가 새로운 내용이 포함될 것을 기대하고 있었다. 그런데 영동(제1)지구 계획은 규모만 컸을 뿐 그 기법면에서는 이제까지의 다른 지구구획정리사업과 별 차이가 없었다.

윤진우가 국장으로 승진되면서 서울시 도시계획과·도시계획위원회의 인력이 총동원되다시피 하면서 영동2지구 기본계획이 추진되었다. 상공부단지가 주축이 된 문자 그대로 제2서울 계획이었다. 계획안이 완성된 것은 1970년 10월 하순이었다. 양 시장이 청와대에 가서 보고했다.

1970년 11월 5일 오전 10시, 양택식 시장은 특별기자회견을 가졌다. 특별한 것을 발표하는 자리였으니 특별기자회견이라고 한 것이다. 1966년의 새서울백지계획 이후로 김현옥 시장이 기회 있을 때마다 강조해온 새서울·제2서울·남서울계획의 전모가 발표되었다. 상공부와 그 산하 12개 업체가 들어갈 건평 2만 8천 평의 대형 종합청사 조감도와 영동 제2구획정리지구 도면이 함께 발표된 이 날 기자회견 내용을 간추리면 다음과 같다.

① 나날이 과밀화되어가고 있는 구 시가지의 인구를 한수(漢水) 이남으로 분산하고 대서울의 균형발전을 위하여 중앙정부의 적극적인 지원 아래 남서울개발을 급진적으로 추진한다.

② 남서울이라 함은 이미 사업이 추진 중인 영동 제1지구 472만 평에다가 이번에 새로 발표되는 제2지구 365만 평을 합하여 모두 837만 평에 달하는 광역이며 서울시는 오는 1972년까지 총 167억 원의 자금을 투입, 수도서울의 발전사상 최대규모의 획기적인 토목사업을 전개하여 60만 인구가 거주할 새 시가지를 조성한다.

③ 앞으로 급진적으로 전개될 남서울개발은 영동2지구인 삼성동·청담동·압구정동·학동·대치동 일대가 중심부가 될 것이며, 효과적인 인구유치를 위해 제1단계로 봉은사 바로 남쪽 삼성동 산 25번지 5만 평의 부지에 상공부와 그 산하기관인 한국전력(주) 등 12개 국영기업체가 들어갈 총건평 2만 8천 평 규모의 종합청사를 신축할 것이다. 이전이 확정된 상공부 산하 12개 업체는 다음과 같다: 상공부 표준국·특허국·한국전력(주)·대한석탄공사·(포항)종합제철·대한중석공사·광업진흥공사·호남비료(주)·충주비료(주)·대한염업공사·카프로락담·석유자원공사.

④ 이 지역의 개발을 촉진하기 위하여 앞으로도 다른 정부관서 또는 사회단체의 유치를 적극 추진할 것이다. 또 이미 이전이 확정된 상공부와 그 산하기관 공무원 및 임직원 4,200가구가 거주할 수 있는 주택용지 30만 평이 확보되었으며, 이와는 별도로 3만 평의 부지에 총무처(연금기금)가 주관하는 공무원타운이 들어설 것이다.

⑤ 남서울의 중심이 될 영동지구는 총면적의 72%에 해당하는 600만 평에 ㉮ 상·하수도 완비 ㉯ 도로 완전포장 ㉰ 전신·전화·가스 공동구 설비 ㉱ 저(低)구릉지대의 자연풍경을 살린 공원녹지 조성 ㉲ 학교·시장·위락시설의 우선 유치로 공공시설 등 도시기본시설을 완전히 갖춘 이상적이고 현대적인 신시가지를 본격적으로 조성한다.

이 특별기자회견 기사를 읽으면서 그것은 시정의 홍보라기보다는 오히려 호소에 가까운 것을 느낀다. 양택식 시장의 입장에서도 이때의 소원은 단 한 가지, 영동2지구 내에 윤진우가 청와대 정치자금으로 구입해둔 땅값이 하루 빨리, 보다 많이 올라 소리없이 처분하고 종결시키는 것이었다.

서울시의 이 발표는 서울시 스스로가 특별기자회견이라고 했듯이 당시로 봐서는 엄청나게 큰 발표였다. 단군 이래의 모습 그대로 논과 밭, 구릉지 상태로 내려오던 강남의 땅 800만 평을 구획정리수법으로 시가지화하고, 그 중심부에 상공부와 그 산하기관이 들어간다. 서울시는 이곳을 문자그대로 이상적인 새 서울로 조성하겠다. 그것도 1972년 말까지 2~3년 내에 모두 해치우겠다는 것이다.

양 시장·윤 국장이 기대한 대로 그날 저녁 석간신문(동아·중앙·서울)은 사회면 톱에 7·8단 크기로 크게 보도했다. 그러나 그 다음날 조간신문부터는 아주 작게 보도되거나 아니면 거의 보도가 되지 않았다. 서울시장 기자회견이 있은 지 3시간 후인 그날 오후 2시에 강원도 춘천시내 춘천호 안에 있는 중도나루터에서 나룻배가 전복되는 사건이 일어나, 승객 59명 전원이 물에 빠져 그중 29명이 사망하는 참사가 일어났기 때문이다. 11월 6일자 조간신문을 보면 제1면과 사회면인 6·7면 양면이 온통이 사고기사로 뒤덮여 있다.

그러나 그렇다고 서울시의 남서울개발계획이 서울시민의 머리에서 사라진 것은 결코 아니었다. 이 발표를 계기로 전체 시민의 강남지향은 시작되었고 강남의 땅값은 크게 오르게 된다.

영동 제2구획정리계획의 특징

서울시 도시계획국에 있던 구획정리과가 환지과와 정지과 2개 과로 쪼개진 것은 1970년 12월 22일자 시규칙 제1125호에서였다. 그전까지 시행해오던 여러 개 구획정리사업만 가지고도 업무가 벅찼는데 새로 영동1·2지구까지 시행하게 되었으니 1개의 과만으로는 도저히 일 처리가

박 대통령 영동 신시가지 개발지구 시찰(1970. 12. 24).

불가능해졌던 것이다. 이 환지·정지과 체제는 1년 반이 지난 1972년 8월 30일자 시규칙 제1242호로 구획정리 1·2과로 또 개편되었다. 구획정리 1과는 신림·경인지구 등 영동지구 이외를 관장하고 2과는 영동1·2지구의 환지·정지업무를 동시에 관장하는 체제였다.

영동 제2구획정리사업 계획의 내용이 일반인에게 공람된 것은 1971년 3월부터였다. 그동안 비밀에 붙여졌고 이런저런 소문만 만발하였던 이 지구의 사업계획이 공표되었을 때 놀란 것은 일반인보다도 오히려 도시계획이나 지역개발을 연구하고 또는 실무에 종사했던 전문가들이었다. 전문가들이 이렇게 놀란 이유는 이 구획정리사업이 당시의 구획정리 계획의 상식에서 너무나 벗어나 있었기 때문이다. 다음에서 이 계획이 지닌 특징을 고찰해보기로 한다.

첫째는 그 범위가 엄청난 광역이었다는 점이다. 이때 발표된 영동2지구의 면적은 1,206만 6,170㎡(365만 평)였는데 여기에다 1지구 1,561만 5,787.4㎡(472만 평)를 합치면 2,768만 1,957.4㎡(837만 평)로서 당시의 일반적인 구획정리규모가 대체로 15~30만 평이었던 것과 비교할 때 가히 상상을 초월하는 대규모였다.

내가 서울시 도시계획국장으로 근무하던 1973년 초에 일본에서 발간된 잡지 ≪구획정리≫에 소개된 세계 각국 구획정리사업의 면적을 합산해본 일이 있었다. 그런데 1970년대 초에 구미 각국에서 실시 중이던 구획정리사업 총면적 합계보다 영동1·2지구 면적이 더 큰 것을 알고 놀랐던 것을 기억하고 있다. 실로 '하면 된다'라는 당시의 우직한 군사문화가 이렇게 방대한 사업을 시행할 수 있게 한 것이다.

둘째는 너비 70·50·40·30m 등의 넓은 간선도로로 거의 완전에 가까운 격자형 가로계획을 시도했다는 점이다. 당시에 너비 70m 또는 50m의 광로는 서울시내에 거의 찾아볼 수 없었다. 겨우 중앙청 앞에서 광화문네거리까지 연장 600m의 광로를 이 나라의 상징가로로서 너비 100m로 하는 공사가 가까스로 끝나가는 상태였는데 영동2지구 계획에서는 너비 70m 길이 3,600m의 광로에다가(현 영동대로), 너비 50m 길이 6,900m에 달하는 광로(현 강남대로), 너비 50m 길이 3,000m의 광로(현 도산대로) 등이 제시되었으니 일반인은 물론 전문가들도 놀라워했다.

그리고 당연히 "과연 구획정리사업으로 이런 큰 가로를 내어도 괜찮으냐" 하는 타당성의 문제가 제기되었고 "무엇을 위하여 이렇게 넓은 도로가 필요한 것인가"라는 불필요론도 제기되었다. 1970년 말의 서울의 자동차 총대수는 6만 대, 그중 승용차는 3만 4천 대에 불과했다. 그러니 이렇게 넓고 긴 도로가 필요하지 않다는 의견이 나온 것은 당연한 일이었다.

세계 어디를 둘러봐도 이렇게 넓은 길은 그 예가 없다. 자동차 국가인 미국에도 이렇게 넓은 도로는 찾기 힘들 정도이다. 여하튼 이 영동2지구의 가로폭이 그 후 잠실지역 기타 이 나라 안 신시가지계획에 50m 광로 배치를 하나의 상식으로 해버린 계기가 되었다.

셋째는 이와 같은 광로·대로에다가 그전까지의 타 구획정리지구에 비해 월등히 많은 공원·학교용지 등을 배치한 때문에 감보율이 높아질 수밖에 없었다. 영동2지구 감보율 평균은 37% 정도이나 광로·대로 등에 면한 곳은 감보율이 70%까지도 올라간 경우가 있었으니 구획정리사업 감보율 계산에 획기적인 일이었고 그것은 그 후 서울시내 다른 구획정리사업에 파급되었음은 물론이고 마침내 전국으로 파급되어갔다.

정치자금용 토지의 처분

"상공부와 산하기관이 들어가는 이상적인 신시가지가 조성된다"는 홍보도 했고 계획도 거의 끝났고 기구도 갖추어졌으니 남은 것은 땅을 매각하는 일이었다. 윤진우가 사 모은 땅은 청와대 정치자금조, 상공부단지 및 상공부 주택단지 세 가지였는데 상공부단지와 주택단지는 상공부에 서류 일체를 인계하면 그만이었지만 정치자금 염출을 위한 토지는 그렇지가 않았다. 비싼 값으로 팔아서 뭉칫돈을 조성해야 했다. 가능한 한 빨리 극비리에 해치워야 할 일이었다.

실제의 매각은 1971년 1월 중순부터 시작되었다. 거래를 한 장소는 아마 도시계획국장실이었거나 별도로 마련한 사무실이었을 것이다. 당시 윤진우는 조선일보사 뒷골목에 개인사무실을 내고 있다는 풍문이 있었다.

XY문서에 의하면 최초의 매매계약은 1971년 1월 16일에 밭 2,510평을 평당 1만 7천 원에 매각한 것이었다. 1월 19일에 2건, 23·24·30일, 2월 1·2·3·4·8·13·22·25·28일, 이렇게 이어지다가 4월 15일에 가서 일단락 되었다. 1월 23일에 삼성동의 임야 23개 필지 2만 299평을 당시의 동아건설(주) 사장 최준문에게 매각한 것이 가장 큰 것이었고, 186평짜리 논을 매각한 것이 가장 작은 거래였다. 이렇게 4월 15일까지 26건 4만 6,875평을 매각했고 매각대금은 7억 3,637만 8,300원이었다. 그 후에도 1971년 6월 3일까지 토지매각은 이어졌다. 보통의 토지거래가 아닌, 큰 거래가 진행된 것이다. 예를 들면 다음과 같은 것이었다.

필지	면적 합계	거래 대금	매입처
4개 필지	20,102평	3억 281만 1,600원	총무처 연금기금
7개 필지	20,244평	3억 4,414만 8,000원	중앙정보부
21개 필지	15,430평	2억 4,663만 3,722원	한신부동산(신탁은행 자회사)
8개 필지	2,510평	4,267만 원	서울시 직원 상조회

별로 유쾌하지 않은 화제이므로 빨리 결론을 맺어야 할 것 같다.

XY문서를 통해서 알 수 있었던 것은 다음과 같다.

첫째, 윤진우는 1970년 2월부터 토지매수에 착수, 그해 7~8월에 모두 24만 8,368평을 12억 8천만 원의 비용으로 매입했다. 토지매입에는 평균해서 1평당 5,100원이 들었으며 거기에 등기비 520만 원, 소개비 458만 원 등이 합산되었다.

둘째, 이렇게 제공된 비용은 적금통장(3억 4천만 원)과 김성곤 위원장의 2억 5천만 원뿐이었으며 나머지 비용은 토지의 중간매각 또는 상공부자금의 유용 등으로 충당했다. 중간매각의 대상은 총무처 연금기금, 서울시청 직원상조회 및 한신부동산(주) 등이었다. 그 어려운 자금운용 때문에 겪어야 했던 윤 국장의 고충은 대단한 것이었다.

셋째, 확보된 땅은 1971년 1월 중순부터 매각처분에 들어가서 5월 말경에 약 6만 5천 평을 남긴 채 거의 끝을 맺었다. 약 18만 평을 평당 약 1만 6천 원에 모두 처분했다. 이 과정에서 윤진우는 20억 원 가까운 자금을 마련하여 상납했음을 추측할 수 있다. 이렇게 마련한 정치자금은 여러 차례에 나누어서 전달했다. 2월 말, 3월 말, 4월 말에 전달했다. 윤진우는 그렇게 전달한 자금의 총액을 정확히 기억하지 못하고 있다. 여러 차례에 나누어 수시로 수납한 때문이라는 것이다. 내가 XY문서로 계산해보니 약 18억 원 정도가 되었다.

청와대 입장에서는 약 20억 원이 못 되는 액수이긴 했으나 대단히 흡족해했던 것으로 추측된다. 처음에 투자한 비용이 워낙 적어서 별로 기대하지 않았던 터에 뜻밖의 거금이 들어와서 만족했던 것이다. 1971년 전반기의 20억 원이라는 돈은 지금의 오천억 원도 더 넘는 엄청나게 큰 액수였다. 당시에 내가 흘려들은 이야기로는 이 자금은 1971년 4월 27일에 치러진 대통령 선거와 5월 25일에 치러진 국회의원 선거비용의 일부로 유용하게 쓰였다고 한다. 그해의 대통령 선거는 바로 박 대통령이 김대중 후보와 최초로 부딪친 선거였다.

넷째, 최종적으로 남은 6만 5,908평 중, 3천 평은 윤진우에게 그 처분이 일임되었다. 윤진우의 입장에서는 그동안 등기명의를 빌려줬던 박민형과 조병순 내외에게 사례를 해야 했고(박 500평, 조 2천 평), 그동안 신세를 졌던 정보기관 관계관에게도 토지로 사례할 필요가 있었다. 나머지 평수 중에서 "2천 평은 윤진우 몫으로 처분해 쓰라는 말씀이 계셨으나"

극구 사양했다. 이 시점에서의 윤 국장은 토지니 돈이니 하는 것은 안중에도 없었다. 그 공로로 크게 승진이나 되었으면 하는 것이 그의 바람이었다. 결국 김성곤 공화당 재정위원장에게 6만 2,069평이 할당되었다.

다섯째, 왜 김성곤에게 6만 2천 평이 할당된 것인가에 관해서는 의문의 여지가 있다. 세 가지 이유를 생각할 수 있다.

첫째, 마침 석유파동이 일어나 건설경기 등이 급격히 나빠졌기 때문에 김성곤의 쌍용양회(주) 경영이 어려워지자 당시 쌍용 사장이었던 신현확이 청와대를 찾아가 구제책 강구를 건의하여 이루어진 조치였다(윤진우의 견해).

둘째, 앞서 말한 자금 중 김성곤 위원장이 지급한 2억 5천만 원이 공화당 자금이 아니라 김성곤 개인의 자금이었으며 그에 대한 보상이었을지도 모른다는 추측.

셋째, 그동안 공화당 재정위원장으로서 개인적으로 헌납한 정치자금 등에 대한 고마움의 표시라는 추측.

이때 김성곤에게 양여된 토지 62,069평의 내역은 다음의 <표>와 같다

이들 토지의 등기명의자가 김성곤(과 그의 가족) 개인이었는지 또는 쌍용양회·쌍용건설 등 김성곤이 오너였던 법인명의였는지는 등기부등본을 추적하지 않아서 알 수가 없다. 다만 XY문서를 통해서 추측할 수 있는 것은 그 6만 2,069평은 당시 김성곤이 운영하고 있던 5개 공익법인에 나뉘어 등기된 것 같다(동양통신 1만 3,463평, 국민대학 1만 9,280평, 성곡학술문화재단 1만 256평, 성곡언론문화재단 9,794평, 구암학원 9,276평, 합 62,069평). 절세대책이었을 것이다.

여섯째, 김성곤에게 6만 2,069평이 양여된 시기가 분명치 않다. 내가 처음 추측한 것은 아마 1971년 6월에서 9월 말이었다. 10월에 들어서는 바로 이른바 항명파동이 일어나 그 주동자였던 김성곤이 공화당을 탈당,

김성곤에 인도된 토지 내역

소재지	지목	지적(평수)	소재지	지목	지적(평수)
대치동 56-1	잡종지	1,040	대치동 50-1	전	671
75-1	〃	5,869	55-5	〃	573
12	임야	185	50-10	〃	435
3-1	잡종지	4,104	50-13	〃	859
6	〃	98	50-15	〃	419
9	〃	689	57	〃	1,092
10	〃	36	59-2	〃	88
11	〃	178	60	〃	162
14	〃	194	61	〃	934
16	〃	786	69	〃	376
18-1	〃	667	73	〃	554
19	〃	834	78-2	〃	2,699
22-1	〃	297	57-1	잡종지	485
64	〃	397	59-1	〃	420
65	하천	996	66	〃	2,891
삼성동 산40-82	임야	300	67	〃	621
40-83	〃	840	68	〃	389
40-128	〃	1,650	70	〃	361
40-150	〃	570	71	〃	230
66-63	전	286	72	〃	862
66-64	〃	320	양재동 산 57-2	임야	50
대치동 46	잡종지	6,290	168	답〃	249
2	전	246	169	〃	110
20	〃	113	171	〃	104
22-2	〃	69	167	〃	1,264
31-2	〃	723	서초동 산 144	임야	1,260
31-3	〃	1,451	146-1	〃	5,284
41	〃	1,365	150-2	〃	1,878
42	〃	192			
계 62,069					

*내가 합산해보았더니 58,805평이었다. 3,264평의 토지가 누락된 것이다.
(자료: XY문서).

국회의원직을 상실하게 되기 때문이다.

그런데 XY문서를 뒤지던 중 실로 희한한 메모를 발견했다. 그것은 김성곤에 대한 강남토지 양여가 김성곤의 항명파동 이후였다는 것을 알려주는 메모였다. 즉 당시 쌍용양회(주)의 중역이면서 김성곤 집안일도 맡아보던 윤정엽이 윤진우에게 보낸 1972년 7월 12일자 서신이다. 다음과 같다.

> To : 윤진우 1972. 7. 12
> 영동지구 총 62,069평에 대한 목록 정히 인수하였으며 이전수속 준비중임
> 쌍용 Co. 윤 정 엽 인장

이렇게 토지양여가 항명파동이 끝난 1971년 10월~1972년 6월간에 이루어졌다면 항명파동 처리에 대한 종전까지의 해석에 일부 수정이 불가피하다고 생각이 되나 그것은 정치사의 영역이지 도시계획과는 상관이 없는 문제다.

일곱째, 김성곤에게 양여된 토지 6만 2천여 평 중에서 약 2천 평 정도는 1등지였다. 오늘날 테헤란로변 일대의 땅이었다. 그러나 나머지 약 6만 평은 당시로 보아서는 별로 좋은 땅이 아니었다. 하천부지도 있었고 돌산도 있었다. 결국 '잘 안 팔리고 남은 땅들'이었다. 그중의 대표적인 것이 대치동 50·57·59·60·65·66번지 일대의 땅이었다. 탄천 지류인 양재천 입구여서 약간만 비가 와도 침수되었다. 탄천도 제방이 없었던 때였으니 양재천 제방은 꿈도 꿀 수 없었다. 그 저습지 땅 한복판에 높이 50m 되는 돌산이 자리잡고 있었다. 꽤 큰 돌산이었다. 내가 도시계획국장으로 있던 1973~1974년경에 이 일대를 바라보면서 나는 김성곤 회장이 저 땅을 어떻게 이용할 것인가를 여러 번 궁리했다. 도로가 없어 접근도 안 되었으니 내가 보기에는 분명히 구제불능의 땅이었다.

구자춘 시장이 서울시장이었던 시절(1974~1978년), 탄천제방이 쌓아지고 이어서 양재천제방도 쌓아졌다. 김성곤과 구자춘은 경북 달성군

출신의 동향이었다.

1970년대 후반기부터 심각한 골재부족현상이 일어났다. 대치동 65·66번지에 있던 돌산이 새 중장비에 의해서 파괴되어 제1급 골재(자갈·모래)가 되었다. 쌍용건설(주)이 이 골재를 십분 이용할 수 있었다. 제방이 쌓아져 종전의 저습지가 1급 택지가 되고 돌산은 말끔히 없어져 그 자리에 쌍용건설(주)이 아파트를 짓게 된 것은 1981년에서 82년에 걸쳐서였다.

지금 지하철 3호선 학여울역에서 하차하여 바로 북쪽에 보이는 쌍용 1차 아파트 5개 동 및 쌍용 2차 아파트 4개 동은 지난 날 내가 구제불능이라고 판단했던 대치동 66(1차)·65번지(2차)의 땅에 세워진 것이다. 이 아파트는 강남의 수많은 아파트들 중에서도 최고급에 속하고 건설한 지 15년이 지났지만 아직도 매우 높은 값으로 거래되고 있다.

피해를 보게 된 상공부 직원들

1970~1971년의 대한민국 정부는 아직도 허술한 구석이 많았다. 공무원이 뇌물을 먹고 술을 얻어 마시고 하는 일에 비교적 관대한 편이었다.

공무원에 대한 사정활동이 강화되고 기강이 확립되기 시작한 것은 1972년 10월 17일의 유신헌법 선포 이후의 일이다. 그러나 그 이전에도 드러나는 부정에 대해서는 응분의 조치가 취해진 것은 당연한 일이다. 감사도 받아야 했고 수사기관의 조사를 받기도 했다. 정보기관에 연행되어 가서 빈사상태가 되는 경우도 있었다.

서울시의 한 국장이 출처가 분명치 않은 돈으로 대량의 토지를 사고 팔고 한다. 호주머니에 10만 원짜리 수표를 몇 장, 몇십 장씩 넣고 다닌다. 거의 밤마다 일류요정에서 술을 마신다. 그런 행위가 한두 달 동안 계속된 것이 아니었다. 2년 정도나 계속되었으니 그 숱하게 많은 기관에 적발되지 않을 수 없었고 문제되지 않고 넘어갈 도리가 없었다.

윤진우의 토지거래 행위를 가장 먼저 적발한 것은 감사원이었다. 감사원이 한국은행을 감사하다가 1억 원짜리 금권(수표)에 이서한 자의 신분을 확인했더니 서울시 도시계획과장이었던 것이다. 총무처 공무원연금 자금이 정치자금용 토지를 구입했을 때 한국은행 금권으로 결제를 한 것이었다. 1억 원이라는 거금의 금권이 서울시의 일개 과장 앞으로 입금된다는 것은 상상도 할 수 없는 일이었다.

지금은 어떤지 모르지만 1970년대의 서울시는 항상 감사·정보·수사기관의 표적이었다. 수사기관의 수도 한두 개가 아니었다. 남대문경찰서·중부경찰서·시경찰국이 각각 형사 한두 명씩을 서울시에 파견하고 있었다. 서울지검 수사과, 대검찰청 특수수사대(현 중수부), 중앙정보부 서울분실과 보안사령부 서울분실에서도 각각 정보원이 상주하고 있었다.

나도 그중의 하나이지만 1970년대에 서울시 간부였던 사람 치고 수사기관과 정보기관에 연행되어 가서 밤샘조사 몇 차례 안 받은 사람은 아마 하나도 없을 것이다.

윤진우의 경우는 윗분의 정치자금 건이었으니 호출 또는 연행되어 갈 때마다 불안·초조하고 번거롭기는 했으나 수사기관·감사기관 문제는 시간이 해결해주었다. 호출 또는 연행되어갈 때 시장실에 연락만 해두면 틀림없이 해결되었다. 때로는 연락에 차질이 생겨 몇 시간 정도 고통받는 일이 있기는 했으나 그것은 참으면 되는 일이었다. 김현옥의 뒤를 이은 양 시장은 세밀한 분이었으니 그 문제만은 틀림없이 처리해주었다.

그를 정말로 괴롭게 한 문제는 '상공부 주택단지 건'이었다. 이 주택지 30만 평 매입에는 처음부터 문제점이 있었다. 주택지라는 것은 반드시 좋은 땅과 나쁜 땅이 있기 때문이었다. 토지를 매입할 당시에 좀더 신중했다면 일어나지 않을 수도 있었는데 그것을 등한히 했다는 데도 문제가 있었다.

'상공부 산하 주택조합연합회'에는 13개의 조합이 있었다. 13개 조합 조합장들에게 토지의 위치와 넓이가 제시되었을 때 한바탕 소란이 벌어졌다. 서로 좋은 땅, 즉 산 번지가 들어 있지 않은 압구정동·논현동·학동의 땅을 자기조합 몫으로 하려는 싸움이었다. 그것은 쉽게 해결될 문제가 아니었으니 나쁜 땅을 구입한 데 대한 원망의 소리가 들끓었다.

그런데 문제는 그것으로 끝나지 않았다.

영동 구획정리1·2지구 계획내용이 확정 발표되고 난 뒤에 대조를 해 보았더니 상공부 주택단지 분으로 구입했던 29만 3,766평 중에서 서초동의 9만 6,408평, 대치동의 1만 6,837평, 합계 11만 3,245평(345,302.5㎡)이 구획정리지구에 포함되지 않고 누락되어 있음이 발견되었다. 윤진우도 당황했지만 상공부측은 처음에는 놀랐고 다음에는 노발대발했다. 이낙선 장관과 김현옥 시장이 합의했을 때 상공부 주택단지용으로 구입한 토지는 영동1·2구획정리지구에 넣어 서울시에서 택지로 조성해준다는 조건이었으니, 상공부측에서 볼 때 서울시는 기관장간에 합의한 신의를 저버린 셈이었다. "서울시 도시계획국장 도적놈" 소리가 이낙선 장관의 입에서 튀어나왔다. 한두 번이 아니었다. 기탄없는 자리에 앉으면 으레 나오는 말이었다.

이때 상공부 주택단지용으로 구입해둔 땅 중에 구획정리지구에 들지 못한 것은 3개 지구였다. 첫째는 영동2지구의 남쪽 끝에 바로 붙은 돌산이었다. 구획정리지구 경계를 일직선으로 그었더니 돌산 부분이 배제된 것이다. 대치동 산 31번지 1만 6,837평(55,695.5㎡)이었다. 실무자(과·계장)들의 입장에서는 일부러 그 부분만 편입시키려니 뭔가 조작하는 것 같았고 또 돌산이었기 때문에 정지하는 데 공사비가 많이 든다는 난점이 있었다.

둘째는 경부고속도로에 바로 붙은 임야 약 6만 평(200,386.8㎡)이었다. 그것은 녹지보존지역이었다. 지번은 서초동 산 45번지 일대였다. 셋째는 두 번째 임야의 연장선 위에 있는 우면산 기슭이었다. 서초동 산 33·34·35번지 2만 7천여 평(89,256.2㎡)이었다. 이것은 우면산 자연공원에 포함되어 영구 보존되어야 할, 수림이 우거진 임야였다. 둘째와 셋째에 속하는 토지 9만 6,408평의 땅을 산 것은 윤진우 일생일대의 오판이었다. 혹 사기를 당했거나 아니면 큰 착각을 했을 것이다.

윤진우가 이곳을 구획정리지구에 포함시키라고 했을 때 실무자들이 난색을 표한 데는 두 가지 이유가 있었다. 그 첫째는 산림녹화에 관한 대통령의 강한 의지였다. 박 대통령은 1960년대에도 산림녹화·조림에 강한 의지를 나타내고 있었지만 1970년대에 들어서는 그 강도가 대단히 강해졌다. 산림훼손을 방지하지 못했다는 이유로 면직되는 시장·군수가 줄을 이었다.

그렇게 강한 의지를 나타낸 것은 1960년대 후반에 이 나라에서 일어난 연료혁명 때문이었다. 1950년대 말까지 이 땅의 연료의 주종은 나무와 숯 즉 시탄(柴炭)이었다. 그것이 1960년대에 들어오면서 연탄과 기름으로 바뀌었다. 그 변화의 속도는 급격한 것이었다. 산골에 사는 사람도 연탄을 쓰기 시작했다. 그러자 그렇게도 성행하던 산림벌채가 뚝 끊겼다. 10년이 안 가서 산이 푸르러졌다. 우리나라에 온돌이라는 것이 생긴 후 천 년 만에 일어난 기적이었다.

신바람이 난 박 대통령은 점점 더 강하게 산림녹화를 외쳤다. 그러한 터에 누가 우면산을 깎아 택지로 만들 수 있겠는가. 대통령이 1주일이 멀다하고 경부고속도로를 왕래하는데 고속도로 옆의 울창한 산림에 누가 불도저를 갖다댈 것인가. 그곳을 구획정리지구에 편입하여 주택지로 조성하려면 사전에 누군가가 대통령 앞에 가서 재가를 받아야 했다. 대통령 재가 없이 우면산 일부를 깎을 수는 없었다.

누군가 용감한 사람이 있어 대통령 재가를 받아온다고 하자. 그렇다고 하더라도 산과 골짜기로 이루어진 이 지대를 정지하여 택지로 하기에는 공사비가 너무 많이 들었다. 실무자들이 반대한 두 번째 요인이 바로 이 공사비 과다지출이었다.

이 두 가지 문제를 들어 서초동 우면산 줄기 9만 6,408평의 구획정리지구 편입을 강하게 반대한 실무자는 구획정리 2과장 우명규였다. 양 시장이 경북지사로 있을 때 부하로 데리고 있다가 서울시장으로 옮겨오면서 데리고 온 유능한 토목기술자였으니 양 시장의 신임이 두터웠다. 윤진우는 우 과장의 반대를 꺾지 못했을 뿐 아니라 우 과장의 설명을 듣고부터는 양 시장의 태도도 바뀌어버렸다. 대통령의 산림녹화 의지를 너무나 잘 아는 양 시장의 입장에서 볼 때 그 문제는 시간이 해결해줄 수밖에 다른 방법이 없는 것이었다.

'상공부 남서울주택조합연합회'에 속한 조합원은 처음에는 상공부 및 그 산하단체 직원들만이었으나 점차 시간이 흐르자 그 권리를 양도하는 자가 적지 않았다. 웃돈을 얹고 판 것이다. 이렇게 입주권을 새로 얻게 된 사람도 주로 경제관계 부서에 근무하는 자가 많았다. 청와대 근무자도 있었고 국무총리실 근무자도 있었으며 재무부·건설부 근무자도 있었다. 1972년경에 가서는 이 일은 이미 기밀사항이 아니었다. 적어도 경제부처에 근무하는 사람이면 모두가 아는 사실이었다.

그리고 그 주택단지 땅 중에서 10만 평 이상이 구획정리지구 안에 들지 못한 사실, 즉 "서울시 도시계획국장 도적놈"이라는 사실도 모두 알고 있었다. 실로 윤진우는 죽을 맛이었다. 하루하루가 가시밭길이었다. 이렇게 널리 소문이 퍼지고 윤진우에 대한 원성이 높아지자 양 시장은 윤진우의 자리바꿈을 결심한다. 그 자리에 그대로 두었다가는 청와대

공사가 한창 진행중인 영동 구획정리지구. 1970년대 초, 오늘날의 강남구와 서초구의 모습은 바로 이런 것이었다.

땅장사 사건도 노출될 우려가 있음을 두려워한 것이다.

1992년 12월 말일자로 도시계획국장 윤진우를 한강건설사업소 소장으로 전출시켰다. 한강건설사업소라는 것은 원래 여의도윤중제 공사 때문에 만들어진 직책이었으니 윤중제 공사가 모두 끝난 1972년 말에는 별로 할 일이 없는 한직이었다. 그러나 이 시점에서도 윤진우는 좌절하지 않았다. 거금을 만들어 바친 자기의 공로는 대통령도 알고 비서실장·경호실장도 잘 알고 있으니 반드시 보상될 날이 온다고 믿고 있었다.

윤진우 후임으로 기획관리관이었던 내가 도시계획국장으로 겸무 발령되었을 때 나에게는 '상공부 주택단지의 건'이 사무인계되지 않았다. 그때부터 나는 이 문제에서만은 철저히 소외당했다. 아마 당시의 내 이미지가 너무 강해서 "그가 알게 되면 일이 더 어려워진다. 가급적이면 모르도록 하자"는 것이 주변의 일치된 의견이 아니었던가라는 추측을 한다.

이낙선 장관의 입장에서는 큰일이었다. 양 시장의 태도가 소극적이었던 데다가 담당국장도 바뀌어버렸으니 해결할 길은 점점 더 막연해졌다. 다행히 땅을 처음 살 때 같이 합의했던 전 서울시장 김현옥이 1971년 10월 7일부로 내무부장관이 되어 있었다. 이 장관은 김현옥 장관과 합의하여 김종필 국무총리에게 매달렸다. 당시의 서울시 행정 일체는 국무총리의 감독 아래 있었다.

국무총리 행정조정실 제3조정관(서울시 담당)이 이 사건의 전말을 조사했다. 그리고 이 조사과정에서 윤진우의 정치자금용 토지거래의 내용도 알게 되었고 김 총리도 윤진우를 인식하게 되었다.

국무총리 행정조정실 제3조정관 주재하에 상공부장관과 서울특별시장이 만난 것은 1973년 4월 13일이었다. 상공부 주택조합 간부들과 서울시 구획정리 2과 과장·계장이 배석했다. 이 자리에서 상공부장관·서울시장 간에 교환된 합의각서는 다음과 같다(『서울토지구획연혁지』, 1984, 686~687쪽).

합의각서

1970년 2월경 상공부장관과 서울특별시장의 협의하에 서울특별시가 주선한 상공부 직원 주택부지 중 미해결된 사항을 국무총리 행정조정실 제3조정관 주재하에 다음과 같이 해결키로 합의함.

1. 미해결된 토지내용
   가. 영동추가지구 내(서초동 산 45일대) 200,386.8㎡(추가확인)
   나. 영동추가지구 인접(서초동 산 34주변) 89,256.2㎡
   다. 영동2지구 인접(대치동 산 31) 55,659.5㎡
   계 345,302.5㎡
2. 합의사항

가. 영동추가지구 내 토지 200,386.8㎡는 경부고속도로가 가시권 내에 있는 녹지보존지역이므로 영동1·2지구의 개발(주택건립)이 50% 이상 추진된 후에 구획정리사업을 시행하는 조건하에 토지분배에 필요한 환지지정만 우선 시행키로 한다.

나. 영동2지구에 바로 인접한 토지 55,659.5㎡는 돌산으로서 개발비가 많이 들기는 하나 영동지구 내의 도로포장용 골재를 확보하기 위하여 구획정리사업지구로 추가 지정키로 한다.

다. 추가지구 바깥에 위치한 토지 89,256㎡는 우면산 자연공원에 포함되어야 할 여건이므로 이를 서울특별시 일반회계에서 매입하여 공원으로 개발키로 하고 서울특별시는 상공부주택조합에 대하여 이 토지의 지가에 상당하는 사유지로서 대토(代土)키로 한다.

1973년 4월 13일

이 합의를 할 때 양택식 시장은 어떤 생각을 하고 있었을까? 왜 당시의 손정목 국장과는 아무런 상의를 하지 않았던가를 알 수가 없다.

여하튼 세 개의 합의사항 중에서 바로 실천에 옮겨진 것은 영동2지구에 바로 인접한 대치동 산 31번지 돌산이었다. '영동2추가지구'라는 명칭으로 1973년 9월 10일부터 구획정리지구에 편입, 공사가 시작되었다. 합의사항 중 가항, 즉 먼 훗날 사업을 추진한다는 조건하에 우선 환지지정만 해놓는다는 합의는 사실상 불가능에 가까운 일이다. 언제 정지작업이 될지도 모르는 땅을 환지한다는 것은 의미가 없는 일이었다.

합의사항 다항, 즉 우면산자연공원에 들어갈 8만 9,256㎡의 땅을 서울시 일반회계에서 매입하기로 하고 그 대신 그에 상당한 사유지를 사서 상공부 주택조합에 제공한다는 것도 꿈과 같은 이야기였다. 1973년경에는 그래도 여의도 택지가 매각되어 서울시 재정이 겨우 파산지경을 면하기는 했지만 지하철 1호선 공사비 등으로 재정상태는 여전히 곤란하여 사유지를 매입하여 상공부주택조합에 제공할 만한 여유가 없었다. 결국 국무총리실에서 두 장관끼리 합의한 3개항 중에서 실현된 것은 나항뿐이었다. 가·다항이 실현되지 않자 이번에는 "서울시장도 도적놈, 도시계획국장도 도적놈"으로 그 표현이 바뀌었다. 이때의 도적놈은 윤진우가 아니고 손정목을 호칭하는 것이었다.

1973년 12월 3일자로 단행된 정부인사에 의하여 이낙선 상공부장관은 건설부장관으로 자리를 옮겼다. 그러나 그렇다고 해서 '상공부 직원 주택단지 문제해결'을 향한 그의 집념이 사라진 것은 아니었다. 아직도 문제가 해결되지 않고 있었기 때문이다.

희생양의 운명

'민심이 흐트러지면 다수의 공무원을 부정공무원으로 몰아 축출해버림으로써 민심수습을 꾀하는 수법'은 박정희 제3·4공화국 정권이 즐겨 써온 특기였다. 1961년 5·16군사쿠데타 직후에도 다수의 공무원이 공직에서 추방되었고 1971년 4월의 대통령 선거, 5월의 국회의원 선거 후에도 대대적인 부정공무원 숙정작업이 단행되었다.

이른바 유신이라는 이름의 백색테러에 의해 제3공화국이 제4공화국으로 바뀐 것은 1972년 10월 17일이었다. 일본 도쿄에서 김대중 납치사건이 일어난 것은 1973년 8월이었다. 그리고 1973년이 저물어가면서 유신독재에 대한 반대 움직임이 연이어 일어났다. 대학생들의 거센 데모가 연이어 일어났고, 종교인들이 성명서를 냈으며, 언론탄압에 견디다 못한 일선기자들의 단체행동도 있었다. 15인 원로정치인들의 개헌건의서 사건도 있었다.

이런 심상치 않은 움직임에 대하여 유신정부는 1974년 1월 8일에 긴급조치 제1호(개헌논의 금지)·제2호(비상군법회의 설치), 1월 14일에 긴급조치 제3호(국민생활 안정)를 발표한 데 이어 1월 15일자로 고급공무원에 대한 대대적인 숙정작업 단행을 발표했다.

그로부터 약 1개월 이상 전체 공무원사회 및 국영기업체 직원사회가 술렁거렸다. 과연 누가, 그리고 얼마나 쫓겨 나가느냐를 둘러싼 동요였다. 국세청 산하 사무관 이상 584명 전원이 일괄사표를 제출한 것은 1974년 2월 8일이었고 그중에서 이사관급 4명, 서기관급 39명, 사무관급 70명의 사표가 수리된 것은 2월 12일이었다.

서울시 또한 예외가 아니었다. 윤진우의 숙정사실이 통고된 것은 2월 15일경이었다. 이유는 '강남의 토지매매를 둘러싼 잡음'이었다. 실로 어이없는 통고였다. "누구를 위한 토지거래였는데 훈장을 주지 못할지언정 사표제출이 웬 말이냐"라고 항거했지만 양 시장인들 별수가 없었다. 국무총리실의 지시라는 것이었다. 청와대 비서실에 긴급구조 신호를 보냈지만 아무런 반응이 없자 다시 또 보냈다. 그러나 여전히 아무런 반신도 오지 않았다.[5)]

청와대 비서실에서 좋은 소식이 올 것을 간절히 기다려도 아무런 반응이 없자 그제야 그는 냉혹한 정치권력에 이용당했고 마침내는 희생양이 된 것을 깨달았다. 이때 서울시는 이사관급 3명, 서기관급 6명 등 20여 명의 희생자를 내었다. 심흥선 총무처장관이 차관급 3명, 은행장 1명을 포함하여 고급공무원 331명, 국영기업체 등 296명, 합계 627명 숙정단행을 발표한 것은 2월 20일이었다.

구자춘이 서울특별시장으로 부임한 것은 1974년 9월 4일이었다. 구자춘과 이낙선은 둘도 없는 친구였다. 고향이 경북 달성과 안동으로 같지 않았고 나이도 이낙선이 위였으며 학교도 구자춘은 대구농림, 이낙선

---

5) 김정렴 비서실장의 입장에서는 윤진우가 상공부 주택단지 토지매입과 관련해서 어떤 부정이 있었을 것으로 오해했을지도 모를 일이었다. 김 실장은 바로 이낙선 장관의 전임자였으니 상공부 주택단지 사건은 비교적 소상히 알고 있었을 것이다.

은 안동농림으로 각각 달랐지만 둘은 군대에서 포병장교 생활을 같이 했다. 5·16군사쿠데타가 났을 때 구자춘은 포병대대장으로서 거사의 제1선에 있었고 이낙선은 박정희 장군의 전속부관이었다.

1961년 5·16 당시에는 구자춘은 육군 중령, 이낙선은 육군 소령이었지만은 1974년 9월에 서울에서 만났을 때, 한 쪽은 서울특별시장, 다른 한 쪽은 건설부장관이었다. 이때의 만남에서 이낙선 장관이 처음 뱉은 말이 "서울시 도시계획국장 도적놈"이라는 말이었다. 현직 건설부장관의 발언이니 믿을 수밖에 없었다. 구 시장이 손 국장이 도적놈이 아니라는 것을 알기까지는 꽤 여러 날이 경과된 뒤의 일이었다.

보석밀수사건이라는 것이 크게 보도된 것은 구 시장이 부임한 지 며칠도 지나지 않은 1974년 9월 8일이었다. 당시는 보석·귀금속을 수입하지 않는 시대였으니 국내에서 거래되고 있는 모든 보석·귀금속은 모두 밀수품이었다. 그럼에도 불구하고 이 사건에 여러 상류층 부인이 연루되었다고 보도되었다. 이낙선은 이 사건과 관련하여 참으로 억울하게 장관자리를 떠났다. 9월 18일에 단행된 개각에서였다.

구자춘은 의리의 사나이였다. 이낙선이 장관자리에서 물러났을지라도 두 사람의 우정은 변하지 않았다. 구 시장은 상공부 주택단지 사건에 관한 보고를 주로 상공부측에서 듣게 되었으며 어떻게 하면 피해를 최소화할 수 있을까를 연구했다. 그가 도달한 결론은 구획정리지구 안에 포함되지 않은 9만 6,408평 중 일부를 서울시가 매입해주는 방안이었다.

한남동에 있던 서울시 공무원교육원을 매각하고 우면산 밑으로 옮겨가는 계획이 1977년에 세워졌다. 당시의 공무원교육원장은 손정목이었지만 다행히 그는 서울시립대학 교수로의 전출이 추진되고 있었다. 구 시장은 교육원 서무과장 김성순을 직접 시장실로 불러, 새 교육원이 입지할 위치 등을 지도 위에 그려주었다.

지번	지목	넓 이(㎡)
서초동 390-1	전	318
산 31	임 야	15,658
산 36-3	임 야	9,143
산 36-6	임 야	84,063
산 36-8	임 야	307
산 51-2	임 야	12,993
양재동산 60	임 야	26,887
산 57-4	임 야	17,257
계		166,626

이 글을 쓰면서 확인해보았더니 현재 공무원교육원이 들어 있는 대지 안에 '상공부 산하 남서울주택조합연합회'에서 구입한 토지의 내역은 약 5만 500평에 달했다. 남서울주택조합 명의가 아니고 조합장 개인 명의로 등기된 것도 있었을 것이니 실상은 훨씬 더 많은 면적이 구제되었을 것으로 추측이 된다.

번지와 지적은 이전·합필과정에서 약간의 변동이 생겼다고 한다. 훗날 누군가가 왜 서울시공무원교육원과 서울시소방학교 및 전자계산소가 우면산 아래에 입지하게 된 것인가를 묻는다면 "그것은 구자춘과 이낙선의 우정의 산물이었다"고 대답해야 할 것이다.

상공부주택단지는 결국 형성되지 않았다. 땅을 팔아버리고 청산을 했다. 이 글을 쓰면서 당시 상공부 총무과에서 그 일을 봤던 사람과 연락이 닿았다. 그분 말씀이 토지대금은 네 번에 나누어서 받았다. 땅이 일시에 처분되지 않았기 때문에 처분될 때마다 분배가 되었다는 것이다. 그분의 기억에 의하면 1974년 가을부터 77년 말까지 4년에 걸쳐 150평을 신청한 경우 147만 원·40만 원·27만 원·13만 원, 이렇게 모두 213만 원씩이 지급되었고, 100평을 신청한 직원에게는 위 액수의 각각 3분의 2씩이 지급되었다는 것이다.

상공부주택단지 다음으로 윤진우를 괴롭힌 문제가 세금이었다. '부동산투기억제에 관한 특별조치세법'이 생긴 것은 1967년 11월 29일자 법률 제1972호에서였다. '부동산투기억제세'로 약칭되었다. 오늘날의 부동산 양도소득세에 해당하는 것이었다.

현재는 제도가 발달해서 부동산 이전등기를 한 직후에 세무서에 신고하도록 되어 있고 신고된 즉시 세금이 부과되지만 부동산투기억제세 당시는 그렇지 않았다. 등기이전이 되고 난 뒤, 상당한 기간이 경과해야만 거래사실을 집계하여 납세자에게 고지서가 발부되었다. 또 토지매수자 중에는 게으름을 피워 등기수속을 늦게 하는 자도 있었다. 그러므로 실제의 매각행위가 있은 후 2~3년이 지나서야 납세고지서가 발부된 것이었다.

여하튼 토지매각 후 2~3년이 지나자 노량진(박민형)·소공(조병순 내외)의 두 세무서에서 납세고지서가 날아왔으며 그 액수도 적지 않았다. 한 건에 250만 원 정도의 것도 있었지만 1,200만 원이니 1,800만 원이니 하는 고액의 것도 있었다. 1974~1975년의 윤진우의 신분은 쌍용건설(주) 이사였다. 공직에서 물러난 그를 쌍용 김성곤 회장이 인수한 것이었다. 세금액수가 많았으니 싫건 좋건 간에 청와대 신세를 질 수밖에 없었다. 다행히 납기가 비슷했으니 1년에 한두 번씩만 넘어가면 그만이었다. 김정렴 비서실장이 오정근 국세청장에게 연락해서 납부유예처분을 받았다. 매각행위 후 5년만 지나면 과세가 되지 않는 시대였다.

1973년 3월에 국세청장이 고재일로 바뀌자 김 실장은 고 청장에게도 같은 연락을 해야 했다. 그러나 되풀이되는 청탁에 김정렴 실장이 마침내 화를 내었다. "무슨 일을 어떻게 처리했기에 아직도 그 부탁이냐" 한 것이었다. 김 실장의 입장에서는 하루빨리 잊어버리고 싶은 문제였는데 세금 때문에 되풀이해서 생각되는 것이 괴로웠을 것이다. 윤진우의 입장에서는 정말 죽을 맛이었다. 이것이 마지막이라는 대답에 그렇다면 다시는 그런 청탁을 않겠다는 각서를 써내라고 했다. 윤진우가 정중한 각서를 썼다. 당시에 쓴 각서의 초안이 남아 있으니 그대로 소개해둔다.

각 서

영동지구 토지매매 건에 대하여 매도자와 매수자 간에 이행하여야 할 이전등기수속이 지연되어 지금에 와서 과세됨으로써 여러 가지 염려를 끼쳐드려서 죄송하게 생각하오며 더욱이 실장님께서 어려운 여건에도 불구하시고 그 문제를 해결하여주신 데 대하여 무한한 감사를 올립니다.

그리고 차후는 이 영동지구 토지 건으로 일절 실장님께 심려를 끼치지 않겠으며 금번으로 완전히 해결되었음을 각서를 올려드립니다.

1976년 5월　일 윤진우

이 글을 준비를 하고 있을 때 김정렴의 정치회고록 『아, 박정희』가 발간되었다. 9년 3개월간에 걸친 청와대 비서실장 시대의 회고록이다. ≪중앙일보≫에 요약분도 소개되어 박 대통령의 청렴한 몸가짐에 많은 국민이 감명을 받았다고 한다. 영동 토지문제는 물론이고 불편한 것은 철저히 다루지 않은 이 책을 읽어보고 내가 느낀 것은 바로 '기억의 낙관성'이라는 것이었다.

어떤 외국의 심리학자가 많은 사람을 대상으로 기억에 관한 통계를 잡아보았다고 한다. 그랬더니 거의 모든 사람이 과거의 즐거웠던 일, 유쾌했던 일은 거의 기억하고 있는 데 반해 괴로웠던 일, 불쾌했던 일은 거의 잊고 있었다고 한다. 바로 '기억의 낙관성'인 것이다. 김정렴 실장 입장에서는 영동 토지투기사건은 가장 빨리 잊고 싶은 일이었을 것이다. 반대로 설령 그 일을 기억하고 있다고 할지라도 그분의 입장에서는 이 문제만은 묘지에 들어갈 때까지 철저히 비밀로 해두고 싶은 일일 것이다. 그러나 역사는 미화되어서도 생략되어서도 안 된다고 생각하는 것이 지난 30년간 역사를 다루어온 나의 확고한 신념이다.

윤진우가 공직에서 물러난 지 벌써 25년 가까운 세월이 흘렀다. 그가 살아온 지난 4반세기는 정말 우여곡절의 연속이었다. 때로는 말로 표현할 수 없을 만큼 어려운 처지일 때도 있었지만 그러나 그는 불사조였다. 어떤 일에 부딪쳐도 참고 견디며 마침내는 훌훌 털고 일어나는 강인함을 보여주었다.[6)]

이 글을 읽는 독자 여러분 중에서 윤진우에게 돌을 던질 수 있는 사람이 과연 얼마나 될 것인가를 생각해본다. 한 가지 분명한 것은 내가 그 자리에 있었고 그런 지시를 받았다고 가정했을 경우, 나 또한 같은 일을 했을 것이라는 점이다. 그것이 제3·4공화국시대 고급공무원들의 체질이었기 때문이다.

당시의 당사자들 중에서 1975년에 김성곤이 가장 먼저 저 세상으로 갔으며 이어 박정희(1979년)·박종규(1985년)·이낙선(1989년)·구자춘(1996년)·김현옥(1997년)도 가버렸다. 이제 남은 것은 김정렴·양택식·윤진우뿐이다.

5. 말죽거리 신화 – 땅값 앙등

강남의 대지주, 김형목과 조봉구

'땅을 사두었다가 훗날 그 값이 오르면 매각하는 행위'를 토지투기

6) 지금도 나를 만나면 술값은 으레 그가 부담한다. 두 가지 이유 때문이다. 강남 땅 거래를 할 때부터 술값을 내기만 하는 버릇이 든 것이 첫째 이유이고 건축설계사무소를 경영하는 그의 경제사정이 교수직을 정년퇴직한 나보다 훨씬 여유롭다는 것이 두 번째 이유이다.

또는 부동산투기라고 한다. 그리고 우리나라의 역사상에 이 부동산투기라는 행위는 적어도 1960년대 전반까지는 거의 없던 현상이다.

1876년(丙子)의 개국에서 1910년까지에 이르는 이른바 개항기에 이 땅에 들어온 일본인들이 부산이나 군산·목포·서울 등지에 엄청난 양의 부동산을 헐값으로 사모았다는 것은 나의 저서 『한국개항기 도시사회경제사연구』에 상세히 설명되어 있다. 1909년 6월 30일 현재로 일본인 1,247명이 부산에 소유한 토지평수는 2,683만 평, 751명의 일본인이 목포에 가지고 있던 토지평수는 1억 1,075만 평에 달했다. 물론 서울에서도 1,915명의 일본인이 717만 평의 토지를 가지고 있었다.

개항기에 조선에 들어온 일본인들은 조선인의 토지·건물을 형편없는 헐값으로 거의 뺏다시피 해서 그들의 소유로 할 수 있었다. 그런데 대다수 일본인들은 그렇게 모은 시가지의 땅을 땅값이 오른 후에도 팔지를 않았다. 제2차대전 이전, 즉 이른바 일제시대의 일본인들 사회에서도 이른바 땅장사라는 것은 거의 없었던 것이다. 일본인들은 그렇게 모은 땅위에 집을 지어 세를 놓거나 빈 땅 그대로 세를 놓았다. 빈 땅을 빌린 조선인·일본인이 그 땅에 집을 지어 살면서 토지세를 내는 구조였다.

땅을 사두었다가 땅값이 오르면 팔아버리는 이른바 토지투기행위가 일본에서 시작한 것은 제2차대전 후, 그것도 1950년에 일어난 한국전쟁 때문에 일본경제의 고도성장, 도시인구의 급격한 증가가 일어난 1950년대 후반부터의 일이다. 한국에서의 토지투기, 즉 가수요에 의한 토지매점 현상은 1960년대 초부터 나타났고, 그것이 표면화된 것은 제3한강교 가설공사가 시작되면서부터였다.

제3한강교, 즉 한남대교 가설공사가 시작되기 이전의 강남지역은 그저 한산한 농촌지역이었고 밭과 논보다는 오히려 나지막한 구릉지가 더 많았다. 그리고 이런 구릉지의 땅값은 고작해야 한 평에 300원 내외밖에 하지 않았다. 1960년대 초만 하더라도 이 일대에는 과거의 일본인 소유의 땅, 즉 이른바 '귀속농지'도 많았고 문화재관리국이 관리했던 구 왕실재산도 많아서 그것을 정부에서 불하를 했다. 그런데 그 불하가격이 평당 100원도 안 된 탓으로 훗날 말썽이 일어나기도 했다. 서울시 농지과장이 책임을 지고 물러나야 했던 사건이었다.

구 왕실재산의 불하과정에서 가장 많은 땅을 차지한 자가 김형목이었다. 훗날 청화기업(주)과 영동백화점의 창업자가 되었고 학동에 있는 영동고등학교를 설립한 인물이다. 김형목이 과연 얼마나 많은 땅을 가졌는지는 확실치 않으나 능히 30~40만 평은 되었을 것이다. 지금의 강남구청 자리는 김형목이 서울시에 기증한 땅이고, 1970년대에서 1990년대 중반까지 주택공사가 있었고 지금은 강남교육청이 자리한 일대, 주공연구소가 있다가 지금은 강남도서관이 자리한 삼성동 14번지 일대, 영동백화점이 위치한 논현동 일대, 학동의 영동고등학교, 강남구청 뒤편의 해청아파트, 청담동의 청실·홍실아파트 자리 등이 다 김형목의 땅이었다. 1970년대 초에 내가 서울시 도시계획국장이던 시절은 바로 강남토지 대량 소유자 김형목의 전성시대였다.

훗날 (주)삼호를 창업하는 조봉구가 역삼동·도곡동 일대의 토지를 매점하기 시작한 것은 1963~1965년이었다. 1970년에 조봉구·함경자 내외가 가지고 있던 토지의 규모는 XY문서를 통해서 알 수 있었다. 37만 7,477평이었다. 그러나 실제로는 약 60만 평이었다고 한다.

이 글의 독자 중에 혹 지하철 2호선 역삼역 근처에 있는 동광단지라는 곳에 거주하는 분이 있을 것이다. 또 혹 강남 여러 곳의 삼호아파트라든가 개나리아파트라는 곳에 거주하는 분도 있을 것이고, '삼호쇼핑센터'라는 곳에서 쇼핑한 경험자도 있을 것이다. 모두 조봉구 땅 매점의 결과였다. 조봉구는 이 강남 땅 매점으로 1970년대 전반기 서울시내 현금소유자 1·2위 자리를 다투었고, 주택건설업을 하던 동광기업(주) 외에 (주)삼호를 설립하여 우리나라 대기업 순위 70~80위 정도를 오르내리는 대건설업체로 발전했다.[7)]

토지투기의 발상지 말죽거리

1960년대 전반기까지는 아직 몇몇 사람만이 토지매점을 하고 있었다. 사모으기만 했지 전매는 하지 않았다. 그것이 1960년대 후반에 들어서면서 달라지기 시작했다.

제3한강교 기공식은 1966년 1월 19일에 거행되었다. 이때부터 서서히 주로 부인들을 주축으로 토지투기가 시작되었다. 지금의 지하철 3호선 양재역의 동남쪽 이른바 말죽거리가 복덕방 집단의 발상지요 본거지였다. 양재역 때문에 말죽거리라는 이름이 사라져가고 있지만, 3호선이 개통되기 전까지는 서울시민에게 양재리·양재역의 호칭보다는 말죽거리라는 이름이 더 친하고 알려진 지명이었다.

조선왕조 500년간, 광주군 언주면 양재리는 송파나루와 더불어 서울-충청도-경상도로 통하는 큰 길목이어서 종육품 찰방(察訪)이 주재한 교통상의 요지였다. 조선시대의 역에는 역장·역리·역졸들이 있어 역과 마필을 관리케 하고 또 각종 정보를 수집하여 중앙정부에 직접 보고하게 했다. 양재리에는 양재찰방을 배치하여 양재역과 과천역을 함께 관장하게 했을 뿐 아니라 경기도 전체의 역을 통괄하는 기능도 부여했다. 조선시대의 양재역은 전국의 역 중에서도 특별히 큰 역이었다.

말죽거리(馬粥巨里)라는 이름이 언제부터 누구에 의해 시작되었는지는 알 수 없다. 문경새재나 소백산 죽령을 비롯하여 수많은 산령과 하천을

7) 삼호는 1980년대 하반기에 도산했다. 우리나라 대형건설업체 도산 제1호였다.

넘고 건너 서울에 당도하기 하루 전, 양재역까지 와서 주막에 들어 우선 타고 온 말에 죽을 끓여 먹이도록 지시한 후 본인도 세수 세족하고 저녁 밥을 청하였다는 데서 비롯한 말죽거리, 반대로 벼슬자리를 버리고 낙향하는 선비가 전송하는 벗들과 압구정 정자에서 마지막 주연을 베풀고 헤어진 후, 저녁노을에 찾아든 첫 주막에서 이제부터 천리 길을 같이 가야 할 말에게 죽을 끓여 먹이도록 지시하고 본인도 여장을 풀었다는 데서 비롯한 지명이 속칭 말죽거리였다.

지금은 한남동이라 불리는 한강진나루터에서 배로 강을 건너면 한동안 모래사장이 연속되다가 논·밭이 이어지는 들판에 한줄기 길이 나타났다. 트럭 한 대가 겨우 지나갈 듯한 이 길이 경상도 천리 길의 시작이었다. 길 양쪽에는 집이 보이지 않았다. 나루를 건너서 빠른 걸음으로 한 시간을 걸어야 말죽거리 마을이었다.

1968년에 내무부 산하 도시행정협회의 의뢰를 받아 '도시의 지가(地價)대책에 관한 연구'를 할 때 나는 제1한강교-국군묘지-서초동을 거쳐 말죽거리 복덕방 집단지를 찾았다. 경상도로 내려가는 좁다란 길 양쪽에 10여 개의 복덕방이 성업 중이었다. 아마 그때는 업소의 간판은 없었던 것으로 기억한다. 마침 전화는 연결되어 있었다. 전기도 막 들어간 후였다. 김천용이라는 오십대 사나이가 그 복덕방 마을의 보스였다. 김천용의 본업은 푸줏간(牛肉商)이었다. 얼굴이 검고 목소리가 굵고 탁했다. 연신 깔깔 웃고 있었고 웃을 때 굵은 금이빨이 보였다. 그때 그에게서 '500원떼기' '천원떼기'라는 것을 들었다.

A라는 자를 꾀어서 그가 조상 대대로 물려받은 전답을 평당 2천 원에 B에게 팔도록 한다. 그 다음날 토지를 사겠다고 오는 자가 있으면 B에게 전화를 걸어 당신이 어제 구입한 땅에 평당 500원을 더 얹어서 팔 것을 권한다. B는 겨우 하루 전에 평당 2천 원씩 200평을, 그것도 계약금 4만

토지투기의 발상지 말죽거리(1980년대 후반기의 모습).

원에 구입했는데 계약금 4만 원에 10만 원을 더 붙여줄 터이니 팔라는 것이다. 계약은 A에서 B로, B에서 C로, 다시 D·E·F로 이어지면서 평당 가격은 500원씩, 1,000원씩 더 올라간다. 당시는 인감증명의 효력이 3개월이었다. 원소유자 A가 잔금을 모두 받고 인감증명을 떼어주고 난 뒤의 3개월까지, 즉 합계 4개월간에 토지문서는 전전하고 중간매매자는 모두 생략된 채 원소유자에서 최종취득자 간에 등기가 이전된다.

'말죽거리에 가서 땅을 사면 떼돈을 번다'라는 소문은 엄밀하게, 그러나 매우 빨리 돌았다. 당시에는 자가용 승용차를 타는 시대가 아니었다. 장시간 택시를 빌릴 수도 없었다. 새벽밥을 지어먹고 버스로 국립묘지 앞까지 가서 내리면 말죽거리까지는 걸어야 했다. 매일처럼 수십 명의 손님이 걸어서 말죽거리 복덕방을 찾았다. 많은 날은 그 숫자가 엄청났다고 한다. 1966년 초에 200~400원선에서 시작된 말죽거리 바람은

1968년 말에 가서 일단 끝이 난다.

당국에서 "대대적인 조사를 시작하겠다" "관련자는 엄벌에 처하겠다" "세금포탈로 입건하겠다"고 엄포를 놓았기 때문이다. 말죽거리 복덕방은 뿔뿔이 흩어졌고 상습으로 다니던 사람들도 숨을 죽인 채 꽁꽁 숨어버렸다. 이 과정에서 꽤 여러 사람이 피해를 입었다는 소문을 들었다. 1968년 말에 1차소동이 벌어질 때 강남의 땅값은 4천 원에서 6천 원선이 되어 있었다. 그 상태대로 1970년을 맞이했다.

'부동산투기억제에 관한 특별조치세법'이라는 것이 제정 공포된 것은 1967년 11월 29일자 법률 제1972호였고 1968년 1월 1일부터 효력을 발하고 있다. 부동산을 취득했을 때의 시가표준액과 양도했을 때의 시가표준액의 차이, 즉 양도차액의 50%를 과세한다는 것이다. 그러나 이 투기억제세는 별로 큰 효력을 발휘하지 못했다. 당시의 시가표준액이 그렇게 높지 않았기 때문이다.

뒤늦게 발표된 지가(地價)대책

제3한강교가 준공된 것이 1969년 12월 25일이었고 경부고속도로는 1970년 7월에 전체가 개통되었다.

중앙정부가 엄포를 놓았던 탓에 1969년 1년간은 숨을 죽이고 있었지만 1970년이 되자 사정이 달라졌다. 서울시 도시계획국장이 대량의 땅을 사 모으고 있었으니 군소 투기업자들이 몰린 것은 당연한 일이었다. 이때 복부인(福婦人)이라는 용어가 생겼다. 몇천 평 이상 되는 큰 덩어리 땅은 윤 국장 차지였고 몇백 평씩은 복부인들 차지였다. 여전히 500원떼기·천 원떼기가 판을 치고 있었다.

"청와대와 상공부장관이 돈을 내고 서울시 도시계획국장이 하수인으로서 토지를 매점하고 서울특별시장이 땅값 빨리 올라라 깃발을 흔들고 많은 시민이 땅값 올리기에 동참을 했으니" 생각해보면 온 국민의 분통이 터지는 웃지 못할 만화요 연극이었다. 연극이라면 그것을 희극으로 볼 것인가 비극으로 볼 것인가. 여하튼 1970년 전반에 4,500~6,000원이던 강남의 땅값은 1971년 전반에는 1만 4천~1만 6천 원이 되었다.

그런데 강남 땅값 상승은 청와대 땅 처분이 끝난 1971년 하반기를 고비로 일단 정지되었다. 1971년 상반기에 치러진 두 차례의 선거 즉 4월 27일의 제7대 대통령 선거, 5월 25일의 제8대 국회의원 선거를 치르고 난 뒤 서울시의 재정상태가 극도로 악화된 때문에 영동 구획정리1·2지구 공사도 거의 중단상태에 이르렀다. 그리고 이때부터 2년 반간, 1971년 하반기에서 1973년 말까지 전국의 토지거래는 긴 동면기에 들어갔다.

1971년 8월 10일에 일어난 광주대단지 난동사건, 10월 5일의 위수령발동, 무장군인 10개 대학 진주, 12월 6일 박 대통령 국가비상사태선언, 1972년 8월 3일 대통령 긴급명령으로 단행된 모든 기업의 사채동결(8·3조치), 10월 17일의 국회해산·비상계엄 선포, 유신헌법 공포 제4공화국 탄생, 김대중 동경에서 납치, 제1차 유류파동 등 일련의 사태가 전국의 경제성장을 크게 위축시켰고 따라서 부동산시장도 꽁꽁 얼어붙어버렸다.

그것을 가장 민감하게 반영한 곳이 영동지구였다. 체비지가 팔리지 않아 900만 평에 달하는 광역의 구획정리사업이 좌초될 위기에 놓였다. 서울시는 부랴부랴 '토지공채'라는 것을 발행, 20억 원의 자금을 조달했다. 1972년 하반기의 일이었다(1972년 12월 26일자 서울특별시 조례 제743호 '서울특별시 제1회 토지공채조례' 참조).

서울시는 1972년 12월 28일자로 제1회 토지공채 20억 원분을 발행했다. 영동지구 체비지 14만 3,283평을 담보로 했다. 연리 13%, 2년 거치 후 상환조건이었다. 신탁은행(현 서울은행)에서 10억 원(7만 평), 10여 개

건설회사에서 7억 원(5만 평)을 인수했으며 나머지 3억 원(2만여 평)은 일반시민에게 소화시켰다. 공채에 담보된 토지의 평당 가격은 1만 3,900원이었고 필지당 평수는 최소 60평에서 최대 4,200평까지였으며 2년 후에 현금상환 또는 토지인수의 양자택일이었다(≪한국일보≫ 1972년 12월 29일자 기사). 나의 기억에 의하면 2년 후에 현금상환을 받은 자는 없었고 모두 토지를 차지한 것이었다.

여하튼 경제의 불경기, 토지거래의 휴면기간이 간혹은 있었다 할지라도 영동지구는 언제나 이 나라 지역개발을 선도했고 땅값 상승의 선두주자였다. 영동지구의 땅값현상은 다음의 <표>에 의해서 고찰하기로 한다.

즉 1963년의 땅값수준(지수)을 100으로 했을 때 1970년 현재, 현 강남구 학동은 2,000, 압구정동은 2,500, 신사동은 5,000이었다. 7년간에 각각 20·25·50배가 오른 것이다. 같은 기간에 중구 신당동과 용산구 후암동의 땅값은 각각 10배와 7.5배가 오른 데 불과했다. 그런데 1970년대의 말 즉 1979년 현재로 학동·압구정동·신사동의 지가지수는 각각 13만 3,333과 8만 7,500 그리고 10만이었다. 즉 1963년에서 1979년에 이르는 16년간에 학동의 땅값은 1천 333배가 오르고 압구정동은 875배 올랐으며 신사동은 1천 배가 오른 것이었다. 그리고 같은 기간(1963~1979년) 중구 신당동과 용산구 후암동은 각각 25배씩 올랐던 것이다. 이러한 현상을 가리켜 '말죽거리 신화'라고 표현하게 된다. 그리고 강남의 땅값 상승 즉 이른바 말죽거리 신화는 1980년대에 들어서도 계속되었고 1990년대에 들어서도 식을 줄 모르고 꾸준히 지속되었다.

1960년대 후반에서 1990년까지 장장 25년에 걸쳐 가히 살인적인 지가상승이 계속된 데는 여러 가지 이유를 생각할 수 있다.

첫째는 제3한강교 개통 이전의 강남 땅값이 서울시내 그 밖의 지역, 강북 기 개발지나 영등포지역에 비해 상대적으로 매우 낮은 수준이었다.

1963~1979년의 강남지역 지가(단위: 원)

연도별	구분 \ 거리별	(시청중심) 5km 이내		5~10km		
		중구	용산구	강남구		
		신당동	후암동	학동	압구정동	신사동
1963	평당 가격	30,000	20,000	300	400	400
	상승 추세	100	100	100	100	100
1964	평당 가격	30,000	25,000	1,000	1,000	1,000
	상승 추세	150	125	333	333	250
1965	평당 가격	40,000	30,000	2,000	2,000	2,000
	상승 추세	200	150	666	666	500
1967	평당 가격	80,000	70,000	3,000	3,000	3,000
	상승 추세	400	350	1,000	1,000	750
1968	평당 가격	100,000	70,000	3,000	3,000	5,000
	상승 추세	500	350	1,000	1,000	1,250
1969	평당 가격	200,000	100,000	5,000	5,000	10,000
	상승 추세	1,000	500	1,666	1,250	2,500
1970	평당 가격	200,000	150,000	6,000	10,000	20,000
	상승 추세	1,000	750	2,000	2,500	5,000
1971	평당 가격	150,000	150,000	10,000	15,000	20,000
	상승 추세	750	750	3,333	3,750	5,000
1972	평당 가격	150,000	150,000	10,000	15,000	30,000
	상승 추세	750	750	3,333	3,750	7,500
1973	평당 가격	150,000	120,000	15,000	15,000	30,000
	상승 추세	750	600	5,000	3,750	7,500
1974	평당 가격	150,000	120,000	70,000	50,000	70,000
	상승 추세	750	600	23,333	12,500	17,500
1975	평당 가격	200,000	150,000	100,000	70,000	100,000
	상승 추세	1,000	750	33,333	17,500	25,000
1976	평당 가격	250,000	200,000	150,000	100,000	150,000
	상승 추세	1,250	1,000	50,000	25,000	37,500
1977	평당 가격	250,000	200,000	150,000	100,000	150,000
	상승 추세	1,250	1,000	50,000	25,000	37,500
1978	평당 가격	350,000	350,000	250,000	250,000	250,000
	상승 추세	1,750	1,750	83,333	62,500	75,000
1979	평당 가격	500,000	500,000	400,000	350,000	400,000
	상승 추세	2,500	2,500	133,333	87,500	100,000

* 자료: ≪토지개발≫1980년 6월호에 실린 <자료 2>.

둘째, 구도심인 종로·중구에서 매우 가까운 거리에 위치했다.

셋째, 그것이 강남이었다는 점이다. 한국 국민은 누구나 할 것 없이 6·25한국전쟁 때 한강교량 건너기가 얼마나 어려운 일이었던가를 기억하고 있다. 그리고 1960년대 이후 1980년대 말까지 모든 서울시민은 북한에서 다시 남침할지도 모른다는 위협을 항상 느끼고 있었다. 그러나 강남에서 거주한다면 아무리 남침해온다 할지라도 부산까지 피난 갈 자신이 있다는 잠재의식, 그것이 서울시민 모두가 지닌 '강남지향의식'이었다.

넷째, 영동 구획정리사업이 비교적 빠른 속도로 추진되었다.

다섯째, 개발촉진지구로 지정된 때문에 각종 세금이 면제되었다.

여섯째, 규모가 워낙 커서 공급에 제한이 없었다. 즉 '여의도 80만 평' 같은 것이 아니었고 아무리 수요가 계속되어도 공급에 끝이 없었다. 900만 평이 넘는 영동1·2지구의 끝이 보이기 전에 잠실지구 400만 평, 개포지구 258만 평이 뒤따랐고 수서지구 41만 평이 뒤를 이었다. 성남이니 분당이니 평촌·산본 등도 본질적으로는 강남이었다. 강남은 가히 무진장의 택지 공급원이었다.

일곱째, 항상 어떤 종류의 인센티브 또는 개발촉진책이 끊이지를 않았다. 제3한강교·경부고속도로·상공부 종합청사, 개발촉진 지구 지정, 삼핵(三核)도시개발 구상, 지하철 2호선 건설, 대규모 아파트지구 지정, 고속버스터미널·남부버스터미널 입지, 시청 이전계획, 법원·검찰청 이전, 지하철 3호선 통과, 고등학교 제8학군, 압구정동 유행의 첨단지역화 등 생각해보면 영동1·2지구는 정말로 복 받은 땅, 축복이 충만한 땅이었음을 실감한다.

상식의 범위를 벗어난 땅값 상승, 이른바 말죽거리 신화가 계속되었으니 정부의 땅값대책도 이 지역에 집중되었다. 즉 강남지역은 땅값 상승의 발상지인 동시에 정부에 의한 지가대책의 집중지역이기도 했던 것이다. 그러나 이 자리에서 그 모두를 고찰할 수는 없으니 1970년대의 세제대책만 언급하고 넘어가기로 한다.

우선 1974년 12월 24일자 법률 제2705호로 소득세법이 전면 개편되면서 1968년 이래로 적용되어오던 부동산투기억제세법은 폐지되고 소득세법상의 부동산양도소득세로 흡수되어버렸다. 그리고 이 부동산양도소득세는 토지 및 건물 투기에 새 요인이 발생하고, 또 시대적 요청이 있을 때마다 여러 차례 개정을 거듭하여 오늘에 이르고 있다. 과세의 대상은 토지·건물이며 보유기간이 2년 이상인 자산, 보유기간이 2년 미만인 자산, 미등기 양도자산, 1가구 2주택 등에 따라 그 양도차액의 계산이 다르고 또 여러 가지 복잡한 공제제도가 규정되어 있기는 하나 세액결정의 근본은 양도차액의 50%를 과세한다는 것이다.

지방세로서 공한지세(空閑地稅)라는 것이 있었다. 1974년 1월 14일자 대통령긴급조치 제3호 및 '국민생활의 안정을 위한 대통령긴급조치 제16조'에 의하여 처음 시행되었으며 그 후 여러 차례 개정되었다.

이 공한지세는 이른바 건축성숙지(언제든지 건축이 가능하게 정지된 토지)로서, 취득한 날로부터 1년 6개월이 지났거나 토지구획정리사업이나 재개발사업 대상토지로서 구획단위로 그 사업이 사실상 완료되어 건축이 가능한 날로부터 5년을 경과한 토지에 대해서 과세되었다. 즉 토지를 건축을 목적으로 하지 않고 투기의 대상으로 막연히 소유하는 것을 방지하기 위한 세제였고 그 세율은 일반의 토지분 재산세가 100~200평일 때 과세표준가액의 1,000분의 5였던 데 대해 공한지는 그 10배에 해당하는 1,000분의 50으로 중과된 것이다. 그리고 그 후의 개정에 의하여 그 보유기간이 연장됨에 따라 그 세율도 올라갔는데(단순누진세율) 그 내용은 다음과 같았다.

3년 이하 1000분의 50　　3년 초과 1000분의 70
5년 초과 1000분의 80　　7년 초과 1000분의 90
10년 초과 1000분의 100

이 공한지세는 1986년까지 시행되다가 1987년 1월 1일부터 토지 과다보유세가 시행되면서 폐지되었다. 그러나 이 공한지세 제도가 강남·서초·송파구 등 강남지역 일대에서의 건축을 촉진한 효과는 대단히 큰 것이었다.

6. 강남시가지 형성을 촉진시킨 요인들

강북인구의 강남유입 유도 ― 공무원아파트와 시영주택단지

내가 여의도를 처음 가보았을 때의 놀라움은 여의도를 설명하는 데서 상세히 소개한 바 있다. 여하튼 평소에 공간개념이 그렇게 뚜렷하지 못했던 내가 '80만 평의 평지'를 대했을 때 놀라움을 금치 못했다. 그런데 영동1·2지구는 900만 평이 넘었으니 여의도 넓이의 11배, 솔직히 어디에서부터 어떻게 손을 대야 할지를 모를 지경이었다.

1970년 11월 5일의 특별 기자회견에서 양택식 시장은 상공부와 그 산하기업체 12개가 영동2지구에 집단 이주한다는 것을 발표하면서 총공사비 167억 원을 투입하여 1972년 말까지에 택지 837만 평을 개발한다고 큰소리친 바 있지만 그것은 어디까지나 의지표명에 불과했다.

구획정리라는 것은 그 지구 안에서 생기는 체비지 매각대금이 재원인 특별회계로 추진되는 사업이다. 즉 시행자인 시나 민간조합에서 공사를 해주는 대신에 지구 내 일정비율의 토지를 체비지라는 이름으로 떼어서 일반에게 공매하여 그 비용으로 사업을 추진한다. '개발비용 대신 시행자가 차지하는 땅'이 바로 체비지인 것이다. 그러므로 환지계획이 이루어지고 그 결과로 생긴 체비지가 팔려야 사업이 추진될 수 있다. 시장이 아무리 큰소리쳐봤자 땅이 팔리지 않으면 한 발짝도 나가지 못하는 일이다.

1971년 전반에는 대통령 선거와 국회의원 선거가 있었다. 선거가 있을 때는 일을 열심히 하는 척해야 여당에게 표가 몰리니까 결산이 될지 안 될지도 모르는 상태였지만 여하튼 영동지구 여기저기에 불도저가 들어가서 일을 하고 있었다.

양택식 시장과 윤진우 도시국장 입장에서는 정치자금용 토지를 빨리 또 비싸게 팔기 위해서도 공사가 활발히 진행되고 있음을 보여야 했다. 1971년 3월 20일자 ≪한국일보≫는 '남서울 건설 어디까지 왔나'라는 기획기사를 실어 "800개 중장비 밤낮작업" "산 깎고 수면 메워 대규모 택지조성"이라고 당시의 공사장면을 보도하고 있다.

그러나 선거가 끝나고 정치자금용 토지도 거의 팔아버린 1971년 하반기부터는 영동 900만 평에 투자할 비용이 없었다. 시청간부들은 사실상 맥이 풀린 채 그대로 쳐다볼 수밖에 달리 뾰족한 방법이 없었다. 서울시장은 영동지구에만 정력을 쏟을 수가 없었다. 광주대단지에도 투자해야 하고 무허가건물 철거도 해야 하며 수돗물 증산도 해야만 했다. 광주대단지 난동사건이 일어난 것은 바로 1971년 8월 10일이었다. 1946년 10월 1일에 대구폭동사건이 있은 후 실로 25년 만에 일어난 대규모 난동사건이었다. 정부와 국회가 발칵 뒤집어질 정도의 큰 사건이었다.

그러나 시재정이 아무리 어렵고 체비지가 팔리지 않는다 할지라도 영동지구를 언제까지나 그대로 방치해둘 수는 없었다. 1971년 9월 28일자 ≪경향신문≫은 '빛 잃은 영동개발지구'라는 기획기사를 실어 '의식적 토지 붐 실패' '단 한 평의 땅도 거래 없는 한산한 거리로' '원주민 농토만 잃어'라는 표제를 붙여 시당국을 맹렬히 비난했다.

그런데 기자들끼리 서로 교감이 있었는지는 알 수 없으나 같은 날짜 ≪대한일보≫는 '잃어버린 양지 근대화의 뒤안을 찾아서'라는 연재 기획기사에서 영동구획정리지구 농민들의 처지를 다루어 '선거 끝나자 공사도 중단돼 개발이 망쳐놓은 문전옥답' '농사짓지 못해 이젠 빚만 남아 땅 팔아도 투기억제세로 빈손'라는 표제를 달아 분별없는 서울시 행정 때문에 곤경에 처하게 된 농민의 입장을 상세히 소개했다.

당시의 서울시 기획관리관이던 나는 시 행정 구석구석에 깊숙이 관여하고 있었다. 다행히 1971년 하반기에는 여의도 땅이 팔리고 있었다. 여의도 때문에 서울시 재정이 파탄되지는 않게 된 것이다. 다음은 영동지구를 개발하는 일이었다.

영동지구 개발을 정상궤도에 올려놓기 위한 방안, 그것은 거점개발 방식이었다. 어떤 방법으로도 900만 평 규모의 땅을 시민에게 일시에 인식시킬 수는 없었다. 그러나 몇 개의 거점에 주택단지를 조성하고 버스가 들어가게 하면, 새 주민이 생기고 강북에서 친지들도 놀러가고, 그렇게 되면 일반시민이 관심을 가지게 되고, 땅이 팔리고 점점 그 개발의 폭이 넓어질 것이 아닌가라는 결론에 도달했다.

첫 번째 시도가 논현동 22번지 체비지 7,194평에 12개 동의 공무원아파트를 건설한 일이었다. 1971년 4월 24일에 착공하여 같은 해 12월 28일에 준공했다. 시 산하 무주택공무원(교원·경찰관 포함)을 입주시킬 12·15평형 합계 360가구분이 건립되었다. 평형이 그렇게 작았으나 당시로 봐서는 결코 소규모가 아니었다. 총 5억 1,800여만 원의 공사비 중 2억 700만 원(45%)은 시비융자, 5,200만 원은 무상지원으로 시비에서 부담하고 나머지 2억 5,900만 원만 입주자 부담이었다. 평균해서 한 가구당 72만 원 정도만 부담하면 입주가 가능했고 융자금도 15년 장기상환으로 15평짜리가 월 6,253원씩이었으니 정말 파격적인 조건이었다(≪동아일보≫ ≪서울신문≫ 1971년 4

논현동에 조성된 공무원아파트(1971. 12).

월 24일자, 《조선일보》 1971년 12월 29일자 기사 참조).

지금의 지하철 3호선 신사역에서 걸어서 6~7분 거리였다. 시청에서 버스를 이용해도 20분이면 충분한 거리였을 뿐 아니라 값이 싼 탓으로 너도나도 입주했지만 얼마 안 가서 그들 중 상당부분은 남에게 되팔고 강북으로 돌아갔다. 외롭다, 생활이 불편하다는 이유에서였다. 그러나 서울시의 입장에서는 사람이 거주해주기만 하면 누구든 상관없었다.

그러나 900만 평 황야에 5층짜리 12개 동 아파트 건립은 망망대해에 돌 한 개 던지는 일과 다름없었다. 그 정도 가지고는 강북인구 유인책이 될 수 없었던 것이다. 다음에 실시한 것이 1단지에서 10단지까지 단층주택의 분산배치였다.

서울시가 1972년 말까지 영동지구에 시영주택 등 공영주택 1,350동을 건립하여 일반에게 분양하겠다는 것을 발표한 것은 1972년 3월 25일이었으며 이어 5월 3일 서울시장 기자회견에서는 더 구체적으로 '영동지구 주택건립계획'이라는 것을 발표하고 있다. 국민 1인당 평균소득수준이 300달러가 안 되고, 서울시민의 반 이상이 셋방살이를 하고 있을 때였다. 서울시가 1년간에 1,400동의 주택을 지어 분양한다는 것도 큰 사건이었고 화젯거리였다. 5월 3일자 석간, 5월 4일자 조간신문이 일제히 보도했다.

이때 서울시장이 발표한 것은 ① 영동지구 여러 곳에 나누어 단층주택단지를 조성하겠다. ② 건물의 평형은 대지 50평에 건평 15평, 대지 60평에 건평 18평, 대지 70평에 건평 20평의 세 가지이며 건평 20평짜리는 장차 입주자가 2층을 올릴 수 있게 슬래브 구조로 하겠다. ③ 1972년 말까지 건립할 주택의 총수는 1,396동이며 주택자금의 형태에 따라 6개 종류로 나누어진다. 그중 가장 빨리 착공되는 것은 시영주택 18평형 125동, 20평형 125동이며 이어서 정부재정자금 등 40억 원을 투입, 순차적으로 착공해간다. ④ 주택건립비는 최하 192만 5천 원에서 최고 310만 4천 원까지이며 동당 40~70만 원의 융자금을 연리 4~14%, 15~25년간 장기상환으로 한다는 것이었다.

당시의 영동지역은 서울시에서도 가장 외딴 곳이었다. 희망자가 없을 것을 염려하여 선착순 공모키로 했는데 의외로 희망자가 많아 추첨제로 변경했다. 제1차 공모는 5월 18~22일의 5일간 접수했는데 250동에 1,075명이 신청하여 경쟁률이 4.3 대 1이었다. 1972년 6월 1일에 제1차로 착공한 10개 단지 753개 동이 완공되어 준공식을 올린 것은 그해 12월 12일이었다. 1973년 초에도 계속 준공되어 압구정·논현·학·청담동 등지에 모두 10개 단지가 형성되었다. 말하자면 이때 강남에 정착한 주민은 바로 강남개척의 선구자들이었던 것이다.

이 10개 단지의 조성과 더불어 서울시는 시내버스 노선을 강제 배치했고 이후 이 단지를 중심으로 약간씩 주택이 지어지기 시작하여 점차

영동지구 시영주택 단지. 강북인구 유인책의 하나로 1단지에서 10단지까지 단층주택을 분산 배치했다. 이 단지를 중심으로 주택이 들어서기 시작하면서 강남은 서서히 시가지의 모습을 갖추게 된다.

시가지의 모습을 드러냈다. 이 10개 단지의 건물은 그 후 증·개축을 거듭하여 지금은 그 모습조차 알아볼 수 없을 만큼 변해버렸다. 그러나 아직 버스를 타고 가다보면 '3단지 앞'이니 '8단지 앞'이라는 정류장 이름이 남아 있어 당시의 기억을 되살려주고 있다.

영동지구 개발을 촉진하기 위해 정책마련

영동1·2구획정리사업지구 3,166만㎡(959만 4천 평)의 개발촉진지구 지정이 국무회의에서 의결된 것은 1973년 6월 12일이었고 6월 27일자 건설부고시 제259호로 고시되었다.

이 개발촉진지구 지정으로 영동지구 내에서 주택 기타 건축물을 짓기 위해 토지를 사고 실제로 건축을 한 자에 대해서는(설령 그 건축물을 매각했다 할지라도) 부동산투기억제세·부동산매매에 관한 영업세 등의 국세와 토지 및 건물의 권리취득·설정·이전에 관한 등록세, 취득세·재산세·도시계획세·면허세 등의 지방세가 면제되었다.

이 특별조치법에 의한 개발촉진지구의 지정으로 영동지구 개발은 급격히 진행되었다. 그리고 행정적으로도 이곳이 '개발촉진지구'로 지정된 지 4일 후인 1973년 7월 1일자로 영동출장소가 설치되었고, 그로부터 2년 후인 1975년 10월 1일에는 강남구가 탄생했다. 1973년 말 영동1·2지구를 형성하는 양재·도곡·신사·청담·잠원·서초 등의 총인구수는 5만 3,554명이었다. 그런데 개발촉진지구의 효력이 끝나는 1978년 말에는 6개 행정동이 11개 행정동으로 늘어났고, 그 총인구수도 21만 6,797명으로 늘어났다(『서울특별시 통계연보』 1974년도 판 및 1979년도 판 참조). 한 지역의 5년간의 변화치고는 실로 엄청난 것이었고 강남개발이 완전한 궤도에 올라 있음을 알려주고 있다.

강북억제책 – 강남개발촉진책

6·25한국전쟁은 참으로 비참한 전쟁이었지만 그중에서도 가장 비참했던 것은 '한강 건너 피난 가는 길'이었다. 그리고 북쪽으로부터의 남침은 반드시 다시 있다, 그것도 가까운 미래에 있을 수 있다는 불안감을 떨칠 수 없었던 1960~1970년대, 서울시민의 생각은 항상 '전쟁이 나면 어떻게 한강을 건널 것인가'였고 그것은 대통령을 비롯한 위정자도 마찬가지였다.

그러므로 1970년대 서울시 행정의 최대과제는 강북지역으로의 인구 및 산업의 집중억제, 즉 이른바 강북억제책이었다. 강북에 밀집되어 있는 인구와 기업체를 강남으로 이전하는 길, 그것은 강북지역에 각종 시설의 신·증설을 억제하는 것이 가장 급선무라고 인식되었다.

양택식 서울시장이 "사치·낭비 풍조를 막고 도심지 인구의 과밀을 억제키 위해 종로·중구·서대문 등 지역에 바·카바레·나이트클럽·술집(50평 이상)·다방·호텔·여관·터키탕 등 각종 유흥시설 일체의 신규허가는 물론이고 장소이전도 불허하겠다"고 발표한 것은 1972년 2월 8일자 기자회견에서였다. 그리고 서울시는 그로부터 약 2개월 후인 4월 3일자로 종로구 및 중구의 전역, 용산구·마포구의 기존 시가지전역, 성북구·성동구의 일부지역까지 포함한 28㎢(약 840만 평)를 '특정시설제한구역'으로 정했다. 즉 이 지구 내에서는 백화점·도매시장·공장 등의 신규시설 일체를 불허한다는 것이었다.

이 특정시설제한구역 설정은 당시로 봐서는 아무런 근거도 없는, 서울시장의 행정지시에 불과했다. 그러나 그해 10월 11일, 서울시는 한강 이북 기성 시가지 중 85.5㎢(약 2,826만 평)의 광역을 '특정시설제한구역'으로 지정해달라는 신청서를 건설부에 제출했다. 이때 서울시가 제출한 내용은 종로구·중구·마포구 전역, 그리고 용산·서대문·동대문·성북구의 각 일부지역에는 앞으로 제조업체, 300평 이상의 백화점, 고속버스정류장, 도매시장, 대학의 신·증설을 금지할 수 있게 조치해달라는 것이었다.

서울시에 의한 이와 같은 요청을 해결하기 위한 방안으로 도시계획법에 '특정시설제한구역'이라는 제도를 신설한 것은 1972년 12월 30일자 법률 제2434호였다. 이렇게 법률적 장치가 마련되었음에도 불구하고 그 후에도 서울의 도심부가 특정시설제한지구로 지정되지는 않았다. 이런 제도를 함부로 실시하면 자승자박이 될 수도 있으니 공식적인 제도로 하지 말고 서울시의 행정방침으로 밀고 나가는 것이 바람직하다는 것이 중앙정부의 입장이었다.

그와 같은 정부방침에 따라 그 후 서울시에서는 종로·중구 일대에 백화점·도매시장·바·카바레·나이트클럽은 물론 일반요식업도 사실상 허가하지 않았다. 허가를 하지 않은 것이 아니라 아예 서류접수를 하지 않았고 그것을 시민들도 알아차리고 서류를 제출하지도 않았다.

대통령 영부인 육영수 여사가 피격·서거한 것은 1974년 8월 15일이었다. 이 사건은 박 대통령의 안보의식을 한층 더 강하게 했다. 신년에 서울시를 연도순시할 때마다 서울로의 인구집중 방지책을 강조하던 박 대통령은 3월 4일에 있었던 1975년 순시 때는 약간 신경질적 어조로 "도심인구의 강남분산만이라도 빨리 실행하라"고 강조했다. 1975년 당시의 서울시장은 구자춘이었다.

구자춘 시장은 대통령 연두순시가 있은 지 정확히 한 달 뒤인 4월 4일에 '한강 이북지역 택지개발금지조치'라는 것을 발표했다. 즉 앞으로 한강 이북지역에 있는 모든 토지의 형질변경·지목변경을 금지한다는 조치였다. 다시 말하면 한강 이북의 전답이나 임야를 택지로 전환할 수 없다는 조치를 단행한 것이다. 모든 매스컴이 그 내용을 크게 보도했고 많은 일간신문은 사설을 실어 "너무 지나친 것이 아니냐" "완화하는 방법은 없는가"를 호소할 정도의 과감한 조치였다.

특정시설제한조치에 또 한 가지 조치가 뒤따랐다. 1972~1973년에 걸쳐 중구·종로구의 소공·무교·서린·다·도렴·적선·장교의 각동, 을지로 1·2가, 서울역-서대문로터리, 남대문로3가, 태평로2가, 광화문·남창동 등에 걸친 엄청난 광역이 재개발지구로 지정됨으로써 이 지역일대에 일반 건축물의 신축·개축·증축이 금지된 것이었다.

강북억제책이라는 것은 바로 강남개발촉진책이었다. 강북억제책이 강력히 추진되는 동안 천천히 또는 급격히 변화가 일어나고 있었다. 그 변화 중에서 가장 빠르게 그리고 두드러지게 나타난 현상이 있었으니, 그것은 바·카바레·룸살롱·고급요정 등의 입지였다. 특정시설제한구역의 설정과 광역에 걸친 도심부 재개발지구 지정으로 가장 큰 타격을 받은 것은 중구 다동·무교동을 중심으로 한 바·카바레·술집들 그리고 종로구 공평동·인사동 등을 중심으로 한 고급요정들, 이른바 접객업소였다. 그리하여 그들의 시선은 아무런 규제가 없을 뿐 아니라 각종 세금도 감면해주는 강남 쪽으로 옮겨졌고 서서히 이전 또는 신규입지를 시도하기 시작했다.

특히 1970년대만 하더라도 제3한강교가 오늘날처럼 붐비지 않았고 여기저기 빈 땅이 산재하여 주차하는 데도 편리했다. 신사동·논현동·압구정동·역삼동 일대에 엄청나게 많은 접객업소가 입지하게 된 배경에는 이러한 사정이 있었던 것이다.

1995년도 『서울시통계연보』를 보았더니 다방·제과점 등 휴게음식점 업소수에서 강남이 1만 1,374개로 시내 25개 구 중에서 단연코 1위(서울 11만 5,530개), 일반음식점수에서도 강남은 9,043개로 단연코 1위(서울시 9만 3,124개), 단란주점영업소도 676개로 역시 제1위였으며(서울 4,410개) 요정·룸살롱 등 유흥주점수도 강남은 200개로서 다른 구의 추종을 불허하는 뛰어난 제1위였다(서울 1,470).

50평 이하 토지분할금지조치

1970년대의 전반의 영동1·2지구 및 잠실지구 합계 1,250만 평의 대규모택지를 구획정리사업으로 실시하고 있던 서울시 도시계획 당국은 1972년 11월에 또 한 번 획기적인 조치를 취한다. 바로 건물부지의 최소면적을 50평(165㎡)으로 하는 조치였다.

건축법상의 거주용 건물부지 최소면적은 예나 지금이나 27평(90㎡)이다. 그러므로 어떤 사람이 58평짜리 땅을 가지고 있어 이를 29평씩으로 분할하여 2동의 주거를 짓겠다면 이를 허용해왔고 지금도 그것을 허용하고 있다. 그런데 영동·잠실지구에 이상적인 신시가지를 조성하겠다는 의욕에 차 있던 당시의 서울시 기획관리관 겸 도시계획국장 손정목이 양 시장의 결재를 받아 이 지구의 건축부지 최소면적을 50평(165㎡)으로 제한했던 것이다. 1972년 11월 15일이었다(≪동아일보≫ 1972년 11월 15일자 기사). 이 조치로 이 지구 내에 120평의 토지를 가진 자가 이를 60평씩 분할하는 것은 허용하되 95평의 토지를 가진 자가 이를 47.5평씩으로 분할하는 것은 허용하지 않게 된 것이다.

그리고 이 조치를 취한 서울시 도시계획 당국은 그 후 약 한 달이 지난 12월 14일에 또 하나의 조치를 취했다. 즉 앞으로 영동·잠실 양 지구에 세울 모든 건축물의 건축규모(1층 바닥면적)를 최소 20평(66㎡)으로 제한하는 동시에 건폐율도 40%로 제한한 것이었다(≪동아일보≫ 1972년 12월 14일자 기사). 즉 50평의 토지를 가진 자는 1층 바닥면적 20평짜리 건물을 지을 수 있다. 그러나 20평 이하도 안 되고 그 이상도 안 된다는 조치였다. 건축을 하고 남는 30평은 정원을 만들거나 차고로 이용토록 하는 조치였다. 오늘날의 강남·서초 그리고 송파지구의 건물들이 다른 구의 건축물에 비하여 여유가 있고 부유한 고급주택으로 채워진 데는 바로 당시 서울시 도시계획 당국의 이와 같은 용단이 있었던 것이다.

이 조치가 취해졌던 1972년 당시 우리나라 국민 1인당 소득수준은 평균 310달러 정도였다. 그리고 주택난이 심각하여 1가구당 주거 평균면적은 10평(33㎡)도 안 되는 것으로 집계되고 있었다. 그러한 시대에 대지 최소면적 50평, 주거용 건물 최소면적 20평이라는 규제는 국민경제의 실정을 모르는 조치라는 비난을 받았다. 그러나 이미 시대가 달라지고 있었다. 우리라고 언제까지나 빈곤의 굴레에 머물러 있을 것인가. 이 50·20평 규제의 창안자인 나는 20세기가 다 가고 있는 이 시점에서 생각해도 정말 잘한 조치였다고 자랑하고 싶어진다.

영동지구 즉 현재의 강남·서초 두 개 구에 걸친 대대적인 개발은 김현옥 시장이 시작하여 양택식 시장이 인계받아 발전시켰다. 영동1지구 개발은 '경부고속도로 부지의 무상취득'이라는 것이 그 배경에 있었다. 또 영동2지구 개발에는 '정치자금 조성과 상공부단지'라는 것이 그 주된 배경이었다.

900만 평이 넘는 이 광역의 개발은 김·양 두 시장에 의해서만 완료될 수가 없었다. 영동1·2지구 개발이 마무리된 데는 구자춘 시장(1974. 9. 2~1978. 12. 20)에 의한 '다핵도시구상'이라는 것이 그 배경에 있었다.

이 글은 이것으로 끝내고 그 뒷부분은 '다핵도시'를 다루는 글로 미루기로 한다. 거기에서 ① 지하철 순환선 건설, ② 고속버스터미널 입지, ③ 영동아파트지구 개발계획, ④ 강북학교의 이전, 8학군 형성, ⑤ 강남·서초구의 창설 등이 다루어질 것이다.

(1997. 8. 20. 탈고. 1998. 7. 15. 수정)

참고문헌

대한주택공사. 1979,『大韓住宅公社二十年史』, 대한주택공사.

道路公社. 1980,『韓國高速道路十年史』, 道路公社.

서울특별시. 1984,『서울 區劃整理沿革誌』, 서울특별시.

沈瀜澤 編. 1972,『自立에의 意志-박정희 대통령어록』, 한림출판사.

현대건설. 1982,『現代建設三十五年史』, 현대건설.

당시의 신문 및 官報, 年報 등.

잠실개발과 잠실종합운동장 건립

입체적 도시설계로 주택건축의 모범

1. 잠실 공유수면 매립공사

개발되기 이전의 잠실섬

잠실섬은 오랜 세월에 걸친 모래의 퇴적으로 한강 하류에 생긴 하중도(河中島)였다. 몇천 년이니 몇만 년이니 하는 세월이 아니었을 것이다. 몇십만 년이니 몇백만 년이니 하는 아득한 세월의 퇴적이었다.

원래는 광진구 자양동 남쪽에 붙은 반도였던 것이 어느 해인가의 큰 홍수 때 반도의 허리가 잘려서 섬이 되었다고 한다. 그리고 반도의 허리를 잘라 새로 흐르게 된 내를 새내(新川)라고 불렀고 그것이 잠실섬의 북쪽 흐름이라고 한다. 원래는 섬의 남쪽으로만 강물이 흘렀다는 것이다. 그렇다면 반도를 잘라 새로운 내가 흐르게 될 정도로 큰 홍수가 난 것은 어느 때였던가에 관해서는 아무런 기록도 남아 있지 않다. 그 역시 "아득한 옛날의 어느 해"였다는 것이다.

이 섬의 마을이름이 처음으로 나타나는 것은 정조 13년(1789년)에 편찬된 『구총수』라는 책에서인데 '경기도 양주군 고양주면' 내에 광진리·자마장리(자양리)와 더불어 '신천리·잠실리'라는 이름으로 등장한다. 그리고 일제시대 때인 1914년에 있었던 대대적인 행정구역 개편에서 화양·군자·구의·광장 등의 마을과 더불어 경기도 고양군 뚝섬면에 속하게 된다.

잠실섬 바로 서쪽에 부리도(浮里島)라는 섬이 있었다. 잠실섬과 강바닥이 붙어 있어 갈수기에는 하나의 섬이었다가 비가 와서 강물이 불면 독립된 섬이 되었고 홍수가 나면 잠겨버리는 섬이었다. 부리도는 이렇게 사실상 잠실섬의 일부였음에도 불구하고 잠실섬과는 따로 다루어야 할 이유가 있다. 일제시대 신천리·잠실리가 고양군 뚝섬면에 속했던 데 반해 부리도는 송파리·석촌리와 더불어 광주군 중대면에 속했기 때문이다.

조선왕조 전기, 정확히는 세종 때부터 임진왜란이 일어나기 전까지, 잠실섬에는 무성한 뽕나무밭이 있었고 누에치기가 성행했으니 이른바 서울근교의 '동(東)잠실'이었다. 이 동잠실이 신촌 연희궁 일대의 서(西)잠실과 더불어 이 나라 유수의 잠실이었음은 여러 기록에도 있고 섬이름 자체가 그것을 말해주고 있다. 그러나 조선왕조 후기로 오면서 잠실섬에서의 양잠의 기록은 자취를 감추어버렸다. 되풀이되는 홍수 탓에 누에를 칠 방법이 없어졌기 때문이다.

해마다 두세 차례씩 강물이 범람했고 10여 년에 한 번 정도씩은 섬 안의 뽕나무가 송두리째 뽑혀 흘러내려갔을 터이니 감당할 방법이 없었을 것이다. 그리하여 서울의 동잠실은 잠실섬이라는 이름만을 남긴 채 자취가 없어졌고, 그 대신에 지금의 서초구 잠원동에 신(新)잠실이 생겨 일제 말기까지 계속되었다.

오늘날 서울시를 구성하는 25개의 구 중에는 1910년대부터 경성부였던 지역이 있는가 하면, 1936년의 구역확장 때 경성부에 편입된 지역이 있고, 광복 후인 1949년과 1963년에 편입된 지역도 있다. 잠실섬을 포함한 고양군 뚝섬면은 광복 후인 1949년에 서울시에 편입되었고 오늘날의 강동구·송파구·강남구·서초구는 1963년에 편입되었다.

일제의 경성부(京城府)는 1936년에 행정구역확장을 하면서『경성부 행정구역확장조사서』라는 매우 귀중한 자료를 발간했다. 1934년에 발간된 것이다.

1936년의 구역확장 때 서울의 동부지역에서 경성부에 편입된 것은 중랑천까지였다. 성동구의 경우는 성동교까지였고 그 동쪽에 위치한 뚝섬면은 제외되었다. 그러나 다행히『경성부 행정구역확장조사서』에는 뚝섬면에 관해서도 조사를 했고 그 결과 뚝섬면에 속한 신천·잠실 두 개 마을에 관한 자료를 남겨주고 있다. 1934년 당시 잠실섬 안의 신천·잠실 두 마을의 상황은 다음의 표와 같다.

1934년의 신천·잠실리 모습

구분	신천리	잠실리
총면적	5,443,614㎡	1,470,353㎡
주거가능면적	1,520,284㎡	1,180,353㎡
가구수	62가구	35가구
인구수	384명	201명
밭	112.4정보	81.7정보
논	-	-
대지	4.0정보	3.6정보
잡종지	-	-
산림·임야	-	-
기타	66.9정보	9.1정보

* 자료:『경성부 행정구역확장조사서』, 경성부, 1934.

이 표를 통하여 1930년대 전반 신천·잠실 두 마을의 모습을 추측해보자. 첫째, 특히 신천리의 경우는 엄청나게 넓은 하천부지를 포함하고 있었고 따라서 주거가능 면적의 넓이는 그렇게 넓지 못했다.

둘째, 신천·잠실 두 개 동리를 합쳐도 97개 가구 585명의 인구밖에 거주하지 않았으며, 특히 주목할 점은 단 1명의 일본인도 거주하지 않았고 논도 없었다는 점, 즉 고양군 독도면의 신천·잠실 두 개 동리에는 동척(東拓) 땅도 없었고, 주민은 1가구당 평균 약 2만㎡(약 6천 평) 정도의 척박한 밭에 매달려 빈한한 생활을 하고 있었다.

셋째, 잡종지도 임야도 없는 점으로 봐서 뽕나무는 오래 전에 멸종되었고, 누에치기를 하는 가구는 전혀 없었음을 알 수가 있다.

6·25한국전쟁이 일어날 때까지 잠실섬 주민들의 주된 생업은 밀·수수·메밀의 경작이었다. 토지가 척박했으니 밀과 메밀 같은 것밖에 생산되지 않았다. 그러나 한국전쟁은 잠실주민들의 경작형태를 바꾸어버렸다. 미군이 불하한 화물자동차가 다니게 되면서 잠실은 서울의 근교농촌이 될 수 있었다. 그들이 재배하는 농작물은 무·배추·시금치·파·참외·수박·땅콩으로 바뀌었다.

그리고 남자 청·장년들은 나룻배를 타고 뚝섬·성수동으로 출퇴근하게 되었다. 성수동 일대에 들어선 크고 작은 공장들이 그들의 노동력을 필요로 했던 것이다. 1960년 12월 1일 현재로 실시된 인구·주택 센서스 결과 신천·잠실 두 개 마을 주민은 모두 908명이었고, 58%에 해당하는 523명이 1차 산업(농업)에 종사했고 2차·3차 산업이 각각 184·194명이었다. 2·3차 산업이라는 것은 섬 밖으로의 출퇴근자였던 것이다.

그러나 1960년대 말까지 대다수의 서울시민은 서울시에 잠실이라는 지역이 존재한다는 사실조차 모르고 있었다. 1960년대 말의 시민들이 인식했던 동쪽의 끝은 겨우 뚝섬과 광나루 정도였다. 뚝섬 바로 앞에 잠실이라는 이름의 엄청나게 덩치가 큰 모래섬이 존재한다는 것을 알고 있는 사람은 뚝섬-광나루에 거주하는 사람들 아니면 뚝섬유원지에 놀러

개발되기 이전의 잠실섬.

가서 자기 눈으로 직접 모래섬을 확인하고 온 사람들뿐이었고, 대다수 시민들은 '잠실'을 거의 인식하지 못하고 있었던 것이다.

평소에는 의식하지도 않는 '잠실'을 문득문득 떠오르게 하는 사건은 해마다 되풀이되는 여름철의 홍수였다. 한강 상류에 다목적댐이 건설되기 전, 여름철의 한강 홍수는 매년 두 번 정도씩 빠짐없이 찾아오는 연례행사였다.

유명한 을축년(1925년) 홍수 때는 섬 전체가 한뼘의 땅도 남기지 않은 채 탁류에 잠겨 도괴·유실되어버렸고, "물이 빠진 뒤에는 퇴적한 모래와 진흙 때문에 도로와 마을의 형적도 알 수 없을 정도로 황량한 모래벌판으로 변했으며 겨우 포플러나무와 폐재(廢材)의 퇴적에 의하여 이곳이 마을이 있었던 터전임을 추측할 수 있게 할 뿐이다"라고 기록되어 있다(조선총독부, 『近年에 있어서의 朝鮮의 風水害』, 1925, 196쪽).

을축년 홍수만큼 크지 않았지만 매년 7월에서 9월까지 홍수는 빠짐없이 찾아왔고 그때마다 잠실주민들은 세간을 그대로 남겨둔 채 섬 밖으로 피난을 떠났다. 그러나 개중에는 미련한 사람도 있어 물이 차오를 때까지 피난을 못 가서 "미군 헬리콥터가 긴급출동해서 구조했다"는 소식이 한밤중 라디오 전파를 타고 시민들에게 알려졌다. 그때마다 시민들은 "그렇지. 잠실이라는 곳이 있었지. 구조가 되어서 다행이야"라며 안도의 한숨을 쉬었다.

개발되기 이전의 송파지역

송파(松坡)라는 지명이 언제부터 생겼는지는 알 수가 없지만 아마 고려시대 이전이었을 것이다. 그리고 분명히 그때의 그 언덕(坡)은 모래땅인 데다 소나무가 무성했을 것이다. 아스라이 태고적부터 한강은 흘렀고 강변 모래언덕에 사람이 살았다. 한반도에서 신석기시대, 청동기시대를 통해서 적잖은 사람들이 집단으로 거주하고 있었다는 흔적을 비교적 뚜렷이 남기고 있는 지역이 바로 송파지역이다.

백제시대 하남위례성(河南慰禮城)의 터전이 현재의 풍납토성·몽촌토성 일대였다는 점, 한강을 사이에 두고 고구려·백제·신라의 영토전쟁이 치열하게 전개되었다는 점, 병자호란 때 청군에게 굴욕적인 항복을 하고 청 태종의 공덕비가 세워지게 된 경위 등은 모두 생략해버린다. 그것만 가지고도 충분히 한두 권의 책이 되기 때문이다.

고려·조선시대를 통하여 수도인 개성이나 한성에서 충청도·경상도로 가는 대로는 언제나 살곶이다리-뚝섬나루-송파나루를 잇는 길이었다. 그리하여 조선왕조 말기의 송파나루는 강원·충청·경상 각 지방에서 모여들고 흩어지는 물자흐름의 중심지였고, 이른바 송파상인은 오강(五江)

상인이나 4대문 안 특권상인들과 겨룰 정도의 큰 세력을 이룰 수 있었다. 조선왕조 말기까지 송파장시(場市)는 5일장이 아니라 다수의 상설점포를 벌이고 있었다. 그 당시의 상설점포는 특권시전이었던 운종가(종로)를 제외하고는 온 나라 안에 송파장시밖에 없었다.

그러나 철도가 놓이고 신작로라는 것이 만들어지는 20세기의 초부터 1960년대의 말까지, 송파·석촌·가락·거여 등의 이름을 단 이 지역일대는 고요히 숨죽인 채 세월의 흐름을 기다릴 수밖에 다른 방도가 없었다. 일본인 지주의 소작도 했고 일본인 과수원의 머슴살이도 했다. 문자 그대로 인고의 세월이었다.

그런데도 한강은 소리 없이, 그리고 끊임없이 흘렀고 여름철이면 거의 예외 없이 홍수라는 시련을 이 고장사람들에게 안기고 스쳐갔다. 그중에서도 을축년 대홍수는 처참했다. 가옥과 전답 모두가 수몰되었고 곳곳에서 적잖은 인명피해가 났다.[8)]

광복의 기쁨은 이들 마을에도 찾아왔고 6·25의 전란이 이들 지역에도 스쳐갔지만, 겉으로는 여전히 고요하고 평화로웠던 이 고장에도 큰 변화가 일어나게 되었다. 경기도 광주군 중대면이었던 이 지역일대가 서울시 행정구역으로 편입된 것이 그 시작이었다. 1963년 1월 1일자로 종전까지의 '광주군 중대면사무소'라는 간판 대신 '서울특별시 성동구 송파출장소'라는 간판이 달리게 되었다. 1963년 12월 1일 현재로 조사한 오늘날 송파구를 형성하는 각 동별 가구수·인구수는 다음과 같다.

---

8) 개발의 물결에 밀려 원래 서 있던 자리에서 옮겨져 지금은 송파동사무소 앞에 묵묵히 서 있는 '을축년대홍수기념비'는 홍수로 마을 자체가 송두리째 없어진 것을 기념하기 위한 비석이지만, 이 비에는 그때의 홍수로 피해를 입었던 송파·풍납·석촌·거여 등 각 마을주민들의 원한이 모두 새겨져 있다.

1963년 송파구의 가구수·인구수

동명	가구수	인구수	동명	가구수	인구수
신천동	140	908	잠실동	56	383
성내동	952	5,520	풍납동	540	2,756
송파동	302	1,797	석촌동	167	1,017
가락동	146	940	이동	246	2,484
방이동	115	655	오금동	164	1,063
문정동	145	898	장지동	150	932
거여동	140	831	마천동	89	560
계 3,352 가구		20,744명			

*자료: 『제4회 서울시통계연보』, 1964. 6.

무허가건물 대량 이주정책 – 광주대단지사업

송파지역의 변화를 가져온 두 번째 요인은 광주대단지사업이었다. 공유수면 매립공사보다 먼저 시작된 대규모 사업이었다.

잠실·송파지역의 오늘날의 모습이 있기까지에는 여러 가지 복합적인 요인이 작용하고 있다. 그중에서도 광주대단지(현 성남시) 개발은 송파지역 개발을 촉진한 가장 중요한 요인 중의 하나였다.

6·25한국전쟁을 거치면서 서울시내에 무허가 불량건물이 세워지기 시작했고 그 수는 하루가 다르게 늘어나고 있었다. 한국전쟁 중 그리고 전쟁이 끝나고 난 뒤, 이른바 자유당 정부 말기에서 제2공화국까지의 정부 통제력은 느슨하기 짝이 없었다. 가히 무정부상태나 다름없었다. 행정력이 느슨한 틈을 타서 서울의 무허가건물은 늘고 또 늘었다. 흡사 독버섯이 늘어나는 것이나 다름없었다. 처음의 100여 동이 1천 동이 되고 1만 동, 2만 동이 되었다. 1961년에는 약 8만 8천 동으로 추정되었고 1964년에는 11만 6천여 동으로 추정되었다. 무허가건물 전수조사가 실시된 것은 김현옥 시장이 부임한 직후인 1966년 6월 말이었는데 13만 6,650동에 이르러 있었다. 그러나 조사의 정확도는 의심할 바가 있어

그 실수는 훨씬 더 많았을 것이다.

그칠 줄 모르고 늘어나는 무허가건물은 당시의 마음 있는 위정자들에게 공통된 걱정거리였다. 특히 박정희 대통령의 심려는 대단하여 기회 있을 때마다 그 대책을 강하게 지시했다. 그리하여 김현옥 시장은 13만 6,650동이라는 숫자를 근거로 그중 4만 4,650동은 이른바 양성화라는 현지개량을 하고, 나머지 9만 동은 시민아파트를 건립하여 이주시키거나 서울시역 밖에 대규모 주택단지를 조성하여 이주 정착시키기로 결정했다.

송파출장소 관내 바로 남쪽에 붙은 경기도 광주군 중부면 수진리를 중심으로 한 일대 300만 평의 땅이 서울시에 의한 대규모 주택지 경영사업 대상지로 결정된 것은 1968년 5월 7일자 건설부고시 제286호에서였다. 이때부터 '광주대단지사업'이란 이름의 실로 벅차고 험난한 작업이 시작되었다. 행정구역이 서울특별시가 아닌 경기도에 300만 평의 토지를 매입하여 거기에다 10만 가구 55만 명을 수용하는 인공도시를 만든다는 계획이었다.

서울시는 여러 가지 어려움을 겪어가면서 이 단지 예정지 토지를 매입해갔으며, 우선 매입된 토지를 대상으로 단지 조성공사를 시작했다. 1969년 3월 4일부터의 일이다. 초석건설(주)이라는 토건회사로 하여금 중부면 수진리 일대 50만 평의 정지작업과 간선도로, 하천개수사업 등을 하도록 했다. 광주대단지 조성사업에는 초석건설(주) 외에 삼덕실업(주)과 대림산업(주)이 참여하여 1971년 8월 10일까지 모두 160만 평에 달하는 택지를 조성했다.

광주대단지에 최초로 입주한 주민은 용산역 주변을 비롯한 철도연변 무허가건물 철거민 3,301가구였으며 1969년 9월의 일이다. 서울시는 이들에게 한 가구당 20평씩 모두 6만 6,020평을 분양했다. 그리고 그 뒤부터 철도연변 철거민뿐 아니라 각 구청에서 철거된 무허가건물 입주자들도 속속 정착하게 되었다. 이렇게 광주대단지에 보내진 철거민들은 우선 자기에게 나누어진 황무지나 다름없는 땅 20평에 움막을 치고 정착했다.

여기서 또 되풀이하지만, 광주대단지 경영사업은 서울시 입장에서는 너무나 벅찬 사업이었다. 토지매입이나 토지조성 사업도 어려운 일이었지만 그 밖에도 여러 가지 애로가 있었다. 그중에서도 가장 컸던 것이 경기도 외딴 곳에 버려졌다는 이주자들의 고립감, 그리고 모도시인 서울에의 접근이었다. 비록 대단지에 이주시키기는 했으나 철거민의 생활근거지는 서울이었다. 아침이면 서울에 나가서 일하고 저녁에 대단지로 돌아가야 했다. 단지사업을 처음 시작했을 때 서울에서 대단지로의 접근은 강동구 천호동까지 버스를 타고 가서 거기부터는 걸어서 갈 수밖에 없었다.

천호동에서 대단지까지는 넓이 6~7m 정도의 포장도 안 된 외길이 있을 뿐이었다. 서울시는 우선 1억 1,500만 원을 투자하여 1만 1,700m에 달하는 이 길을 포장하여 버스를 통행시켰지만, 이 길을 이용하면 을지로 5가까지 최소한 1시간 30분이 소요될 뿐 아니라 버스요금도 시내요금의 2배를 물어야 했다.

서울시는 1970년에 4억 9천만 원의 예산으로 광주대단지에서 말죽거리에 이르는 넓이 30m, 길이 8,500m에 이르는 도로를 새로 개설했다. 당시의 길 이름은 대곡로였으나 지금은 헌능로라고 불리는 이 길은 광주대단지부터 을지로 5가까지의 시간거리를 단축시키기 위해서 개설된 도로였다.

대단지 주민들의 고립감 즉 그들의 외로움을 달래기 위해서는 강북시가지와 대단지를 연결하는 도로와 교량을 하나 더 건설하는 한편, 기존 시가지와 대단지 사이에 신시가지를 건설함으로써 대단지를 서울시와 사실상 연결시키는 방안이 논의되었다. 잠실 공유수면 매립, 잠실섬의 육속화와 잠실대교의 가설 등이 심각하게 논의된 것은 1969년 하반기부터였고, 1970년대 4월에 양택식이 서울시장으로 부임하고부터는 더욱 진지하게 논의되었다.

우선 잠실대교 가설공사가 착공되었다. 1971년 1월이었다. 즉 잠실대교는 물론 장차의 잠실지구 개발을 위한 것이었지만, 우선은 광주대단지와의 접근을 쉽게 하는 것이 그 첫째 요인이었다. 즉 광주대단지 주민의 마음을 달래기 위해 부랴부랴 착공한 사업이었다. 잠실·송파지구 개발의 바람은 이렇게 어깨너머에서 먼저 불어왔던 것이다.

잠실 공유수면 매립공사에 얽힌 거액의 정치자금

바다나 하천을 이루는 땅은 개인의 소유권이 인정되지 않고 모두가 국가의 소유로 귀속된다. 이렇게 물이 차지하여 국가의 소유인 땅을 공유수면(公有水面)이라는 말로 표현한 것은 일본인들이었다. 일본에서 공유수면매립법이라는 것이 입법된 것은 1921년이었다. 그리고 조선총독부가 '조선공유수면매립령'이라는 것을 제정 공포한 것은 1923년 4월이었다. 배를 만드는 공장 즉 조선소를 만들려면 바다의 일부를 막아야 하고, 수리조합(농지개량조합)이 하천의 일부에 제방을 쌓아 대규모 농토를 조성하는 등의 행위가 바로 공유수면매립이라는 사업인데 그것은 처음부터 수익을 올리는 사업 즉 이권사업이었다.

이 글을 쓰면서 일본의 공유수면매립법을 찾아보았더니 공공의 이익이니 국민경제의 발전이니 하는 수식어는 한마디도 찾을 수가 없었다. 그런데 우리나라의 법 즉 '1962년 1월 20일자 법률 제986호 공유수면매립법'은 제1조에 "공유수면을 매립하여 공공의 이익을 증진하고 국민

경제의 발전에 기여함을 목적으로 한다"라고 시작하고 있다. 이렇게 눈가리고 아웅하는 거짓말이 아직도 그대로 시행되고 있다.

제방이 없던 곳에 새 제방을 구축하거나 먼저 있던 제방보다 안으로 제방을 새로 쌓아 그 사이에 생기는 대량의 토지를 팔아 떼돈을 챙기는 일을 처음으로 시도한 것은 바로 서울시였다. 한강대교 남단에서 영등포 입구에 이르는 너비 20m, 길이 3,720m의 제방도로가 착공된 것은 1967년 3월 17일이었고 그해 9월 23일에 준공되었다. 서울의 자동차 전용도로 제1호인 동시에 통행하는 데 요금을 내는 유료도로 제1호였다.

그런데 이 제방도로는 희한한 것을 낳았다. 즉 새로 생기는 제방도로와 기존의 제방 사이에 2만 4천 평이라는 새로운 택지가 생긴 것이다. 한강에 제방을 새로 쌓거나 제방을 안으로 들여쌓으면 대량의 택지가 조성된다는 사실, 즉 한강연안이 황금의 알을 낳는 거위라는 사실이 김현옥 시장에게 한강개발3개년계획, 여의도윤중제 공사를 결심하게 했다.

그리고 그것은 동시에 이권을 찾아 헤매던 많은 '업자'들을 자극했다. 그로부터 10년간 즉 1960년대 후반에서 1970년대 전반에 걸쳐 한강연안은 마치 이권쟁탈의 춘추전국시대를 방불케 했다. 국내 굴지의 건설회사들이 끼어들었고 국영기업체인 수자원개발공사가 합세했다. 고급장성 출신도 종교단체도 모여들었다. 압력도 있었으며 정치자금도 수합되었다. 국가기간사업 수행을 위한 자금조달이라는 명목도 있었다. 하기야 한강의 경우는 그 모두가 한강개발사업의 일환이었으니 크게 보면 '공공의 이익'이었고 '국민경제의 발전에 기여'하는 것이었다.

1960년대 후반에 시작하여 1970년대 전반까지 약 10년간 한강연안의 구석구석이 공유수면매립으로 그 모습을 바꾸었다. 천주교 절두산교회 같은 소규모도 있었고 경인개발㈜에 의한 반포지구처럼 대규모도 있었다. 동부이촌동과 그 대안의 흑석동·반포지구, 서빙고동과 압구정동, 구의동지구 등 이렇게 메워가다가 마지막에 걸린 것이 잠실이었다.

잠실섬은 그 면적이 넓어 공유수면매립을 하더라도 민간업자보다는 서울시가 직접 하는 것이 합리적인 곳이었다. 서울시는 1969년 1월 21일자로 건설부에 잠실지구 공유수면매립 인가신청서를 제출했다. 이 신청에 대해 건설부는 "강너비가 좁아지면 통수단면(通水斷面)에 변동이 생기므로 큰 홍수 때 견딜 수 있을지 의문이다. 서울지역 한강 하류부의 수리모형시험 결과를 보고 난 뒤에 검토하기로 하자"라는 명분으로 반려했다.

서울시는 그 후에도 재신청을 거듭했으나 응답이 없다가 1970년 7월 23일자로 서울시가 다시 제출한 인가신청서에 대하여 8월 26일에 회신이 왔다. "이 사업은 서울시가 직접 시행하기보다는 민자사업으로 시행함이 바람직하다"라는 회신이었다. "왜 민자사업으로 하는 것이 바람직한가"라는 점에 관한 이유는 제시되지 않았다. 건설부의 그와 같은 회신의 배후에 정치자금 조성을 둘러싼 알력과 흥정이 있었던 것이다.

박정희 대통령 시대 즉 제3·4공화국 시대에도 정치자금은 조달되었다. 국가의 경제규모가 크지 않은 시대였으니 그 과정에는 적잖은 무리도 있었고 후유증도 있었던 것으로 알고 있다. 그런데 박 대통령의 정치자금 수합에는 특징이 있었다. 대통령이 기업가로부터 직접 받는 일은 하지 않았다는 것이다.

여러 가지 경로가 있었다. 첫 번째가 부총리 겸 경제기획원장관이 거두는 수법이었다. 오늘날 이 나라에서 재벌 또는 대기업이라고 하는 기업군은 거의가 제3·4공화국 때에 형성되었다. 그리고 그것은 크게 세 가지, 즉 외자도입과 특혜융자, 세금우대정책을 통해 형성되었다. 그 세 가지 모두를 부총리 겸 경제기획원장관이 관장하고 있었다. 예를 들면 외자를 도입하는 경우 그 총액의 몇분의 1은 정치자금으로 제공한다는 것이 상례였다.

두 번째는 여당인 공화당의 재정위원장이 거둬들이는 수법이었다. 지금은 어떤지 모르지만 제3·4공화국 당시 중앙정부와 국영기업체, 그리고 서울시가 발주하는 대규모 건설공사는 거의가 수의계약이 아니면 지명 경쟁입찰이었다. 일반 경쟁입찰이라는 것은 없었다고 해도 과언이 아니다. 그리고 그 업자배정은 공화당 재정위원장의 전담사항이었다. 즉 공사마다 일정비율의 정치자금이 제공되었고 공사는 그 규모에 따라 각 업자에게 골고루 배정되는 것이 관례였다. 재정위원장은 이렇게 제공된 정치자금의 일부를 청와대에 상납하고 나머지는 당 운영비로 사용했다. 그러므로 역대 당 재정위원장은 김용태·김성곤·김진만 등의 거물이 맡았고 당에서의 비중은 원내총무니 사무총장이니 하는 이른바 당 3역보다도 더 큰 것이었다. 김용태는 민간인으로서 5·16쿠데타에 참여한 주체세력이었고 김성곤은 쌍용그룹의 창업자, 김진만은 동부그룹의 창업자이면서 당 운영의 재정책임자였으니 비중이 클 수밖에 없었다.

세 번째는 연말 또는 추석에 내는 연례적인 떡값이었다. 이 떡값은 청와대 비서실장·경호실장을 통해서 상납되었다.

그 밖에도 중앙정보부장이나 서울특별시장이 거둬서 상납하는 일도 있었다. 그리고 그와 같은 정치자금 수합·상납의 이면에는 대통령에 대한 충성심 경쟁이라는 것이 있었음은 당연한 일이다. 또 그 정치자금 수집에는 각자의 세력권이라는 것도 형성되었다. 일반기업체로부터는 경제기획원장관, 건설업체로부터는 공화당 재정위원장이라는 식의 영역이었다. 당시의 대규모 기업체에는 이 정치자금을 상납하는 전임중역이 있을 정도였고, 그 기업체 내에서의 직함도 사장급이었다. 그것은 '술상무'라는 것이 있는 것과 같은 이치였다.

그런데 1969년 하반기의 어느 날, 김학렬 부총리 겸 경제기획원장관으로부터 대규모 건설업체 대표이사(회장·사장) 5명에게 연락이 갔다. 현대건설·대림산업·극동건설·삼부토건·동아건설의 대표이사들이었다. 그 다음날 몇 시에 경제기획원장관실로 들어오라는 것이었다. 정주영(현대)·이재준(대림)·김용산(극동)·조정구(삼부)·최준문(동아) 등 5명에게 김학렬 부총리가 요구한 것이 거액의 정치자금이었다.

1969년 9월 14일에 국회 제3별관에서 대통령 3선을 인정하는 개헌안이 전격 가결되었고, 그해 10월 17일에는 개헌안 찬반을 묻는 국민투표가 실시되었다. 또 이 개헌안에 따라 대통령 선거, 국회의원 선거가 실시된 것은 1971년 4월과 5월이었다. 아마 1969~1971년은 대통령 정치자금이 특별히 많이 필요했을 것이고 따라서 김 부총리가 일반기업체라는 자기의 고유영역을 넘어 건설업체에게까지 정치자금을 요구했을 것이다.

김 부총리의 요구에 대해 건설업체 대표들은 강하게 반발했다. “우리는 공사를 수주할 때마다 공화당 재정위원장에게 정치자금을 상납하고 있다. 그런데 경제기획원장관이 또 정치자금을 상납하라는 것은 사리에 맞지 않는 일이다”라는 반발이었다. 그때 김 부총리가 정치자금 대신 제시한 이권이 ‘잠실 공유수면 매립공사’였다. 잠실섬의 남쪽 흐름을 막아 육지와 연결시키고 북쪽에 제방을 쌓으면 섬은 없어지는 대신에 엄청난 양의 택지가 조성된다는 것이었다. 그것은 엄청난 이권이었다. 5대 회사 대표이사들은 선뜻 그 제의를 받아들이면서 부총리가 요구한 정치자금을 약속했다.

대규모 건설회사들에게 공유수면 매립공사라는 것은 정말 땅 짚고 헤엄치는 사업이었다. 국유하천에 제방을 쌓고 폐천이 된 하천부지를 택지로 조성한다, 그것도 건설업 비수기인 겨울철, 12월부터 4월까지 놀고 있는 중장비와 노동력을 이용하여 우선 첫해에는 제방만 쌓아놓고 쉬었다가 다음해 건설 비수기에 모래를 갖다 퍼부어 택지를 조성한다, 이렇게 조성한 땅은 국영기업체나 정부투자기관에서 일괄 매수해간다, 일괄 매수해가지 않으면 자기들이 아파트단지를 조성해서 일반에게 분양한다. 절대로 손해를 보는 일이 없는 이권사업이었다. 이 나라 굴지의 건설회사들은 이런 장사를 되풀이하여 정권이 바뀔 때마다 몇십 억 몇백 억 원의 정치자금을 뿌리면서 비대해졌고, 그룹이 되고 재벌이 되어 마침내 국가경제 전반을 좌지우지하게 된 것이다.

현대건설·대림산업·극동건설 등 3개 회사가 반포지구 18만 9,356평의 공유수면 매립공사 면허를 얻어낸 것은 1969년 전반이었다. 이 3개 회사는 경인개발(주)이라는 회사를 공동출자로 설립하여 1970년 7월 25일부터 반포지구 매립공사를 시작했다. 이 매립공사가 준공된 것은 1972년 6월이었고 조성된 대규모 택지는 대한주택공사가 일괄 매입했다. 지금 구 반포 일대의 대규모 아파트단지가 바로 그때 공유수면매립으로 조성된 택지이다.

1969년 가을, 거액의 정치자금 제공에 대한 보상으로 5대 건설회사가 잠실섬 공유수면 매립의 이권을 얻었다는 사실을 안 김현옥 서울시장은 노발대발했다고 한다. 김 시장의 입장에서는 잠실섬 공유수면 매립면허는 서울시장의 권한이었고, 정치자금을 수합해서 윗분에게 상납하는 일도 자신에 의해서 이루어져야 했다는 강한 인식이 있었다.

대한민국 정부가 수립되고 50년간 실로 숱한 고급관료가 정부요직을 거쳐갔다. 숱하게 많은 고급관료들 중에서 가장 개성이 강했던 인물 4~5명을 고르라면 김학렬·김현옥·장기영·권오병·오치성·박종규 등의 이름이 당장에 떠오른다. 그중 김학렬·김현옥은 출중한 인물이다. 그렇게 개성이 강했던 두 인물 중 하나는 부총리 겸 경제기획원장관, 하나는 서울특별시장이었으니, 당연히 두 사람 사이에는 대통령에 대한 충성에도 경쟁이라는 것이 있었고 평소부터 별로 친근한 사이가 아니었다.

일본 중앙대학을 나와 대한민국 제1회 고등고시 행정과를 수석으로 합격하여, 미국에 건너가 미주리대학·오하이오대학을 다닐 때도 항상을 A만 받았다는 김 부총리 입장에서 김현옥 시장은 '촌놈이고 무식한 군 출신자'에 불과했다. 그러나 김 시장의 입장에서는 "자기가 부총리면 부총리지 뭐 그리 대단한 능력이 있는가. 대통령에 대한 충성도 내가 더하면 더하지 자기가 더하냐"라는 자부심이 있었다.[9)]

김현옥 시장은 1968년에 광주대단지사업을 벌일 때부터 장차 자기의 손으로 잠실을 개발하겠다는 구상을 하고 있었다고 한다. 그런데 자신에게는 사전에 한마디 상의도 없이 김 부총리가 5대 건설업자에게 잠실공유수면 매립면허를 약속해버렸으니 화가 날 수밖에 없었다. 그는 즉시로 윤진우 도시계획국장을 불러 건설부장관에게 잠실지구 구획정리사업 시행인가신청을 내게 하는 한편, 건설국 하수과로 하여금 잠실공유수면 매립사업을 서울시가 직접 실시하게끔 건설부에 교섭하라고 재촉했다.

입장이 난처해진 것은 건설부였다. 건설부도 경제부처였으니 당연히 김 부총리 소속이었다. 또 건설부장관이 공유수면 매립사업면허권을 가지고 있었으나 한강이 서울시 행정구역 내를 흐르고 있으니 매립면허신청서가 서울시장을 경유해서 올라오지 않으면 건설부장관이라 할지라도 어찌할 방도가 없었다.

잠실공유수면 매립면허를 둘러싼 김학렬·김현옥 간의 알력은 김현옥 시장이 그 자리를 물러남으로써 결말이 났다. 1970년 4월 8일 마포구 와우산 허리에 지은 시민아파트 한 동이 무너져 사망 33명, 부상 40명이라는 사건이 일어나 김현옥 시장이 시장자리를 물러났던 것이다. 경북지사로 있다가 4월 16일에 서울특별시장이 된 양택식은 개성이 그렇게 강하지 않았다. 그는 김 부총리와 대립해봤자 서울시정 수행상 이득보다

---

9) 김 부총리의 고향은 경남 고성이었고 김 시장의 고향은 바로 옆 고을인 진주였다. 그리고 나이는 김학렬이 1923년생, 김현옥이 1926년생이었으니 충분히 다정할 수도 있는 사이였는데 각자의 개성이 강한 탓에 결코 타협하지 않았다.

손실이 훨씬 더 클 것이라고 이해하고 있었다.

경인개발(주)은 반포지구 공유수면 매립공사를 위해 현대·대림·극동 등 3개 건설회사가 공동출자로 설립한 회사였다. 이 3개 회사 외에 삼부·동아의 2개 회사가 더 참여토록 결정되어 있었으나, 우선 편법으로 이미 설립되어 있던 경인개발(주)이 5개 회사의 창구역할을 맡았다. 경인개발(주)이 잠실지구 공유수면 매립공사 인가신청서를 서울시에 제출한 것은 1970년 11월 3일이었고, 건설부장관의 인가가 난 것은 1971년 2월 1일이었다. 이때 면허된 매립면적은 98만 9,976평이었다. 그리고 실시설계서가 건설부에 올라가 기술적 검토가 끝나고 공사의 정식 실시계획인가가 내린 것은 1971년 6월 19일이었고 그날로 공사가 착수되었다. 현대·대림·극동·삼부·동아의 5개 회사가 공동출자한 잠실개발(주)이 1971년 7월 13일 설립되어 경인개발(주)에 면허된 잠실지구 매립공사에 관한 권리·의무 일체를 승계하는 형식을 취했다.

한편 건설부 입장에서는 공유수면 매립공사만으로는 안 되고 구획정리사업도 동시에 시행되어야 한다는 서울시측 주장도 받아들일 수밖에 없었다. 공유수면 매립지구를 포함한 잠실지구 935만 5,311㎡의 광역이 구획정리지구로 지정된 것은 1971년 5월 5일이었으며, 이어서 6월 11일에는 건설부 공고 제49호로 구획정리사업 시행명령도 내려졌다.

불법공사로 진행된 한강 물막이공사

잠실지구 공유수면 매립공사가 시작된 것은 1971년이었다. 내가 이 글을 쓰고 있는 시점으로부터 겨우 26년 전의 일이다. 당시의 나는 서울시 기획관리관으로 있어서 서울시에서 일어나는 일은 거의 다 관여했고 따라서 당시의 사정을 가장 잘 알고 있는 사람으로 자처해왔다. 그런데

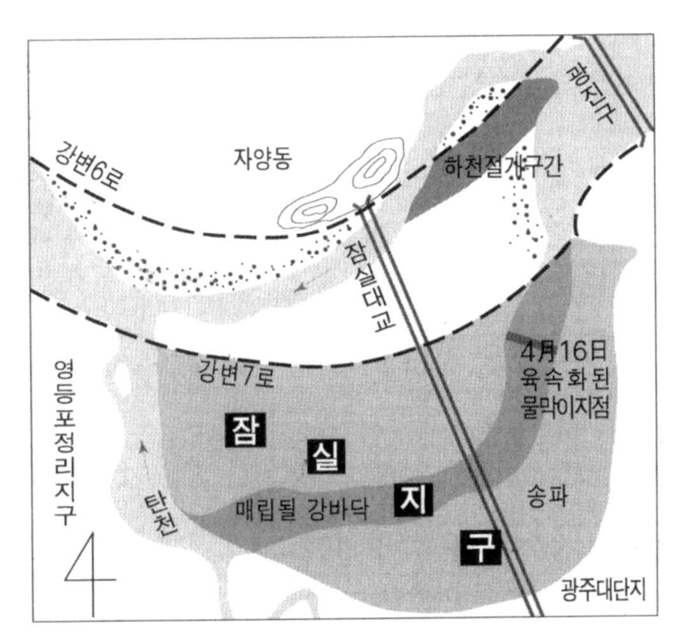

잠실 물막이공사 도면.

이 공유수면 매립공사만큼 나를 괴롭힌 일이 없다. 즉 이 공사의 실시계획인가가 내린 것은 1971년 6월 19일이었고 공식적인 공사착공일도 그 날짜로 정리되어 있다. 지금 남아 있는 모든 문서에 그렇게 기록되어 있는 것이다. 그런데 실질적인 공사 착공일은 실시계획인가가 내리기보다 4개월이나 앞선 2월 17일이었고 4월 16일에는 가장 난공사인 물막이 공사가 완공되어 있었다.

생각해보면 실로 기막힌 일이다. 서울시의 기획과 예산을 총괄하고 있는 기획관리관도 모르고 실시계획인가도 나기 전에 한강현장에서는 대대적인 사전공사가 자행되고 있었으니 말이다. 이 글을 쓰면서 처음으로 알게 된 사실이다. 사실을 확인할 때까지 나의 머리는 혼란을 거듭할 수밖에 없었고 당시의 서류철, 신문기사, 그리고 공사관계 담당자들을 면접하는 등 부산을 떨어야 했다. 진실을 알고 그것을 후세에 전한다는 것이 얼마나 어려운 작업인가를 새삼 실감한 일이었다. 당시에 일어났던 일을 한번 재현해보자.

잠실 공유수면 매립공사를 맡기로 한 5개 건설회사에 매립면허가 통보된 것은 1971년 2월 초순이었다. 서울시 한강건설사업소 공사과장은 5개 회사 기술담당 중역들을 불러 공사진척에 관한 구체적인 지시를 내렸다. 가장 큰 문제는 홍수가 오기 전에 잠실섬 남쪽을 흐르는 물줄기를 막아버리는 일이었다. 이 물막이공사가 먼저 이루어지지 않으면 제방축조도 돌붙임공사도 진행될 수가 없었다. 실시계획인가 신청도 하지 않은 상태였다. 또 잠실섬 포락지에는 사금채취를 위한 광업권도 설정되어 있었고, 섬 안에는 적잖은 수의 무허가건물도 들어서 있었다. 매립공사 착수 이전에 광업권도 취소되어야 하고 무허가건물도 철거되어야 했다. 그런데 그와 같은 모든 절차를 무시하고 우선 물막이공사를 추진하기로 합의하고 새로 참가하게 된 동아건설㈜이 맡기로 했다.

1971년 2월 17일에 물막이공사가 착수되었다. 주로 섬의 남쪽을 흐르는 물줄기를 바꾸기 위해서는 섬의 동북부를 절개하여 광진교 쪽에서 흘러내려오는 물줄기를 뚝섬 쪽으로 흐르게 하는, 이른바 하천절개공사를 전개해야 했다. 길이 1,300m, 너비 200m의 하천절개공사에는 1,470대의 불도저, 5천 대의 페이로더, 5,300대의 트럭, 연인원 2만 6천 명이 동원되었다. 수면 이하 70cm까지는 불도저로 굴착하고 수면 위는 페이로더로 파내어 이 토사를 매립예정지까지 운반해서 메웠다. 송파 쪽 물막이지점에는 50~70kg 무게의 돌 5천㎥, 빈 가마니 2만 장, 자갈 3만㎥가 투입되었다.

이 물막이 최종공사가 벌어진 4월 15일 오후 4시부터 16일 오전 4시까지의 12시간 동안 상류인 청평댐발전소가 발전을 중지함으로써 물막

잠실 물막이가 이룩된 순간(1971. 4. 16).

이공사 지점의 수위를 약 20cm 정도 낮추고 강물의 속도도 낮추었다(그 당시 팔당댐은 건설 중이었다. 팔당댐이 준공된 것은 1974년 5월 24일이었다).

한강 남쪽 흐름의 물막이공사가 완료된 것은 4월 16일 오전 10시 정각이었다. 그때까지의 섬이 더 이상 섬이 아니게 된 것이다. 16일자 석간, 17일자 조간신문은 일제히 '잠실섬 육속화 완성'이니 '뭍으로 이어진 잠실섬'이니 하는 제목으로 물막이공사의 성공을 크게 보도했다. 그러나 그것이 실시계획인가도 받지 않은 불법사전공사인 것을 알고 있던 신문기자는 단 한 사람도 없었다. 기획관리관이었던 나도 그것이 불법사전공사인 것을 모르고 있었으니 신문기자들이 알 까닭이 없었던 것이다. 실시계획인가가 내린 것은 이 물막이공사가 끝난 지 2개월도 더 지난 6월 19일이었고 6월 24일에 인가서가 교부되었다. 그리고 모든 문서는 '잠실 공유수면 매립공사 착수일'을 1971년 6월 19일로 기재하고 있다.

이 공유수면 매립공사가 면허되고 착공될 당시 이 공사의 준공예정일은 1974년 6월 19일이었다. 즉 만 3년이면 충분히 공사를 끝낼 수 있을 것이라 예상한 것이다. 그러나 실제로 매립공사를 진행해보니 한강에서 걷어올리는 토사량이 턱없이 부족했다. 두 차례나 설계를 변경했고 설계변경을 할 때마다 인가된 면적이 축소되었다. 제방축조공사가 모두 완성된 것은 1975년 말경이었는데 준공검사를 받을 수가 없었다. 택지가 조성될 만큼 땅이 메워지지 않았기 때문이다.

잠실개발(주)측에서는 부족한 토사를 현재의 몽촌토성 언덕을 헐어 그 흙으로 공유수면 매립공사를 완료할 것을 제안했지만 서울시는 그것을 받아들이지 않았다. 이미 그때에는 그 언덕이 보통 언덕이 아니고 분명히 백제시대에 축성된 성터 같으며 함부로 파헤쳐버릴 성질의 것이 아니라는 것을 짐작하고 있었다.

토사량이 부족해 준공을 할 수 없게 되자 서울시가 취할 수 있는 조치는 단 한 가지, 이미 구의지구 공유수면 매립 때에 했던 방법, 즉 시내에서 배출되는 쓰레기를 갖다 메우는 것이었다. 당시 쓰레기의 주종은 연탄재였기 때문에 저지대 매립에는 안성맞춤이었다. 약 2년간 잠실 저지대는 쓰레기매립장이 되었고 그 쓰레기 위에 잠실개발(주)이 서울시내 건설공사현장에서 배출되는 토사를 운반하여 복토공사를 했다.

잠실지구 공유수면 매립공사는 두 차례로 나뉘어서 준공이 되었다. 1977년 3월 9일과 1978년 6월 29일이었다. 매립된 총면적은 75만 3,398평이었다. 이렇게 조성된 택지 중 10만 8,682평은 제방 및 도로용지로 국유화되었고, 나머지 64만 4,716평은 매립자인 잠실개발(주)에 귀속되었다(서울시 치수과 비치대장에 의함).

2. 입체적인 도시설계에 의한 구획정리사업

1970년 아시아경기대회 서울개최 반납

잠실지구 공유수면 매립으로 얻어진 75만 평의 토지 이외에 이 지구에는 국유지·시유지를 합해 약 48만 평의 땅이 더 있었다. 원래 하천부지가 많은 곳이었기 때문에 국·공유지가 많을 수밖에 없었다. 이들 공유수면 매립지 및 국·공유지를 주축으로 약 340만 평에 달하는 광역에 구획정리사업을 실시하는 작업은 이미 1970년부터 한강개발사업소에 의하여 추진되고 있었다. 김현옥 시장의 강한 지시가 있었기 때문이다. 서울시가 건설부장관에게 잠실지구 토지구획정리사업 인가를 신청한 것은 1970년 1월 4일이었고 1971년 6월 11일자로 시행명령이 내렸다.

그런데 1973년까지 한강개발사업소에서 추진해온 이 구획정리사업계획은 그때까지 서울시를 비롯한 전국 모든 도시지역에서 실시해온 구획정리수법으로 이른바 평면적 개발방식이었다. 다시 말하면 대상지역을 전체적으로 파악하여 입체적인 도시설계의 수법을 취하지 않고 있었다.

종전의 구획정리수법 그대로 이미 상당히 진척된 구획정리사업의 추진을 일단 중단하고, 이 지구에 대한 입체적인 도시설계를 다시 수립하게 된 것은 박정희 대통령으로부터 이곳에 “국제적으로 손색이 없는 운동장 시설을 갖추는 한편 이상적인 신도시를 만들도록 하라”는 지시가 있었기 때문이었다. 그런 지시가 내린 데는 이유가 있었다.

1966년 12월 9일부터 20일까지 12일간에 걸쳐 태국의 수도 방콕에서 제5회 아시아경기대회가 개최되었다. 한국은 이 대회에서 아시아경기대회 역사상 처음으로 일본에 이어 종합 2위라는 성과를 거두었다. 12월이면 서울은 한겨울인데 태국은 한여름이라는 환경의 변화, 텃세가 지나쳐

폭행 난투까지 벌어진 주최국의 횡포, 그리고 그에 따르는 심판의 불공정 등 수많은 불리함을 극복하고 한국선수들은 선전에 선전을 거듭하여 금메달 12개를 포함, 모두 51개의 메달을 획득했다. 복싱 5체급 제패, 탁구의 일본 타도, 자전거 5시간 혈투끝의 영광, 사격 금메달 3개 등 실로 자랑스러운 개가를 올렸던 것이다.

한국임원·선수진은 물론이지만 국민 전체를 열광시킨 일이 또 하나 있었다. 그것은 아시아경기대회가 진행되는 가운데 개최된 아시아경기연맹(AGF) 총회에서 1970년에 개최되는 제6회 대회를 한국의 수도 서울에서 개최하기로 한 것이었다. 35년간의 식민지생활, 그리고 한국전쟁에서 깊은 상처를 입고 오랫동안 신음해야 했던 한국이 이제 국제경기를 유치할 수 있을 만큼 성장했다는 것을 널리 국제사회에 자랑할 계기가 마련된 것이다.

아시아경기대회는 1951년에 인도의 수도 뉴델리에서 제1회 대회가 개최되었지만 전쟁 중인 한국은 선수단을 파견하지 않았다. 1954년 제2회 대회는 필리핀의 마닐라, 1958년 제3회는 일본의 도쿄, 1962년 제4회는 인도네시아의 자카르타, 1966년 제5회는 태국의 방콕에서 치러졌으니 국력으로 봐도 다음 순서는 당연히 한국의 서울이었다. 바야흐로 '한강변의 기적'이 일어나기 시작한 한국은 아시아의 새로운 용으로 떠오르기 시작하고 있었으니 아시아경기의 서울개최는 국위선양을 위해서도 둘도 없는 좋은 기회가 될 것이었다.

그러나 막상 대회를 유치해놓고 보니 앞이 캄캄했다. 전국체전을 치르는 것과는 규모도 체제도 달랐다. 동대문에 3만 4천 평 규모의 운동장과 효창공원 안에 7,822평의 축구장 하나가 있을 뿐이었다. 실내체육시설은 겨우 1962년 말에 준공된 장충체육관 하나가 있을 뿐이니 농구·배구·탁구·배드민턴·역도·레슬링 등을 동시에 진행할 방법이 없었다. 사격장 정도야 쉽게 만들 수 있겠지만 사이클경기는 어떻게 치르고 요트경기는 어디에서 할 것인가.

대회유치에 앞서 대한체육회는 시설자금으로 약 50억 원 정도가 들지만 정부재정사정을 고려하여 낮추고 또 낮추어 결국은 7억 5천만 원만 들이면 최소한 흉내는 낼 수 있을 것이라 계산했다. 그러나 그렇게 치르면 오히려 한국의 가난함을 국제적으로 널리 홍보하는 결과가 될 것은 뻔한 일이었다.

대한체육회와 문교부, 서울시와 청와대 등 관계기관에서 여러 차례의 대책회의가 개최되었다. 7억 5천만 원으로 대회의 흉내는 낼 수 있다고 하자, 각국 선수들의 연습장은 어떻게 마련하느냐, 각 대학과 중·고등학교 운동장 중에서 쓸 수 있는 곳이 과연 몇 군데나 되느냐, 대회운영비는 어떻게 하느냐, 국제심판의 체재비·수당 등의 경비는 어느 재원에서 염출하느냐, 20개 나라에서 모여드는 임원·선수들은 어디서 숙박하게 하느냐 등 해결해야 할 문제가 한둘이 아니었다. 선수촌을 만든다는 것은 꿈과 같은 일이었다. 국제규모의 호텔시설은 겨우 워커힐 하나가 있을 뿐이었고 조선호텔은 착공도 하기 전이었다.

제1차 경제개발 5개년계획은 겨우 1966년에 끝났고, 1967년부터 제2차 계획이 시작되어 있었다. 1966년 말 한국인 1인당 국민소득은 겨우 125달러에 불과했다. 또 한 가지 문제가 있었다. 북한의 도발이었다. 대회가 진행되고 있을 때 남침해오면 어떻게 감당할 것이냐가 큰 고민거리가 아닐 수 없었다. 북한에서 보낸 무장간첩 31명이 청와대 공격을 시도한 것이 1968년 1월 21일이었고, 울진·삼척지구에 100여 명의 무장게릴라가 나타난 것이 그해 11월 2일이었으니, 아시아경기대회 진행 중에 대규모 남침이 있을 수 있다는 것은 충분히 고려할 만한 사항이었다.

박 대통령을 생각할 때 나는 그의 앞모습보다는 항상 뒷모습이 떠오른다. 그 뒷모습에서 언제나 내가 느낀 것은 얼음장같은 냉철함, 끝이 보이지 않는 외로움, 그리고 꼿꼿한 자존심이다.

경제개발 투자규모를 좀 줄이더라도 아시아경기대회를 치르느냐, 국제적인 망신을 당하더라도 반납해버리느냐를 두고 대통령 입장에서 얼마나 고민했을까를 생각해본다. "아무리 생각해봐도 도저히 안 되겠다. 반납해버려라"는 박 대통령 지시가 체육계 대표에게 내려진 것은 1967년 가을이었다.

당황한 것은 체육계였다. 한국 때문에 6회 대회가 유산될 수는 없었다. 대표를 일본에 파견하여 일본에서 6회 대회를 맡아달라고 부탁했다. 그러나 일본체육회는 1970년에는 마침 오사카 만국박람회(EXPO)를 개최해야 하고, 1972년에 북해도 삿포로에서 동계올림픽을 개최하므로 1970년 아시아경기대회는 도저히 치를 수 없다고 거절했다. 그 길로 다시 방콕을 찾아가서 제5회 대회를 치렀으니 제6회 대회도 다시 방콕에서 치러달라고 했다. 태국체육회는 제5회 대회로 엄청난 재정적자를 봤는데 도저히 제6회 대회까지 맡아 치를 수는 없다고 거절해왔다.

한국의 아시아경기대회 개최지 반납을 처리하기 위한 AGF 긴급총회가 서울에서 개최된 것은 1968년 4월 30일부터였다. 5월 1일 오전 8시에 개최된 집행위원회는 "한국이 1970년의 6회 대회를 개최할 수 없다는 것을 확인하는 한편 최악의 경우라도 대회개최는 유산시키지 않도록 한다"라는 데 합의했고, 그날 오전 11시부터 열린 AGF총회에 그 합의 결과를 제출했다. 이 날의 총회에서는 세 가지 사항을 결의했다. 첫째 한국의 포기결정 재고와 책임에 관한 결의였고, 둘째 대회규모의 축소, 그리고 셋째 한국이 도저히 개최할 수 없다면 부득이 태국이 개최해줄 것을 만장일치로 결의하고 이 결정에 필요한 모든 조치는 집행위원회에 일임한다는 것이었다.

AGF총회의 결의에 따라 여러 차례 집행위원회가 열렸다. 서울에서도 열렸고 방콕에서도 열렸으며 멕시코로 자리를 옮기기도 했다. 문제는 대회운영 적자를 어떻게 메우느냐는 것이었다. 당시는 아직 스포츠내셔널리즘이 대단치 않은 시대였으니 요즘처럼 국내외에서 많은 유료관람객이 모여드는 시대가 아니었다. TV가 일반화되기 전이었으니 TV방영권 같은 것은 생각도 할 수 없었다.

태국 방콕에서 제6차 대회를 개최할 경우, 체육장 시설은 제5회 대회 때 것을 수리해서 쓴다고 할지라도 문제는 대회운영비였다. 대회운영비가 약 45만~70만 달러가 든다고 보고, 적자규모를 최소한 45만 달러로 보고 태국과 한국이 각각 3분의 1씩, 나머지 회원국이 3분의 1을 나누어 분담한다는 등의 안이 논의되기도 했다. 그러나 최종적인 합의는 대회규모를 줄여서 우선 태국이 책임지고 개최하고, 그 결과로 생긴 적자는 책임과 국력에 따라 각 회원국이 나누어 부담한다는 것이었다.

제6회 아시아경기대회는 예정대로 1970년 12월 11~22일에 방콕에서 개최되었다. 이 대회에서도 한국은 금 18개를 비롯, 모두 54개의 메달을 획득하여 일본에 이어 종합성적 2위를 자랑했다. 이 대회가 열리기 직전인 12월 7일과 진행 중이던 12월 14일, 두 차례의 집행위원회가 개최되었다. 이때 태국 올림픽위원회가 제시한 적자부담금 액수는 41만 2천 달러였다. 이 액수를 책임과 국력에 따라 회원국이 나누어 부담했다. 한국이 25만 달러, 일본이 7만 5천 달러, 이스라엘과 중화민국(대만)이 각각 2만 5천 달러씩, 말레이시아 1만 달러, 필리핀·이란·인도네시아·홍콩·파키스탄이 각각 5천 달러씩, 베트남과 네팔이 각각 1천 달러씩 부담했다.

이 제6회 방콕대회에서 태국의 관중들이 한국선수들에게 퍼부은 야유는 대단했다고 한다. 즉 한국 때문에 태국은 많은 적자를 감내하면서 이 대회를 또 개최해야 된다는 것이 이미 태국 국민들에게 널리 알려져 있었던 것이다. 그와 같은 야유, 국제사회에서의 질책, 그리고 25만 달러의 부담금 등을 박정희 대통령은 오로지 침묵으로 참고 또 참아야 했던 것이다.

기다림의 독재자, 박정희 대통령

박정희 대통령이 물막이공사가 끝나서 송파지역과 하나가 된 잠실땅을 처음 밟은 것은 1972년 7월 1일 오전이었다. 길이 1,280m 너비 25m의 잠실대교 준공식이 7월 1일 오전 10시에 거행되었고, 개통테이프를 끊은 박 대통령 내외를 태운 승용차가 처음으로 이 다리를 건넜다.

이 날 준공된 것은 교량만이 아니었다. 중랑천을 따라 도봉동에서 잠실대교에 이르는 동 1로·동 2로가 동시에 개통되었고, 잠실대교를 건너 성남에 이르는 송파대로도 이 날 개통되었다. 또 잠실대교-워커힐 옆-구리에 이르는 도로도 이 날 개통되었다. 경춘가도를 달려온 차량이 서울 시내에 들어오지 않고 바로 경부고속도로와 연결된 것이 바로 이 날이었다.

잠실대교를 차로 건넌 박 대통령은 다리를 모두 건너자 차에서 내려 양택식 시장으로부터 이들 여러 도로가 동시에 개통된 상황, 그리고 잠실 구획정리사업의 규모와 전망에 대해 상세히 보고받았다. 그런데 이 보고를 받으면서도 이곳에 대운동장을 건설하라는 지시는 내리지 않았다.

그리고 1년이 넘는 세월이 흘렀다. 격동의 1년이었다. 잠실대교가 개통된 3일 뒤인 7월 4일 조국의 평화통일 원칙 등 7개 항목을 담은 이른바 '남북공동성명'이 발표되었고, 이 성명에 따라 8월 30일에는 남북적

십자회담 첫회의가 평양에서 개최되었다. 남북공동성명이 발표된 지 한 달이 지난 8월 3일에는 이른바 '8·3조치'라는 대통령 긴급명령이 발포되었다. 모든 기업체가 지고 있는 사채를 동결해버린다는, 실로 어이없는 독재권력의 발동이었다.

그리고 10월 17일에 천지를 뒤엎어버리는 백색테러가 단행되었다. 대통령의 특별선언으로 국회가 해산되고 전국에 비상계엄령이 선포되었으며, 대학은 휴교에 들어가고 모든 언론이 계엄사령부의 사전검열을 받게 되었다. 헌정 질서의 파괴행위였다. 그리고 12월 27일에 이른바 유신헌법에 의하여 박 대통령이 제8대 대통령에 취임했다. 제3공화국이 제4공화국으로 바뀐 것이다. 잠실대교 준공식으로 시작한 1972년 하반기는 실로 격동의 반년이었다.

1973년에 들어서도 격동은 계속되었다. 1973년 2월 27일에 제9대 국회의원 선거가 실시되었다. 이 제9대 국회의원 정원 219명 중 3분의 1인 73명은 대통령이 임명한 의원이었다. 이른바 유정회라는 것이었다. 6월 23일에 박 대통령은 남북평화통일에 관한 '6·23선언'을 발표했다.

아마 박 대통령이 새로 개발되는 잠실지구에 국제경기를 치를 수 있는 운동장시설을 건설하기로 결심한 것은 1972년 7월 1일, 잠실대교 준공식 때가 아니었을까 추측한다. 그날 그 자리에서 바로 지시하지 않았던 것은 7·4공동성명, 8·3조치, 유신정권 수립 등 어려운 문제들이 앞을 가로막고 있어 시기가 아니라고 생각했던 것이 아닐까. 어떤 의미에서 그는 '기다림의 독재자'였다. 말을 바꾸면 '시기가 도래할 때까지 꾹 참고 기다리는' 그런 독재권력자였다. 그런 기다림의 자세를 우리는 이미 이 책 2권 「재벌이 주도한 도심부 재개발사업」의 '4. 소공동 화교들의 축출과정(128쪽부터)'에서 익히 보았다.

도시설계에 의한 잠실지구 개발

박 대통령이 새로 개발되는 잠실지구에 국제경기를 치를 수 있는 운동장시설을 건설하기로 결심하게 된 직접적인 계기가 무엇이었는가는 알 수 없다. 양택식 서울시장이 청와대로 불려간 것은 1973년 9월 하순이었다. 그 자리에는 국무총리나 문교부장관이 배석하지 않고 오직 대통령만이 있었다. 당시의 박 대통령 지시장면을 재현해보기로 한다.

"잠실지구 말이요. 넓이가 얼마나 되지요?"
"예, 340만 평입니다"
"그것 좀 멋지게 만들어보시오. 그리고 그 한구석에 국제규모의 체육장시설을 만드는 것도 연구해보시오."
"예, 알겠습니다. 계획을 수립해서 보고드리겠습니다."

박 대통령 지시는 바로 도시계획국장 손정목에게 전달되었다. 그러나 대통령의 구두지시가 있었다고 해서 한창 진행중인 구획정리사업을 당장 중단하고 새 계획을 세울 수는 없었다. 문서에 의한 명령이 필요했다. 구획정리라는 것은 개인의 재산권과 직결되는 사업이었으니 서울시장의 결정으로 사업을 중단할 성질의 것도 아니었고 하물며 이상적인 도시설계 같은 것을 추진할 수 있는 것도 아니었다. 양 시장이 국무총리실에 가서 '국무총리 명의의 지시'를 품신했다. 당시의 국무총리는 김종필이었다. 국무총리실의 지시공문이 하달된 것은 1973년 10월 6일이었다. 이때의 지시공문을 그대로 옮기면 다음과 같다.

국무총리 행정조정실의 지시사항(1973. 10. 6)
제목 : 토지구획정리사업에 관한 지시
1. 근래 시가지 확장이나 부도심 지역개발을 위하여 추진하고 있는 토지구획정

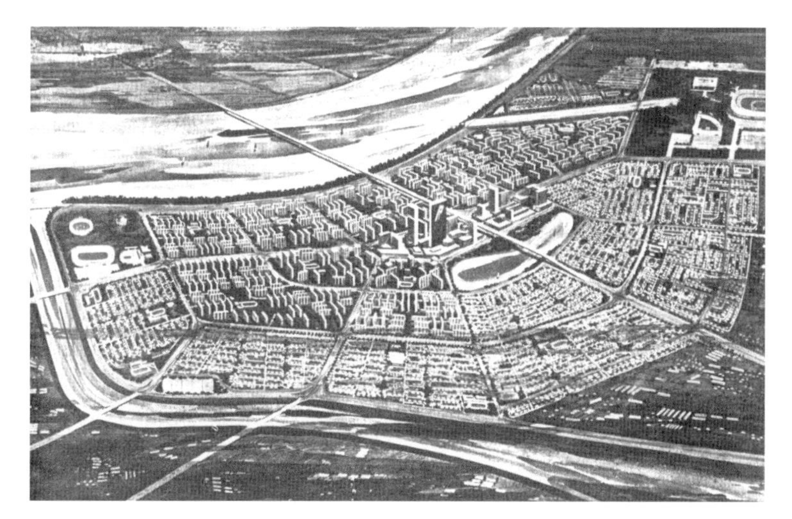
잠실지구 종합개발계획 조감도.

리사업은 도로용지 확보나 대지조성을 위주로 하고 투자금을 조속히 회수하는 방향으로만 처리함으로써 미래지향적인 국제적 대도시 건설에 차질을 초래하고 있습니다.

2. 금후 새로 착수하는 토지구획정리사업은 정부 관계기관은 물론 학계·언론기관, 도시계획 및 건축문제 전문기관과 각계인사를 망라한 심의위원회를 구성하여, 평면적인 구획정리계획뿐만 아니라 구획정리 후의 구체적인 종합개발계획까지 심의 수립하고 동 계획을 정부 각 관계기관과 사전에 충분히 협의한 후 국무총리의 승인을 얻어 착수하시기 바라며,
3. 서울특별시 잠실지구 개발계획에 있어서도 상기 지시에 따른 종합계획을 수립, 신중하게 추진토록 하고 동 계획이 확정될 때까지는 여하한 사업도 사전에 착수하는 일이 없도록 조치하시기 바랍니다.

국무총리 지시에 의하여 행정조정실장(『서울토지구획정리연혁지』, 626쪽)

국무총리실의 이 공문은 서울의 구획정리사업에 도시설계의 수법을 도입하는 계기가 되었다. 손 국장은 바로 홍익대학교 박병주 교수에게 전화를 걸었다. 그때는 이미 10월이었기 때문에 넉넉한 용역비 예산이

남아 있을 리가 없었다. 여기저기 남아 있던 용역비를 모두 끌어모았더니 겨우 300만 원이었다. 중구 다동, 지금은 재개발이 되어 한국관광공사 건물이 들어서 있는 자리에 삼성여관이라는 3층짜리 한식여관이 있었다. 3층 끝방이 작업실이 되었다.

이곳에서 박병주는 조건영과 신기철이라는 젊은 건축학도와 함께 작업을 했다. 퇴근시간이 되면 손 국장도 찾아와서 밤늦도록 의견을 나누었다. 당시 이 잠실설계작업에는 영국의 뉴타운계획과 일본 오사카의 센리(千里)뉴타운, 도쿄 교외의 다마(多摩)뉴타운계획들이 참고되었다.

용역비가 적었으니 작업기간을 넉넉하게 잡을 수가 없었다. 약 1개월간의 강행군 끝에 도시설계가 완성되었다. 손 국장이 조감도를 들고 서울시와 건설부, 중앙도시계획위원회, 총리실, 청와대에 가서 보고했고 양 시장이 박 대통령에게 직접 보고했다. 그 보고가 모두 끝난 뒤에 용역보고서를 만들었다. 『잠실지구 종합개발기본계획』이 발간된 것은 1974년 7월이었다. 이 나라 최초의 도시설계 용역보고서였다.

면적 1,100ha, 인구 25만 명을 수용하는 잠실뉴타운계획에서 추구되었던 이상은 10개항이었다. ① '커뮤니티'의 유기성, ② 높은 수준의 교육시설, ③ 충분한 '오픈 스페이스', ④ 녹지계통의 형성, ⑤ 입체적 공간조성과 도시경관으로서의 '랜드마크', ⑥ 중심지구의 고밀한 분위기, ⑦ 대규모 상업기능의 유치, ⑧ 주거형식의 다양성, ⑨ 원활한 교통체계, ⑩ 공해 없는 환경

도시설계의 모델이 된 잠실지구 종합개발계획

① 철저한 근린주구와 녹지계통

전체넓이가 1,100ha(330만 평)인 잠실지구는 20개의 근린주구(近隣住區)

와 중심업무지구·호수공원 및 운동장지구로 구분되었다.

각 근린주구의 반경은 약 500~800m 정도이며 이 주구 내는 자동차의 위험이 배제된 보행권으로서 각각 독립된 생활권을 형성한다. 즉 각 주구마다 여러 가지 공공시설, 예컨대 일용품 쇼핑센터, 초등학교, 동사무소, 근린공원, 어린이놀이터 등이 갖추어져 주민의 일상생활이 근린주구의 권역 내에서 불편 없이 또 무리없이 이루어지게 된다. 어린이놀이터는 주구 내에 여러 개로 분산 배치되었으나 그 밖의 시설들은 원칙적으로 각 주구의 중심에 집중 배치한다. 이렇게 함으로써 일상생활에서의 교통문제(교통수요·교통사고)는 없어진다.

우리나라에 근린주구계획(Neighborhood Planning)이 처음 도입된 것은 1968년에 용산구 동부이촌동 공무원아파트단지에서였다. 그리고 그 단지계획을 한 것이 당시 대한주택공사 단지연구실장이었던 박병주였다. 그는 이 근린주구계획을 여의도 시범아파트단지계획에서 한 단계 더 발전시켰고, 1973년의 잠실계획에서 그 기법을 충분히 발휘했던 것이다. 여기서 '그 기법을 충분히 발휘했다'고 표현한 것은 바로 녹지계통과의 결합이었다. 즉 각 주거로부터 주구 내의 모든 시설에 이르는 보행가로에는 녹지계통이 수반되었다. 걸어서 중심부까지 가는 동선에 자연과의 교감이 가능하도록 하자는 것이었다. 그리고 이 녹지계통은 아파트지구와 단독주택지구를 각각 다르게 책정했다.

단독주택지구의 경우 녹지계통은 폭 2m의 보행전용로로 연결되며, 아파트지구의 경우는 폭 30m 정도의 녹도로 계통을 잇는다. 보행전용로, 녹도, 어린이놀이터, 근린공원 등의 녹지요소는 보행을 수용하는 통로로서의 기능과 레크레이션 시설을 수용하는 용지로서의 기능 등 일차적 기능을 수행하게 된다. 즉 녹지요소를 중심으로 이웃 간의 공동의식 및 친목계발이 가능해진다. 즉 가정주부나 어린이들이 쇼핑을 하거나

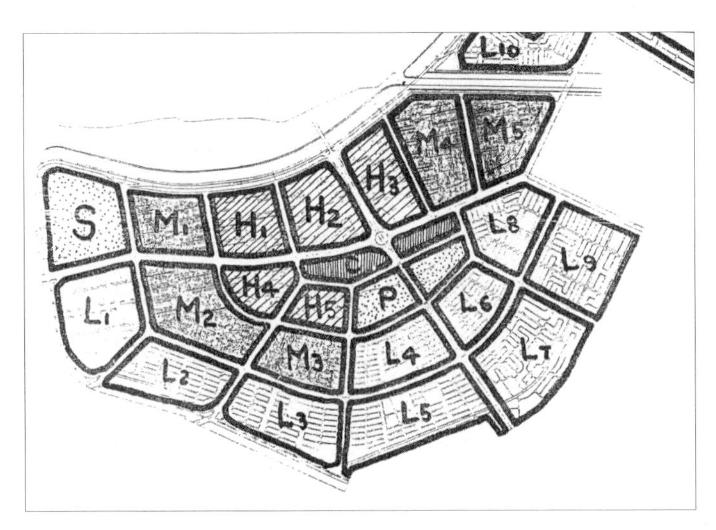

잠실지구의 밀도구분.

혹은 학교를 오가기 위해 하루에 한두 번 이상 이 녹도(보행전용로)를 거닐게 된다. 그러면서 마주치는 사람, 동행하는 사람이 생기고 눈인사-대화-커뮤니케이션이 형성된다. 즉 진정한 의미에서의 이웃(근린)이 형성되고 도시생활의 삭막함이 제거되는 것이다.

② 높은 수준의 교육시설

잠실지구의 교육시설로는 각 주구에 초등학교 1개(15개), 주구 2~3개마다 중학교 1개(6개), 인문계 고등학교 2개, 실업계 고등학교 2개, 체육고등학교 1개를 계획했다. 각 주구의 경계와 인접한 곳에 중학교 1개가 설치되어 서울시내의 다른 어느 지역보다 높은 수준의 교육환경이 마련되었다. 학교용지의 면적은 초등학교가 1.2~1.5ha 정도로서 보통 규모이며, 중학교는 1.7ha, 고등학교는 2.5ha로서 일반적인 기준보다는 약간 큰 규모가 되도록 했다.

남자고등학교의 위치는 종합운동장 부지에 인접시켜 종합운동장시설을 이용할 수 있도록 하고, 중학교의 위치는 되도록 넓은 녹지공간에 근접하도록 계획했다. 이것은 교육환경을 주변환경으로 확장시키고자 하는 배치계획상의 의도로 간주될 수 있을 것이다.

③ 주거별 밀도구분

지구 중심에 대규모 업무기능을 유치함으로써 중심업무지구 및 커뮤니티센터로 하고 각 주거에 거주하는 주민이 도보로 출근할 수 있는 직주근접의 실현을 기대했다. 당연히 고층화될 이 중심업무지구를 중심으로 5개의 고밀도지구, 5개의 중밀도지구, 10개의 저밀도지구를 계획했다. 그리고 12~15층의 고층건물이 들어설 고밀도지구는 ha당 800명, 5~6층 아파트가 들어설 중밀도지구는 ha당 600명, 1~2층의 단독주택이 들어설 저밀도지구는 ha당 250명이 거주토록 계획했는데, 3개 밀도지구별 용적률·면적·가구수·인구수의 내역은 다음의 표와 같다.

구분	밀도(명/ha)	용적률(%)	면적(ha)	가구수	인구수
고밀도	800명/ha	130(12~15층)	99.9	15,800	79,200
중밀도	600명/ha	100(4~5층)	146.3	17,500	87,800
저밀도	250명/ha	40(1~2층)	310.1	15,500	77,500
계			555.4	48,800	244,500

지구 내의 각 주구 인구밀도를 이렇게 구분한 이유는 밀도 구분 없이 모든 지구가 고밀화된다면 앞으로 늘어날 차량 때문에 교통처리를 할 수 없다고 판단한 것이 첫째이며, 둘째는 고밀도·중밀도·저밀도로 내려가는 스카이라인의 아름다움을 고려한 때문이었다. 또 당시의 잠실은

문자 그대로 허허벌판이었다. 그 허허벌판을 고층건물로 채우기보다는 호수공원 남쪽과 성내천의 동쪽은 단독주택지구로 하여 호수공원에서의 탁 트인 시계를 확보하고자 한 것이었다.

④ 충분한 공간확보(운동장공원과 호수공원)

종전의 수법에 의한 구획정리사업을 일시 중단하고 도시설계를 실시한 이유가 아시아경기대회를 치를 수 있는 규모의 종합운동장 용지확보에 있었기 때문에 지구의 서북쪽 구석, 지난날 부리도라는 섬이 있었던 지역의 약 43만㎡(약 13만 평)를 운동장공원으로 확보했다. 이렇게 넓은 면적의 운동장공원을 확보할 수 있었던 데는 두 가지 이유가 있었다. 즉 이 지구 여러 곳에 흩어져 있던 20만 729평에 달하는 국·공유지를 환지 처분했으며 그것으로 부족한 것은 각 주구별로 배치되는 근린공원의 규모를 약간씩 줄이는 수법을 썼다.

각 주구마다 평균 500평 규모의 어린이놀이터를 2~3개씩 배치하는 한편, 평균 2천 평의 근린공원 1개씩을 배치했다. 또한 잠실섬의 남쪽 흐름을 폐쇄할 때 그 일부 약 9만 4,000평을 매립하지 않고 남겨서 이를 호수공원으로 했다. 한강의 원래 흐름을 따라 지하에 도수관을 묻으면 물은 항상 상류에서 흘러와 호수를 거쳐 하류로 흐르게 되므로 호수는 언제나 맑은 수질을 유지할 수 있고, 이 호수 주변에 산책로와 보트장, 대규모 정원, 전망대 등을 설치한다는 계획이었다.

⑤ 원활한 교통체계

이 계획에 의하면 잠실지구는 그 전체가 20개의 근린주구로 형성되어 있기 때문에 각 주구 내의 교통은 보행으로 하며 또 각 주구 중심에 각종 시설이 배치되어 있으므로 일상의 통학·쇼핑·나들이 교통량의 대부분은 보행으로 가능하다고 생각되었다. 그러므로 차량교통량은 주구상호간 또는 타지구와의 교통, 그리고 통과교통만을 상정했다.

계획 당시의 서울시 자동차 증가곡선에 따르면 1980년에는 서울시민 25명당 자동차 1대씩을 보유하는 것으로 추정할 수 있었다. 이 추정치가 잠실지구에도 같은 비율로 적용된다면 잠실지구의 자동차 보유대수는 7,300대로 추정되었다.

일본의 뉴타운의 예에 따라 우선 이 7,300대의 보유대수 중 35%를 주차대수로 보고 주차장 회전율을 하루에 약 3회로 볼 때 이 지구에는 상시 600대분의 전용 주차장용지가 필요하며 대당 주차장 면적을 30㎡로 보아 1만 8,000㎡의 전용주차장을 설치했다.

간선가로는 훨씬 여유 있게 계획했다. 광주대단지에서의 통과교통, 왕래교통 등을 상정하여 도로율이 25%를 상회하도록 계획했다. 잠실대교 남단에서 성남시 시계 간의 송파대로(너비 50m 길이 6,200m), 강남구와의 경계인 삼성교에서 국립경기장 입구에 이르는 올림픽로(너비 40m 길이 3,800m)를 비롯하여 오늘날의 송파구가 서울시내 제일의 높은 도로율을 자랑하는 광로·대로들 중 일부는 아시아경기대회·88올림픽대회에 대비하여 이룩된 것도 있지만 그 대다수는 1974년의 '잠실지구 종합개발기본계획'에서 수립된 것이다.

그리고 이렇게 광로·대로 등의 간선가로를 계획하는 데 있어 가장 세심하게 배려한 것은 각 주구 내로 차량이 침입 또는 통과하지 않게 했으며 보차도(步車道)분리, 지역간선－주구가선－주구내 세로, 녹도 및 보행로의 계서구분이 철저히 유지되도록 했다. 서울시내의 교통사고율을 지역별·동별로 통계를 잡는다면 아마도 잠실구획정리지구 중에서 근린주구계획이 그대로 실현된 지역(주공 1~5단지)은 교통사고가 전혀 없는 지역이거나 가장 낮은 지역으로 판명될 것이다.

⑥ 대담한 비환지와 높은 감보율

잠실계획의 여러 특징 중에서도 가장 특이한 것은 대담한 비환지 수법에 의한 집단체비지의 확보, 그리고 높은 감보율(減步率)이었다. 그것은 그 이전까지 시행되어온 구획정리사업에서는 도저히 상상할 수 없는 것이었다. 원래 구획정리사업에서 환지라는 것은 근접환지가 원칙으로 되어 있다. 각 지주가 종전에 가지고 있던 토지 중 일부를 공공용지·체비지로 떼어내고 나머지 토지분이 종전의 위치에서 환지되는 것이 원칙이고 또 일반적인 사례였던 것이다.

그런데 잠실계획에서는 대담한 비환지가 이루어졌다. 즉 종전에 잠실섬에 토지나 가옥을 가졌던 지주의 땅은 성내천 동편의 저밀도지구로 환지되었고, 송파·석촌동 등의 지주의 땅은 그 훨씬 이남으로 환지되었다. 이렇게 대담한 비환지수법으로 구획정리사업 시행자인 서울시는 지구 전체면적의 14.4%에 달하는 205만 8천㎡(약 62만 2,500여 평)의 체비지를 집단으로 확보했다. 이른바 '집단체비지'라는 새로운 모습이 실현된 것이다.

구획정리사업에서의 체비지라는 것은 사업시행자가 사업에 투자한 비용을 토지로 거둬들이는 제도였다. 즉 '사업시행을 위하여 들인 비용 대신에 지주들로부터 거둬들이는 땅'이 체비지였다. 그러므로 종전까지의 일반 구획정리에서는 각 블록별로 몇 개씩의 체비지가 생겨났다. 예컨대 100만 평 넓이의 구획정리사업에서는 수백 필지의 체비지가 생기는 것이 보통이었다. 사업시행자인 지방자치단체(또는 민간조합 등)는 이렇게 생긴 체비지를 공매입찰로 매각하여 비용에 충당했으니, 집단체비지라는 개념은 있을 수도 없고 또 있어서도 안 되는 개념이었다. 이렇게 있을 수도 없고 있어서도 안 되는 것이 잠실지구에서는 가능했던 것이다.

잠실구획정리에서의 또 하나의 특징은 광대한 공공용지의 확보였다. 13

만 평에 달하는 종합운동장시설, 9만 4천 평의 호수공원을 비롯하여 각 주구별 근린공원(약 3만 평), 17.4%에 달하는 간선도로와 광장(약 58만 8,400여 평), 제방·시설녹지·학교·시장·동사무소·파출소·하천 등 실로 450만㎡(약 136만 5,600평)에 달하는 공공용지를 확보했다. 이 공공용지율은 지구 전체 면적의 40.46%에 달하는 광역이었고 다른 구획정리지구에서의 공공용지율 약 20% 정도와 비교할 때 가히 상식의 범위를 초월하는 광역이었다.

높은 비율의 집단체비지와 광역의 공공용지를 확보했으니 자연 종전의 토지소유자 및 공유수면 매립자들에게 돌아가는 토지의 넓이는 적어질 수밖에 없었다. 구획정리사업상의 용어로 표현하면 엄청나게 높은 감보율이 적용되었던 것이다. 잠실지구의 감보율은 평균 60%였다. 즉 100평을 가졌던 지주에게 돌아간 땅이 34평이었다는 것이다.

대담한 비환지, 광역의 공공용지와 집단체비지, 상식의 범위를 벗어난 높은 감보율 등은 얼핏 보면 횡포였고 착취였다. 개인소유권에 대한 침해라고도 할 수 있다. 그렇다면 어떻게 이런 시도가 가능할 수 있었을까. 그것은 이 지구에서 처음으로 평가식 환지계산법이 적용되었기 때문이다.

잠실섬은 물론이고 그 대안인 송파·석촌·가락동 등은 말하자면 수해상습지였다. 1년에 한두 차례씩 홍수피해를 입었고 10년에 한 번쯤은 온 마을이 침수 유실되는 그런 곳이었다. 서울시는 공유수면 매립면허가 내려지고 10일 후인 1971년 2월 11일 현재로 한국감정원에 의뢰하여 잠실구획정리사업지구의 종전토지에 대한 지가감정을 실시했다. 그 결과, 포락지는 평당 500원, 백사장은 평당 2천 원, 경작지는 평당 4천 원, 주택지는 평당 5천 원, 포플러 성장지는 평당 3,500원이었다.

포락지(浦落地)는 원래 개인의 사유지로 경작지였으나 수해로 침수된 땅이었으니 거의가 토지가격 평가대상에서 제외될 수 있는 것이었다. 포락지를 제외한 나머지 땅 1평의 평균가격은 약 4천 원이었다. 제방이 쌓이고 택지가 된 후의 땅값 평균이 약 2만 원이었으므로 종전 토지면적의 약 30%만 환지해주면 된다는 계산이 성립했던 것이다. 사실 종전 토지에 대한 환지면적은 25~35% 선이었다. 그러나 잠실지구 종전 지주들은 이런 환지방식에 전혀 저항하지 않고 순순히 따라주었다. 아무런 잡음도 없었던 것으로 기억하고 있다.

다음은 공유수면매립자인 잠실개발(주)에 대한 환지였다. 앞에서 언급했듯이 잠실개발(주)에 돌아갈 토지는 64만 4,716평이었다. 그들에게도 구획정리사업에 의한 감보율이 적용되어야 했다. 평가기준은 '공사비+적정이윤'이었다. 그들에게는 36만 8,160평이 환지되었다. 43%의 감보율이 적용된 것이다. 역시 높은 감보율이었는데도 큰 저항은 없었다. 그들에게 환지된 땅이 잠실계획상 중심업무지구에 해당된 때문이었으니 장차 일어날 높은 땅값 상승을 기대했을 것이다.

'잠실종합개발계획'이 지니는 의의는 그 후 우리나라에서 이루어진 적잖은 도시설계에 하나의 모델이 되었다는 점이다. 다시 말하면 도시설계에서 하나의 틀을 제공했다는 점에서 큰 의의를 지닌다. 그러나 오늘날 이 잠실계획을 돌이켜보면 그 의욕이 지나쳤던 것이 아닌가 하는 반성도 해본다. 당시의 우리나라 국력에서 340만 평의 광역을 도시설계 수법으로 전체를 계획한 점은 지나친 의욕이었다는 반성인 것이다.

여하튼 당시 손정목 국장, 박병주 교수가 추구한 이상은 겨우 잠실 1~5단지와 운동장공원과 호수공원 그리고 종횡으로 그어진 여러 개의 간선도로로만 남았고, 86아시아경기대회, 88올림픽을 치르면서 당초의 구상과는 전혀 다른 지역으로 발전 변모했다.

≪주간조선≫이 서울정도 600년 기념호로 발간한 통권 제1286호(1994년 1월 6일간)에 여론조사기관인 한국갤럽이 600명의 시민을 대상으로 전화조사한 결과를 게재하고 있다. 이에 의하면 서울에서 가장 살기

좋은 동네는 잠실동이었고(총 응답자의 7.1%), 또 잠실동이 속한 송파구는 서울에서 가장 살기 좋은 구를 묻는 최초응답에서는 1위로 꼽혔으나 중복응답에서는 강남구에 밀려서 2위로 꼽혔다. 서울에서 가장 살기 좋은 동네로 꼽힌 잠실동이 잠실 주공 1~5단지이니 진정한 의미의 도시계획이 지니는 무게의 크기를 실감할 수 있다.

3. 잠실 아파트단지 계획

주공 1~4단지 배치계획

잠실계획의 특이성은 대담한 비환지와 집단체비지였다. 서울시는 이 잠실 구획정리지구에서 모두 62만 2,526평의 체비지를 집단 또는 개별로 확보했다. 집단체비지는 동쪽과 서쪽 2개로 서쪽이 35만 407평, 동쪽에 위치한 것이 10만 3천 평이었다. 서울시는 서쪽에 위치한 대규모 집단체비지 35만여 평을 주택공사에 일괄 양도했다. 양도가격은 분할납부를 조건으로 평당 2만 원이었다. 서울시가 집단체비지 35만 평을 주택공사에 일괄 양도한 것도 시장 단독으로 결정할 사항이 아니었다.

박병주가 그린 조감도를 들고 양택식 서울시장이 청와대에 가서 보고를 했더니, 그 자리에서 "집단체비지는 주공을 시켜 이상적인 주택단지를 조성케 하라"는 지시가 내렸던 것이다. 주택공사에 양도하게 된 35만 평은 잠실계획에서 5개 주구로 나뉘었다. 주택공사는 그중 우선 4개 단지조성부터 계획했고, 단지배치의 실무를 맡기 위하여 그동안 폐지되었던 단지연구실이 부활되었다.

미국 유학에서 돌아온 28세의 여홍구가 잠실 1~4단지라는, 한국최대

의 단지배치계획을 맡게 되었으니 그 포부가 얼마나 컸을까를 짐작하고 남음이 있다.[10]

당시 단지연구실에는 여희우·정경상·양재현·이준호 등 5~6명의 스탭이 있었는데 업무량이 많아 아르바이트 학생 둘을 불러다 썼다. 서울대학교 건축과에 재학중이었던 손세관·신혜경이었다.[11]

단지배치와 평형결정에 두 가지의 문제가 있었다. 첫째는 아파트의 높이였다. 잠실개발계획에서 2~4단지는 고밀도지구이고 12~15층 아파트가 들어가도록 계획되어 있었다. 그런데 그때까지 주택공사가 건설한 아파트는 모두가 5~6층뿐이었고 고층은 지은 일이 없었다. 고층으로 하느냐, 5~6층으로 하느냐를 두고 주공 간부들이 고민을 했다. 고층으로 하면 철골구조에다가 엘리베이터 등이 들어가서 단위건축비가 높아진다. 그리고 그때까지만 하더라도 과연 15층 높이의 아파트가 주거로서 적절한 것인가, 어린이의 정서에 장애를 주는 것이 아닌가 하는 등의 의논이 분분할 때였다. 결국 5층 높이로 통일하고 그 대신에 주거밀도는 고밀도로 하기로 결정했다. 이렇게 낙착된 데는 결정적인 요인이 있었다. 주 연료가 아직도 연탄이었던 것이다.

두 번째는 각 가구별 주거의 평형이었다. 주공이 8~15평의 소형아파트를 지은 것은 주로 1960년대였다. 마포아파트는 9평과 12평이었고, 동부이촌동 공무원아파트는 12평에서 25평까지였다. 그러나 1970년대에 들어오면서 한국인의 주거 선호도는 작은 평수를 기피하는 경향이

---

10) 1945년생으로 이른바 해방둥이인 여홍구는 1973년에 미국 캔자스대학교에서 건축·도시계획으로 석사를 하고 돌아와 주공의 계장으로 특채되었다. 계장으로 있을 때 창원공업도시를 설계한 것이 평이 좋아 과장으로 승진되면서 단지연구실장으로 발탁되었다. 그가 단지실장이 된 것은 겨우 28세 때의 일이었다. 그는 지금 한양대학교 중진교수이면서 국토도시계획학회 고문으로 있다.

11) 손세관은 중앙대학교 교수, 신혜경은 인하대학교 교수를 거쳐 중앙일보사 논설실에 있으니 25년이라는 세월의 흐름을 새삼 실감한다.

있었다. 민간아파트업자들이 30~60평 아파트를 다투어 짓기 시작하고 있었다.

주택공사로서는 그런 경향을 무시할 수가 없었다. 그리하여 1970년에 동부이촌동에 지은 한강맨션아파트는 27~55평, 1972년에 지은 반포 1단지는 32~42평이었다. 잠실 1~4단지도 반포 1단지와 같은 32~42평형으로 계획하여 추진하고 있었다.

그런데 단지배치계획이 거의 마무리되어가는 과정에서 청천벽력 같은 지시가 떨어졌다. 박 대통령이 "주택공사가 잠실에 짓는 아파트는 서울시민의 각 소득계층에 맞추어 저소득·중소득층이 골고루 입주할 수 있도록 하라. 국민의 주생활을 호화롭게 하는 데 주택공사가 앞장서지 말라"는 지시를 내린 것이다. 박 대통령의 지시는 "서울시가 철거하는 무허가불량지구 주민들을 수용할 수 있는 아파트를 지으라"는 내용이었다. 당무자들 입장에서는 실로 어이가 없었다. 『대한주택공사 20년사』에는 박 대통령 지시를 "잠실건설에는 각 소득계층별 주택을 혼합 배치하여 주민 간에 위화감이 없도록 하라"고 점잖게 기록되어 있다(378쪽).

그러나 여하튼 누구의 명령인데 안 따를 수 있으랴. 부랴부랴 서울시민의 소득조사를 실시했다. 그 결과 월소득이 4만 4천 원인 가구에는 7.1~7.4평형, 5만 8천 원인 가구에는 9.4~9.8평형, 그리고 7만 3천 원인 가구에는 13~15평형이 적당하다는 결론이 내려졌다. 결국 잠실 1~4단지에는 7.5평형 아파트가 500개, 10평형이 600개, 13평형이 7,610개, 15평형이 3,400개, 17형평이 2,410개, 19평형이 730개, 합계 334개동 1만 5,250개 가구분이 들어가도록 설계되었다. 13평형이 주축이었고 그 비율은 49.9% 즉 정확히 반수를 점했다. 15평형 이하의 아파트에는 무허가건물 철거민들이 수용되는 것이 원칙이었다.

단지 배치계획은 약 8개월간의 작업 끝에 1974년 11월에 마무리되었고 김재규 건설부장관, 최주종 주공사장이 청와대에 가서 결재를 받았다.

중동 건설경기와 맞물린 1~4단지 건설

김재규 건설부장관이 참석한 잠실 1~4단지 건립기공식은 1975년 2월 6일에 거행되었다. 4월 25일에 주택공사사장이 경질되어 양택식 전 서울시장이 사장으로 부임했다. 박 대통령이 거대한 잠실단지 건설에는 양택식이 가장 적임자라고 판단했기 때문에 행해진 인사발령이었다. 양택식은 1974년 8월 15일에 있었던 육영수 여사 저격사건의 책임을 지고 그해 9월 3일자로 서울시장 자리에서 물러나 있었다.

양 시장은 일밖에 모르는 인물이었다. 그에겐 밤낮이 없었으며 토요일도 일요일도 없는 문자 그대로 24시간, 전천후 시장이었다. 여하튼 양택식은 서울시장으로 있으면서 잠실지구를 계획한 책임자였고 주택공사사장이 됨으로써 자기가 계획한 것을 손수 건설하는 책임자가 되었으니 어떤 의미에서는 대단한 행운아라고 할 수가 있다.

주택공사는 이미 마포·동부이촌동·개봉·반포단지 등을 통하여 대량주택건설 능력이 입증되고 있었지만 잠실 1~4단지의 건설물량은 파격적인 대규모였다. 당시 계획인구 10만 명 아파트단지는 세계적으로도 그 예가 흔하지 않았다. 겨우 일본에 3개(港北·千葉·多摩), 영국에 2개, 독일과 미국에 각각 1개 정도밖에 없었다. 그때까지 주택공사가 건설한 규모는 반포 1단지 99동 3,650가구분이 가장 큰 것이었는데, 잠실 1~4단지는 반포 1단지의 4배 규모였다. 주공은 우선 1975년 중에 13평형 이상 17평형까지의 258개 동 1만 1,660가구분 건립에 착수했다.

양 사장은 취임하고 나서 한 달 뒤인 5월 29일에 '잠실단지건설본부'를 건설현장에 설치하고 이른바 '180일작전'이라는 것을 전개했다. 어

잠실단지건설본부 발족(오른쪽 양택식 주공 사장).

린이대공원을 건설할 때 180일 작전이란 강행군을 지휘했던 양택식 스타일 바로 그것이었다.

지금 되돌아보면 정말로 우직했다. 1975년 잠실에서는 주택공사의 1~4단지 1만 1,660가구분만이 건설된 것이 아니었다. 서울시가 잠실지구 중밀도 1블록 4만 2,527평의 땅에 시영아파트 13평형 80개 동 3천 가구분을 동시에 건설하고 있었던 것이다. 잠실 1~4단지에 연인원 280만 명, 잠실 시영아파트에 54만 6천 명이 동원되었다. 이 두 개의 대규모 공사판에 주공과 서울시 기술진의 지휘 아래 한국 건설업계가 모두 참여했다. 사람만이 아니었다. 그동안 축적된 토목·건축 기술수준은 말할 것도 없고 자재와 기구까지 남김없이 동원되었다.

1973년에 일어난 제1차 에너지 파동으로 1974년만 하더라도 거리에 실업자가 넘치고 있었고 한국 전체가 불경기의 늪에 깊이 빠져 있었다. 약간의 양곡이 지급되던 '새마을취로사업장'에는 실업자들이 수없이 모여들었고, 서울시내에서만 상시로 5~6개소의 대규모 취로사업이 전개되고 있었다. 어두운 1974년이었고 불경기는 1975년 전반기까지 이어지고 있었다. 그런 어두웠던 분위기를 하루아침에 바꾸어버린 것이 잠실단지 건설 공사장이었다. 그로 인해 서울의 실업률이 크게 낮아졌고 당연히 노임도 올랐다.

1975년에 들어 실업률이 떨어지고 노임이 오른 데는 또다른 이유가 있었다. 우리나라 건설업계의 중동진출이 본격화되기 시작했던 것이다. 미장공(미장이)의 경우 잠실단지 공사를 처음 시작할 때 평균일당이 4천원이었는데 단숨에 5천 원, 6천 원으로 뛰어올랐다. 주공 제5단지가 건설된 1977년 추석이 지나고부터는 1만 원선이었다.

잠실공사에는 당시 우리나라를 대표하는 건설업체가 모두 참여했다. 180일작전 때문에 각 업체마다 공기를 맞추기 위해 혈안이 될 수밖에 없었다. 숙련공의 수가 한정되어 있었으니 업체 간에 숙련공 빼내기(품값 올리기) 경쟁이 일어난 것은 당연한 일이었다. 바로 노임파동이었다. 주택공사 잠실단지 건설본부장이 직접 나서서 각 업체 현장소장들을 강하게 설득함으로써 숙련공 빼내기 경쟁은 가까스로 수습되었다.

자재파동도 일어났다. 레미콘이나 타일도 딸렸고 미장(美粧)마루·합판도 딸렸다. 건설에 참여한 업체들은 물론이지만 건설본부 요원들, 심지어 주공 본사 조달관계 임직원들까지 자재를 구하러 뛰어다녀야 하는 숨가쁜 나날이었다. 그중에서도 타일의 품귀가 가장 심하여 입주시기가 임박했는데도 마무리공사를 할 수가 없어 부득이 일부 분량은 수입품을 사용하여 난관을 넘겼다. 1975년에 시작하여 잠실 5단지가 건설된 1977

년까지 각 건설업계는 물론이고 자재를 공급한 연관산업체들은 철야작업을 계속해야 했다.

주택공사와 서울시가 동시에 진행한 잠실공사는 이렇게 광범위한 연관산업에 활기를 불어넣어 바닥을 헤매던 국내경기를 끌어올리는 기폭제 역할을 했으며, 공급물량이 워낙 방대했기 때문에 각 생산업체마다 비명을 올렸다고 한다. 생각해보면 실로 즐거운 비명이 아닐 수 없다. 특히 가구업계 등 기반이 약한 업종은 잠실공사 때문에 온통 뒤흔들리는 법석을 떨어야 했다.

법석을 떨어야 했던 것은 업체들만이 아니었다. 한국전력·전화국·수도국·시 교육위원회 등도 사정은 마찬가지였다. 아파트가 준공되면서 전기도 들어가야 되고 수돗물도 공급되어야 했으며 학교도 문을 열어야 했기 때문이다. 건설본부 요원들이 관계기관으로 뛰어다녔고 각 기관들마다 예산작업, 현장공사에 법석을 떨었다. 한전·수도국·교육위원회 등이 가장 신경을 쓴 것은 주공 1~4단지 1차 준공 때 박 대통령이 임석할지도 모른다는 점이었다. 입주민들 중에서 "아직 전기가 들어오지 않았습니다"라든가 "학교 때문에 불편합니다"라는 소리가 나오게 되면 큰일이 아닐 수 없었다.

그렇게 법석을 떨었는데도 끝내 말썽이 있었다. 전화가 가설되지 않았던 것이다. 주택공사는 건설에 들어가기 전에 체신부와 협의를 했지만 그때는 이미 1975년도 당초 예산이 성립되고 난 뒤였다. 아파트 가구수가 1천 가구나 2천 가구 정도였다면 임시변통이 될 수 있었겠지만 1975년 중에 준공되는 아파트는 잠실 1~4단지에서 1만 1,821가구, 잠실 시영아파트가 3천 가구였다. 이미 성립된 예산에서 1만 5천 가구분의 신규 전화 가설은 속수무책이었다. 결국 잠실 초기 입주자들은 전화 없는 생활을 반 년 정도나 감내해야 했다.

잠실 1~4단지에서 가장 높이 평가할 것은 녹지조성이었다. 주택공사는 2~4단지에서만 5만 8천 그루의 각종 나무를 심었다. 조경기술진은 환경조성(감상과 녹음), 방벽·방풍 등의 기능에 따라 교목·관목·덩굴잔디 등을 심었다. 또한 계절에 맞추어 3월부터 10월까지는 산수유·목련·진달래·벚꽃·철쭉·라일락·장미·백합·심란·무궁화·배롱나무·코스모스·들국화 등이 계속 꽃을 피우게 했으며 이들 꽃 사이사이에는 407개의 벤치와 8개소의 공지를 마련했다.

마치 전쟁을 치르는 듯 소란한 나날이었지만 예정된 180일은 지나가고 있었다. 남은 것은 입주자들의 이삿짐 운반이었다. 1~4단지 1만 1,660가구만이 아니었다. 시영아파트 3천 가구분도 거의 같은 시기에 준공되었으니 일시에 1만 5천 가구가 이사 들어오는 것이었다. 잠실로 떠난 뒷자리로 들어가는 사람도 있었고 또 그 뒤를 메우는 사람들도 있었다. 과연 얼마나 많은 사람이 움직여야 했던가.

이 이삿짐 운반 때문에 일어나는 혼란으로 인명사고라도 나면 큰 사회문제가 될 수도 있었다. 주택공사는 입주단계를 2차 6단계로 구분하여 1차로 1단지와 4단지 조기 준공분 92개 동 3,670가구를 11월 15~30일, 5일 간격으로 입주시켰다. 나머지 166개 동 7,990가구는 한 달 뒤인 12월 15~31일로 역시 5일 간격으로 3단계로 나누어 입주시켰다.

잠실지구 관리본부는 입주가 시작되기 2개월 전인 1975년 9월 22일에 설치되어 있었다. 이 기구는 생필품 공급체계 등 생활여건의 사전점검과 유관기관과의 협조, 입주자에 대한 주의사항 등 업무를 맡아 만전을 기했다. 잠실관리본부와 각 단지별 관리소 요원은 모두 185명이었다. 이들 외에도 주공 본사 및 타 지구관리소에서 92명의 인원이 임시로 차출되었다. 이렇게 모두 277명의 요원이 입주동별 안내원이 되었다.

이삿짐 운반은 당연히 토·일요일에 집중되게 마련이었다. 11월 16·23·30일, 그리고 12월 21·28일이 일요일이었다. 이 일요일 서울의 거리거리는 이삿짐 운반차로 술렁였으며 이들 차가 모여든 잠실단지의 각 아파트들은 북새통이 되어버렸다. 아직 각 단지별 슈퍼와 종합상가는 건설 중이었다. 마침 입주시기가 김장철과 겹쳐서 주공은 서울시와 협의하여 임시상가 및 김장시장을 단지 내 여러 곳에 개설하도록 했다.

저소득층을 위한 7.5평짜리 아파트

1975년에 워낙 많은 물량을 건설했기 때문에 1976년의 물량은 많지 않았다. 제2단지에 19평형 730가구분, 제1단지에 7.5~15평형 1,370가구분만 건설하면 1976년 안에 1~4단지 건설은 모두 끝낼 수 있었다. 우선 제2단지 19평형 730가구분 기공식을 1976년 4월 10일에 거행했다. 이때도 여전히 180일작전이 전개되어 예정대로 10월 6일에 준공되었다. 문제는 1단지에 짓게 될 7.5~10평의 소규모 아파트 건설이었다.

"저소득층에도 골고루 아파트가 돌아갈 수 있도록 하라"는 대통령 지시 때문에 엉겁결에 7.5평짜리 아파트 500가구분과 10평짜리 600가구분을 짓겠다고 보고하여 대통령 재가를 받기는 했으나 실무자 입장에서는 큰 고민거리였다. 그 이전에 소규모 주택을 지어본 경험이 없는 것은 아니었다. 1965년에 홍제동·돈암동에 연립주택을 지으면서 8평짜리 주택을 공급한 바 있었다.

그런데 그것은 3층 연립주택이었지만 잠실단지는 5층짜리 아파트였다. 주공이 지은 아파트로 가장 규모가 작은 것은 1962년에 지은 마포아파트에 9평짜리를 지은 것이 전부였다. 숫자로야 9평과 7.5평과는 겨우 1.5평 차이밖에 나지 않지만 실제로는 엄청나게 큰 차이가 있다. 아이 하나가 딸린 부부의 경우 7.5평(24.8㎡)이면 1인당 8㎡(2.4평)밖에 돌아가지 않는다. 방 1개+부엌+화장실은 기본이었다. 공유면적은 어떻게 하며 연탄은 어디에 보관하는가.

7.5평짜리 아파트에 관한 설명을 들었을 때 양 사장의 머리를 스친 것이 있었다. 홍콩에서 보았던 슬럼 아파트단지의 모습이었다. 1972년에 대만의 타이페이를 거쳐 터키 앙카라에 갔을 때 중간기착지인 홍콩에서 양택식은 슬럼 아파트단지를 시찰한 바 있었다. 그 슬럼 아파트군은 비참하다거나 추잡하다는 차원을 넘어 바로 지옥을 보는 기분이었다. 양 시장이 홍콩 슬럼 아파트군을 시찰했을 때 내가 수행하고 있었으니 그때의 그의 심정을 충분히 알 수 있었다.

어떻게 하면 슬럼이 되지 않고 그곳에서 생활하는 어린이가 밝고 씩씩하게 자라날 수 있을 것인가. 그곳에 거주하는 주민이 과연 부금(賦金)을 지체없이 납부할 수 있을 것인가 하는 등에 관해 깊이 있는 연구가 되풀이되었다. 사장의 과단성이 요구되는 문제들이었다.

AID자금을 빌려오기로 하자. 그것이 제일 먼저 내려진 결단이었다. 잠실단지에 건설되는 아파트는 모두가 국민주택 규모였으므로 국민주택자금 또는 정부출자금에 의한 연부주택이었다. 즉 건설비의 일부를 국민주택자금이나 정부출자금으로 보조하여 입주민이 10~15년 장기로 상환하도록 되어 있었다. 그런데 미국의 AID(Agency for International Development: 미국국제개발처) 자금을 빌리면 훨씬 좋은 조건으로 입주시킬 수 있었다.

AID자금으로 집을 지으면 거치기간 4년, 상환기간 21년, 계 25년의 장기였고, 상환방법도 거치기간에는 이자만 연 2회 지불, 상환기간에는 원리금을 균등분할 상환하는 것이었으며 연 이자는 8%였다. 주택공사는 이미 반포단지와 강남의 삼성동에 이 AID자금을 빌려 좋은 반응을 얻은 경험이 있었다. 양 사장이 1975년 7월 중순에 미국으로 가 2,500만 달러 AID차관 협정체결에 성공했다. 『주택공사 20년사』에 실린 연표에 의하면 이 협정이 체결된 것은 그해 7월 15일이었다.

연탄부엌을 쓰지 않기로 하자. 그것이 두 번째 내려진 결단이었다. 연탄부엌이 없으면 연탄보관용 공간을 둘 필요가 없어진다. AID와 교섭하였더니 그쪽에서도 찬성한다는 회신이 왔다. 이리하여 1976년에 건설된 잠실 1단지 7.5·10·15평형 1,370호에는 중온수(中溫水)지역난방이 채택되었다. 결국 '13~19평형은 연탄부엌, 7.5~10평형은 지역난방'이라는 기현상이 이루어졌다. 작은 평수에서 자라는 아이가 오히려 큰소리를 칠 수 있는 결과가 된 것이다. 이렇게 큰 문제 두 가지가 해결되었으니 남은 문제는 쉽게 풀려나갔다.

공유부분을 줄이기 위해 4가구가 계단 1개를 쓰도록 설계했다. 계단 1개를 2가구가 쓰도록 하면 공유면적 비율이 21.7%가 되는데 4가구가 쓰도록 설계했더니 공유면적 비율이 18%로 줄어들었다. 그리고 이 설계는 또 장차 경제사정이 좋아졌을 때 중간에 있는 벽을 허물면 두 집을 한 집으로 사용할 수 있게 한 것이었다.

당시의 매스컴은 잠실의 7.5·10평짜리 아파트를 '미니아파트'라고 보도했다. 그렇게 작은 아파트도 있다는 식의 약간 야유 섞인 표현이었다. 가장 적은 비용으로 가장 튼튼하게 지어져야 할 이 미니아파트는 고압벽돌로 지어졌다. 고압벽돌은 모래와 생석회를 종량비 93대 7의 비율로 혼합하여 일정한 형틀에 넣어 가압(加壓) 성형시킨 다음 고압증기로에 넣어 양생시킨 벽돌이었다. 강도가 뛰어날 뿐만 아니라 내화성이 우수하고 색깔과 질감, 단열성도 좋았다. 재료가 모래와 생석회였으니 시멘트가 들지 않았고 철근도 적게 들어 건설비용이 훨씬 저렴한 것이 특색이었다. 유럽·미국 등 선진국에서는 이미 오래 전부터 사용해오고 있던 것이다.

주택공사는 잠실단지 건설에 앞선 1974년 10월 30일에 서독(Dorstener)으로부터 연불차관으로 고압벽돌 생산시설을 도입, 경기도 고양군 신도읍에 공장을 건설하여 1976년 4월 30일에 준공, 제품공급이 시작되었다. 그런데 문제가 생겼다. 미니아파트를 짓는 데 필요한 AID자금의 도착이 늦어졌던 것이다. 아마 AID의 자금사정이 좋지 않았던 듯하다. 몇 차례 독촉전보가 오간 후 6월 하순이 되어서 자금이 왔다.

미니아파트 1,100가구분이 착공된 것은 1976년 7월 1일이었다. 양 사장은 비정하게도 '150일작전'을 지시했다. 동절기 공사를 할 수는 없으니 11월 말까지는 준공하라는 엄명이었다. 양 사장은 거의 하루에 한 번씩 이 공사현장에 들렀다. 현장을 돌아본 뒤에 건설본부에 들른 그가 항상 강조하는 말이 있었다. "앞으로 잠실단지에 사는 아이들에게 '너 어디에 사느냐'고 물었 때 '잠실단지에 삽니다'라고 떳떳하게 대답할 수 있도록 충실히 일을 하라"는 말이었고, 이어서 "비록 7.5평의 작은 주택이라도 결코 슬럼화가 되어서는 안 되고 그 집이 깨끗하게 유지되도록 하라"고 했다. 훗날 양 사장은 나에게 그 당시의 심경을 토로하여 "정말 하루하루가 기도하는 마음이었어요. 그 집을 지은 지 10여 년이 훨씬 지난 지금도 슬럼화되었다는 소문은 없잖아요. 정말 깨끗하게 살아준 주민들에게 감사하고 싶습니다"라는 것이었다.

전쟁과 같은 나날이었다. 하루 또 하루가 쌓여 150일이 지나갔다. 예정한 대로 150일작전은 성공하여 12월 초부터는 입주가 시작되었다.

한국 아파트건축의 전환점 – 5단지 건설

이득을 올리는 것을 궁극의 목표로 하는 민간아파트업자들과 달리 주택공사는 '적은 건설비로 많은 주택을 공급한다'는 것을 목표로 하는 국영기업체였다. 그러므로 민간업체에 비할 때 주공 간부들은 보수적인 체질을 갖고 있었다. 그 체질 때문에 거의 모든 민간아파트가 고층화되어가는데도 주공단지만은 5~6층 아파트를 고집했다. "고소공포증 환자도 있다" "고층아파트는 자라나는 아이들의 정서에도 문제가 있다"는 등의 의견을 발표하는 간부들이 적지 않게 있었다고 한다.

주공이 짓는 아파트가 예외 없이 모두가 중층이었던 것은 아니다. 1968년에 한남동 유엔빌리지 안에 일본의 다이세이(大成)건설과 합작으로 세운 힐탑아파트(1동)는 12층이었고 1972년에 남산에 세운 2개 동의 외국인아파트는 16·17층이었다. 그러나 그것은 예외 중의 예외였고 1970년대 중반까지 주공이 건설한 주택은 모두가 저·중층이었던 것이다.

그러나 잠실 1~4단지를 끝으로 주택공사도 그 자세의 전환이 강요되고 있었다. 한국인 전체의 주생활 경향이 '넓이 25평 건물높이 12층 이상의 고층아파트, 지역난방, 도시가스'로 크게 전환하고 있었던 것이다.

잠실 5단지는 1~4단지보다 규모가 훨씬 큰 단지였다. 3단지가 5만 3,828평, 4단지가 4만 2,249평이었는데 5단지는 10만 평 가까운 대규모 단지였다(실평수 9만 8,815평). 거기에다 1~4단지보다 훨씬 좋은 위치에 있었다. 즉 대교를 건너서 잠실에 들어서면 바로 오른쪽에 위치한 10만 평의 대지가 5단지였다. 주택공사는 이곳에 높이 15층짜리 대형아파트 30동을 건립할 것을 결정했다. 그동안 민간업체들이 지어온 고층아파트가 모두 12층이었는데 그보다 3층을 더 높인 것이다. 당연히 각 가구별 평형도 커져야 했다. 34·36평(실평수 23·25평)의 2개평형으로 통일을 했다.

한국의 도시주택 공급에서 양적 측면만이 아니라 질적·기술적 측면에서도 항상 선도적 위치를 지켜온 국영기업체의 명예를 건 역사(役事)를 전개해야 한다는 것이 그들의 포부였다. 그들은 이 5단지 건설에서 완전주의를 표방한다. 즉 그때까지 한국주택건축이 도달한 질적·기술적 측면의 정수를 아낌없이 발휘하겠다는 결의의 표현이었다.

5단지 설계에서 주공 기술진이 심혈을 쏟은 것은 난방이었다. '최소의 연료로 최대의 난방효율을 올린다'는 것이었다. 고온수지역난방을 채택하기로 하고 그것을 전제로 설계가 이루어졌다. 우선 외벽을 블록으로 2중으로 쌓고 그 사이에 스티로폼을 넣었다. 이 공법은 주공이 처음으로 시도하는 것이었다. 창문도 모두 2중으로 했다. 이 2중벽과 2중창은 보온·방음·방습에 뛰어난 효과를 나타낸다.

동간거리도 70m로 넓혔는데 당시의 같은 규모 민간아파트 동간거리가 40m 정도인 데 비하면 실로 획기적인 시도였다. 충분한 일조권을 확보하기 위해서였다. 또한 공유면적이 늘어난다는 단점을 무릅쓰고 최대의 햇볕을 얻기 위해 동형을 동서의 장방형으로 했고, 거실은 모두 남향이 되도록 설계했다. 이렇게 한 결과 잠실 5단지 각 가정의 거실은 엄동설한이 아닐 때는 난방이 필요없을 정도가 되었다. 강도가 높은 철근을 사용함으로써 기둥의 단면적을 최소한으로 줄일 수 있었고 그 결과로 가구당 전용면적을 늘리는 것을 시도하기도 했다.

한국 최초의 15층 아파트라서 발코니에 대해서도 세심하게 신경을 썼다. 고층에서 오는 불안감을 줄이기 위해 전체 가구의 발코니를 남쪽 전면에 내었으며 위험방지와 미관을 위해 화분대도 설치했다. 또 화재 등 비상시에 대비하여 이웃 가구와의 사이에 설치한 칸막이를 슬레이트로 하여 그것을 제거하면 언제든지 대피할 수 있도록 하는 조치도 취했다.

싱크대 옆에 더스트슈트를 둠으로써 부엌에서의 주부활동 동선을 줄이는 등 잠실 5단지에 쏟은 주공 기술진의 여러 가지 시도는 그 후 많은 민간아파트에서 채택되었다. 말하자면 잠실 5단지는 한국 아파트건축에 하나의 전환점이 되었다. 고층이고 고급아파트였으니 150일작전이니 180일작전이니 하는 돌관공사가 통할 리 없었다. 건물의 안전을 위해서도 2년 정도의 충분한 공기가 계산되었다.

5단지 30개 동 3,930가구분의 기공식이 거행된 것은 1976년 8월 19

잠실 주공아파트 5단지.

일이었다. 잠실벌에 전개될 대규모 고층건축의 막이 열린 것이다. 그런데 이 건축공사 또한 심각한 자재난을 겪어야 했다. 공사진도에 레미콘 공급이 따라가지 못했다. 마침내 공사가 중단되는 사태가 벌어졌다. 15층 건물의 8층까지 올라간 상태에서 레미콘 공급이 중단된 것이었다. 1977년 여름이었다. 부득이 올리는 공정을 멈추고 하층부 공사만 진행하는 날이 꽤 여러 날 계속되어야 했다.

자재난만이 아니었다. 숙련공 노임이 뛰고 또 뛰었다. 잠실단지가 시작된 1975년 당시 4천 원이었던 미장공의 노임이 1977년 추석을 지나고 부터는 1만 원선을 돌파하고 있었다.

주택공사의 입장에서 잠실 5단지는 명실공히 이 나라 주택단지의 선구자이자 모범이어야 했다. 건물의 높이와 개개 주거의 질에 있어서만이 아니라 모든 면에서 타의 추종을 불허하는 것이어야 했다. 숙의를 거듭한 끝에 도달한 것이 '새마을체육관'이었다. 민간업자들은 상상도 할 수 없는 시설이었다.

연건평 785평, 2억 9,400만 원이 투입된 새마을체육관이 착공된 것은 1977년 10월이었다. 지하 2층, 지상 2층으로 지상에는 실내체육관·이용실·미용실이 갖추어졌고 지하 1층에는 수영장·샤워실·헬스클럽·식당이 배치되었으며 지하 2층은 기계실이었다. 아파트단지 안에 실내체육관이 들어선 것도 처음이었고 실내수영장 또한 처음이었다.

이 새마을체육관 준공식이 거행된 그날, 1978년 11월 28일에는 잠실 1~5개 단지 종합준공식도 아울러 거행되었다. 잠실벌에 처음 삽질을 한 것이 1975년 2월 6일이었다. 모두 35만 평의 대지에 국민주택자금 150억 원, 정부출자금 39억 원, AID차관 96억 원, 공사 자체자금 93억 원, 입주자부담금 587억 원 등, 총 사업비 965억 원을 들여 7.5평에서 36평까지의 아파트 364개 동 1만 9,180가구분을 3년 9개월 만에 건설하여 10만 명이 주거하는 단지를 완성시킨 것이었다. 한국 주택건설의 역사에 우뚝 솟은 금자탑이었다.

주택공사는 이 잠실 10만 단지 시작에서 완공까지를 담은 천연색 기록영화의 제목을 '의지의 열매'라고 붙여 영구히 보관하고 있다.

단지별 부인회조직 – 택시승차 거부소동

주택공사는 잠실 1~5단지를 건설하면서 지난날의 아파트 단지에서는 생각하지도 못했던 여러 가지 새로운 시설들을 만들었다. 그 대표적인 것이 1단지에 건설한 새마을회관, 5단지에 건설한 새마을체육관이었다.

1단지에 건평 284평의 새마을회관이 준공된 것은 1976년 5월 28일이었다. 이 회관에 넓이 159평의 새마을작업장이 마련되었다. 전업주부 약 200명을 모아 봉제작업 등으로 월 160만 원 정도의 소득을 올릴 수 있도록 하자는, 실로 기발할 착상이었다. 7.5·10평 등 이른바 미니아파트에 거주하는 저소득층 주부들에게 일감을 주선해줌으로써 소득을 올리도록 하자는 시도였던 것이다. 맞벌이부부라는 것이 전혀 없지는 않았으나 극히 예외 중의 예외이던 시절이었다. 가정주부가 일을 해서 수입을 올릴 수 있었으니 너나할 것 없이 다투어 참여했다.

새마을작업장에 붙어 어머니회관이 들어서 있었다. 부인들의 여가선용을 위한 모임터였다. 꽃꽂이 교실·붓글씨 교실·합창모임 등이 번갈아 열렸다. 이 어머니회관은 각 단지마다 마련되었다. 즉 각 단지마다 골고루 배치된 관리사무소·동사무소 등의 2층이 어머니회관으로 이용된 것이다. 바로 주부들 친목의 장이었다. '새마을어머니회'라는 것이 각 단지마다 조직되었다. 단지별 부인회의 탄생이었다. 그것은 이 나라 아파트단지 사회에서 처음으로 생긴 조직이었다. 잠실단지보다 앞서서 형성된 동부이촌동 단지에도 없었고 여의도단지에도 없었다.

잠실 1~4단지 새마을어머니회가 쉽게 생긴 데는 두 가지 이유가 있었다. 그 첫째가 어머니회관이라는 시설이 있었기 때문이다. 둘째는 1~4단지 입주자 부인들 대다수가 26~35세의 같은 연령층이었고 소득계층도 비슷했기 때문이다. 그런데 이 단지별 어머니회 조직을 한층 더 공고하게 하는 행사 하나가 거행되었다. 주택공사가 벌인 '주공아파트단지 새마을어머니 배구대회'라는 것이었다.

1976년 8월 4일 장충체육관에서 '제1회 주택공사사장기 쟁탈 새마을어머니 배구대회'가 개최되었다. 서울에 있는 주공산하 10개 단지 어머니배구팀이 참여했는데 잠실 1~4단지는 빠짐없이 네 개팀 모두가 참여했다. 이 대회에서 잠실 4단지 응원단은 하와이 훌라춤을 추어 관중의 주목을 끌었고 2단지 응원단에는 단지 할아버지·할머니들 30여 명까지 응원을 와서 우리 팀 이겨라를 외쳤다고 한다(『주공 20년사』, 288~289쪽).

어머니배구팀만이 아니었다. 어머니합창단이 조직되었고 어머니테니스회도 개최되었다. 단지별로 산지직송 농산물 공동구판장도 마련되었고 '어린이환경보호대' '어린이 고적대'도 조직되었다. 이렇게 생긴 잠실아파트단지 부인회가 그 후 서울시내뿐만 아니라 전국 아파트단지에 널리 파급되었다. 그런데 이렇게 강한 어머니회 조직이 실로 뜻밖의 횡액을 맞이할 줄을 그 누가 알았으랴.

원래 택시라는 것은 한 단위의 승객만 태우는 것이 원칙이며 세계 어느 나라를 가도 그 원칙은 지켜지고 있다. 서울에 택시합승이 생긴 것은 1970년대 전반부터의 일이다. 아침저녁 출퇴근시간대, 택시를 타야 할 승객은 많고 택시의 절대수는 부족했다. 아무리 승차수요가 많다 하더라도 택시의 수를 무작정 늘릴 수는 없는 일이었다. 부득불 같은 방향으로 가는 승객끼리 합승을 하게 되었다. 요금은 주행한 거리에 따라 각자 지불했다.

운전기사 입장에서는 요금의 부당취득행위였지만 승객들 편에서도 그것이 편리했으니 그대로 묵인할 수밖에 달리 방법이 없었다. 교통경찰의 태도도 모호했다. 합승행위를 알고도 묵인하는 경찰관도 있었고 그것을 적발하는 경찰관도 있었다. 운전기사 입장에서는 재수가 없으면 걸리고 재수가 있으면 묵인되었다. 당연히 단속 경찰관의 부조리와도 직결되는 문제였다. 단속에 걸리면 승객이 보는 자리에서 만 원짜리 지폐 몇 장이 오가고 있었다. 생각해보면 실로 한심한 일이었다.

서울시 운수국이 일련의 '교통법규 위반행위 단속방안'을 마련하여 널리 일반에게 발표한 것은 1978년 7월말이었다. 8월 1~7일의 일주일간을 계몽기간으로 하고 8월 8일부터 정식으로 실시에 옮긴다는 것이었다. 그런데 그 단속방안에 '출퇴근시간대인 오전 9시 30분까지와 오후 6시 이후의 택시 합승행위'는 묵인하기로 한다는 것이 포함되어 있었다.

택시합승행위의 사실상 합법화를 의미하는 내용이었다(≪중앙일보≫ 8월 8일자 기사).

찬반여론이 형성된 것은 당연한 일이었지만 찬성보다는 반대하는 여론이 더 앞섰다. 예컨대 ≪조선일보≫ 8월 9일자 지면은 「대도시 교통난과 단속, '택시횡포'의 원인규명이 선결문제」라는 제목의 사설을 실어 택시합승단속 묵인방침을 맹렬히 비판하고 있다.

'서울시의 합승단속 묵인방침'에 공식적인 제동이 걸렸다. 감사원이 "택시합승은 위법 부당한 행위인데 그것을 묵인하겠다는 서울시의 방침은 부당한 것이므로 즉각 취소하라"라는 지시를 내린 것이다. 이 감사원 지시에 따라 서울시는 8월 11일자로 "8월 8일에 내린 택시합승 묵인방침을 철회하고 앞으로는 택시합승행위를 일체 불허한다"는 방침을 발표했다. 서울시의 이 합승불허방침은 신문뿐만 아니라 TV, 라디오 전파를 타고 전국으로 되풀이 보도되었다.

이 합승행위 불허방침에 동조한 것이 잠실부인회였다. 1~4단지 부인회 전체가 동조한 것은 아니었을 것이다. 어느 단지의 부인회회의에서 한 주부가 "네 사람이 합승을 해서 시내까지 가는데 왜 모두가 주행거리에 해당하는 요금을 똑같이 내야 하느냐, 부당요금징수를 시정해야 한다"라고 발언한 것이 도화선이 되었다. 생각해보면 정의감에 불타는 한 젊은 부인의 당연한 발언이었다. 그런데 부인회원 중에는 택시기사의 부인도 섞여 있었다.

한 부인의 이 발언은 눈덩이처럼 커졌다. "잠실단지부인회에서 합승택시를 검찰에 고발했다"는 것으로 발전했던 것이다. 이 소문은 즉각 택시조합에 전해졌고 서울시내 전 택시기사에게 전달되었다. 잠실행 택시승객에 대한 승차거부가 시작되었다. 잠실뿐만이 아니었다. 강서구 화곡동, 성북구 장위동 등으로도 파급되었다.

잠실단지와 시내를 잇는 지하철 2호선은 착공된 지 겨우 몇 달밖에 안 되었으니 완공되려면 5~6년은 족히 기다려야 했다. 시내버스가 없는 것은 아니었지만 출퇴근 혼잡시간에 버스를 이용하는 것은 교통지옥이나 마찬가지였다. 줄줄이 지각사태가 빚어졌다. 당시의 매스컴은 연일 이 문제를 대서특필했다.

당시 7단 내지 12단으로 크게 보도된 신문기사 중 2개 신문을 보면, 1978년 8월 15일자 ≪한국일보≫ 사회면에서는, 택시 '기피지역'이 생겼다, 잠실 등 일부 변두리 운행 꺼려, 부당요금 고발한다 소문 퍼져, 손님 몰려도 안 태워 등이고, 8월 26일자 ≪경향신문≫ 사회면에서는 '잠실 택시합승 시비 한 달 주민만 피해' '주부의 분노 행정 뒷받침을' '운전사 운행기피 승차난 가중' '보복행위 중단하라' '택시안타기운동' '출근길 관광버스 임시 운행키로' '주민 3,960가구 반상회에서 자구책 마련' 등의 표제들이 눈에 띄었다.

1978년 여름은 이런저런 일로 각 직장이나 가정에 화제가 만발했던 지루한 한철이었다. 7월 6일에 통일주체국민회의에서 박정희 대통령을 제9대 대통령으로 선출했다. 이른바 '장충체육관선거'라는 것이었다. 7월 13일에는 '현대아파트 특혜분양사건'이 터졌다. 현대건설(주)이 강남구 압구정동에 사원용이라는 명목으로 건설한 고급아파트 중 적잖은 부분이 사원이 아닌 고급공무원·언론인·대학교수들에게 특혜분양된 사건이었다. 성(成)이라는 성을 가진 여당 국회의원이 여의도아파트에 여자고등학생 2~3명을 데려다가 밤낮없이 섹스의 향연을 벌인 사건이 터진 것도 그해 여름이었다.

그러나 그 숱한 화젯거리 중에서도 잠실단지 택시합승 기피행위는 큰 사회문제가 되었다. 직장에 다니는 본인 또는 동료의 출퇴근과 직접 관계되는 일이었기 때문이다. 이 사건이 종료된 것은 9월 말, 10월 초순쯤에 이르러서였다. 서울시 운수국장의 주선으로 주택공사 간부와 잠실단지 부인회 대표가 택시조합 간부를 찾아가서 정중히 사과함으로써 화해가 성립되었다. 정의감에 불타는 아파트단지 부인회의 무조건 항복이었던 것이다. 정의가 불법에 백기를 드는 쓰라린 사건으로 기억하고 있다.

시영아파트 6천 가구 건립

20년이 훨씬 지난 지금 생각해봐도 잠실지구 구획정리사업은 실로 혁명적인 일이었다. 어떻게 그렇게 대담한 일을 할 수 있었을까.

되풀이해서 이야기하지만 집단체비지 때문에 가능한 일이었다. 서울시는 이 사업에서 46만 평이라는 넓은 면적을 집단체비지라는 이름으로 확보할 수 있었다. 그것은 택지 총면적의 25%에 달하는 광역이었다. 횡포라고도 할 수 있고 무모하다고도 할 수 있다. 동쪽과 서쪽으로 나누어진 두 개의 덩어리 땅이었다. 서쪽 35만 평을 주택공사에 일괄 양도했는데도 동쪽에 11만 평에 달하는 넓은 땅이 남아 있었다. 도로용지를 제외해도 10만 3천 평의 택지가 서울시 소유지가 되었다. 솔직히 말해 잠실개발계획을 수립할 당시에는 이 동쪽의 집단체비지에 대한 활용계획이 서 있지 않았었다.

주택공사가 잠실 1~4단지에 13~19평의 저소득층 주택 334개 동 1만 5,250가구분 건립계획을 발표한 것은 1974년 가을이었다. 그것은 당시의 한국 주택공급 사정에서 획기적인 계획이었다. 서울시라고 해서 그대로 있을 수는 없었다. 서울시도 잠실 집단체비지를 저소득층용 아파트지구로 할 것을 결정했다. 다분히 '주택공사에 뒤질세라'라는 경쟁의식이 작용하고 있었지만 더 결정적인 요인이 있었다. 무허가건물 거주자에 대한 대책이었다.

그때까지 김현옥 시장이 시도했던 시민아파트 이주도 실패했고, 1971년 8월 10일에 광주대단지 사건으로 광주대단지 이주도 사실상 불가능하게 되었다. 그렇다고 약간의 보조금만 주고 강제 철거하는 것도 주민들의 강한 반발에 부딪혀 한계점에 도달해 있었다. 세운상가와 청계천 고가도로를 건설하면서 청계천변의 무허가건물은 말끔히 정리되었지만 아직 중랑천변에는 엄청나게 많은 무허가판잣집이 그대로 남아 있어 정말 보기 흉한 모습이었다.

산허리에 무수하게 산재한 무허가건물 집단지역의 재개발을 촉구하기 위한 '주택개량촉진에 관한 임시조치법'이 제정 공포된 것은 1973년 3월 5일이었고, 이 법률은 1981년 말까지만 효력을 지니는 한시법이었다. 중랑천변을 뒤덮고 있던 무허가 판잣집을 철거하기 위해서, 또 한시법으로 규정되어 있는 불량지구 재개발을 촉진하기 위해서도 철거민 수용을 위한 공영주택 건립이 절실히 필요했다.

서울시는 1975년부터 대량의 시영아파트 건립을 계획했고 우선 빈 땅으로 있는 잠실 집단체비지에 82개 동 3천 가구분의 아파트 건립을 착수키로 했다. 구자춘 시장은 뚝심 있는 사나이였다. 한번 결심하면 저돌적으로 밀고 나가는 강력한 행정가였다. 구 시장은 우선 아파트 건립을 위한 기구와 제도의 정비부터 시작했다.

서울시에 주택국이 신설된 것은 1972년 5월 31일자 조례 제712호에 의해서였다. 무허가건물의 단속·철거·개량과 주택건설을 담당하는 기구였다. 구 시장은 이 주택국 산하에 주택건설을 전담하는 사업소를 신설했다. 주택건설사업소가 개설된 것은 1975년 2월 26일이었다.

무허가건물 철거자들이 들어가는 주택이니 각종 세금도 면제하는 것이 바람직하다고 생각했다. 서울시와 주택공사 그리고 주택건설업자가 건립하는 "15평 이하의 아파트(연립주택 포함)에 대해서는 준공검사를 마친 날로부터 2년간 취득세·재산세·도시계획세·소방공동시설세 등을 면제한다"는 '시세 면제조례'가 공포된 것은 1975년 1월 17일자 서울시 조례 제906호에 의해서였다. 1975년 1월 1일부터 1977년 말까지 3년간만 유효한 한시조례였다.

잠실 동쪽에 확보한 10만 3천 평의 집단체비지는 처음부터 바로 아파트건설에 착수할 여건을 갖추고 있지 않았다. 이곳은 잠실섬 물막이공사를 실시한 바로 옆 땅이었기 때문에 저지대였다. 연탄재 등으로 매립을 하기는 했으나 아파트를 지으려면 한강모래를 더 퍼올려서 단단하게 정지할 필요가 있었다. 이 정지작업이 시작된 것은 1974년 12월 7일부터였고 새마을취로사업으로 실시되었다. 1973년에 일어난 제1차 석유파동으로 거리에 넘치고 있던 실업자들이 약간의 구호양곡을 받고 이 사업장에 모여들었다. 이 정지작업은 1975년 2월 초까지 약 2개월이 걸렸는데 동원된 취로인부는 6만 2,901명으로 집계되었다.

시영아파트 건축공사도 주공아파트 1~4단지가 처음 기공된 1975년 2월 초순에 시작되었다. 당시는 주공이 건설하는 1~4단지의 규모가 워낙 컸기 때문에 시영아파트 건설은 세인의 주목을 거의 끌지 못했지만, 시영아파트 82동 건설현장도 1~4단지에 못지않게 험한 작업이었다. 주공 1~4단지가 겪었던 노임파동·자재파동을 같이 겪어야 했던 데다가 구자춘 시장의 뚝심이 하나 더 덧붙었다. 어떤 경쟁에서도 결코 뒤질 수 없는 구 시장은 "주공 1~4단지보다 훨씬 더 빨리 준공하라"고 명했다.

시영아파트도 1~2단지로 나뉘어 있었다. 너비 15m 도로를 사이에 두고 동쪽이 1단지, 서쪽이 2단지였다. 1~2단지 모두 30가구용 14개 동, 40가구용 27개 동씩, 41개 동 2개 단지, 합계 82개 동이었다. 구 시장의 명령 그대로 주공 1~4단지보다 준공일자가 훨씬 앞서서 1단지 41개 동은 1975년 8월 26일에 준공되었고, 2단지 41개 동은 10월 2일

잠실 아파트단지와 지하철2호선 공사.

에 준공식을 올렸다. 기능공 및 인부(취로인원 제외) 48만 3,196명이 동원되었고 시멘트 38만 6,500포대, 철근 5,900톤, 파일 1만 본, 시멘트블록 270만 개의 자재가 공급되었다.

서울시는 이어서 1976년에도 1975년에 지은 자리 바로 서쪽에 37개동 1,520가구분의 13평형 아파트를 지었고, 1977년 이후에는 동쪽에 남은 택지에 차례로 44개 동의 시영아파트를 지어 철거민들에게 공급했다. 결국 잠실 시영아파트단지는 모두 163개 동 6천 가구의 대규모 단지가 되었으며 단지에는 잠실초등학교·잠실고등학교도 들어섰다.

서울시내에는 잠실 시영아파트 외에도 서울시 주택건설사업소가 1976년 이후에 연차적으로 암사(강동구 암사동)·성산(마포구 성산동)·월계(노원구 월계동)·장안(동대문구 장안동)·온수(구로구 오류2동) 등의 시영아파트단지를 조성했으나 잠실단지보다 더 규모가 큰 것은 없다.

잠실 시영아파트 단지가 지니는 특성은 하나가 더 있다. 단지에 바로 붙어 지하철 2호선 성내역이 위치한다는 점이다. 지하철 2호선은 바로 구자춘 시장이 서울 '3핵도시화'를 위해서 착공한 전철이었고 그 노선도 구 시장이 직접 지도 위에 그려넣은 것이었다. 잠실지구가 아직도 허허벌판이었던 당시에는 구의역에서 꺾여 잠실대교를 따라 철교가 가설되어 잠실역으로 붙이는 것이 상식이었다. 그런데 구 시장은 구의역에서 꺾이게 하지 않고 강변역이라는 것을 하나 더 만들었고 거기서 꺾여 독립된 철교를 만들어 성내역을 설치했다.

성내역이라는 것을 그렸을 때 구 시장 머리 안에서는 대규모 시영아파트단지의 조성이 동시에 그려지고 있었던 것이다. 구자춘은 잠실땅에 지하철 2호선과 대규모 아파트단지라는 두 개의 발자취를 남긴 것이다.

주공 1~5단지 및 시영아파트 입주자 선정과정

주택공사가 잠실 1~4단지를 조성할 때 입주자 선정은 서울시가 전담하고 주택공사는 동·호수만 추첨으로 결정하기로 약속되어 있었다.

13평형 이하는 처음부터 방침이 정해져 있었다. 서울시가 추진하는 무허가건물 철거자 및 그 밖의 이유로 강제철거 되는 철거자에게 배정한다는 것이었다. 1975년에 들어서 철거한 건물 입주자들에게 미리 입주권이 교부되었다. 아파트 분양가격은 층별로 달랐지만 13평형 4층 가격 243만원이 기준이었다. 입주신청 때 10만 원, 입주계약 때 63만 원을 납부하면 입주할 수 있었다. 나머지 170만 원은 국민주택자금에서 140만 원, 서울시비에서 30만 원씩 융자한 것이었다. 이 융자금은 연리 8%, 1년 거치 후 14년간 원리금 균등분할 상환하는 조건이었다.

1975년은 서울시내 무허가건물 철거의 역사에서 실로 획기적인 해였다. 모두 2만 39개 동이 철거된 것이었다. 그 반수에 가까운 9,222동이 하천변이었고, 다음이 산허리 고지대였다. 동대문구와 성동구 중랑천변의 무허가건물이 완전히 철거되었다. 15만 원의 보조비만 받고 철거되는 경우도 있었고 보상금을 주는 경우, 또는 토지소유자가 비용을 부담하는 경우도 있었으며, 아파트 입주권(딱지)을 교부하는 경우도 있었다. 아파트 입주권을 갖는 철거민들을 상대로 아파트 입주신청을 받기 시작한 것은 1975년 6월 11일부터 7월 10일까지의 한 달간이었다.

철거민들의 경제사정이 넉넉지 못한 것은 당연한 일이었다. 신청할 때 10만 원, 입주계약 때 63만 원을 마련할 길이 없는 철거민들이 적잖았다. 그들 철거민들 중 상당수가 프리미엄 20만 원을 받고 입주권을 매각하는 실정이었다. 그런데도 신청마감인 7월 10일까지 입주신청자는 50%밖에 안 되어 부득이 7월 말까지 신청접수기한을 연장해야 했다. 그런데 7월 말까지 기간을 연장했는데도 신청자가 턱없이 모자랐다. 부득이 시영·주공 모두 13평형의 3분의 1씩은 입주자격자(딱지소지자)에게 임대하기로 방향을 바꾸었다. 신청할 때 10만 원, 계약할 때 20만 원을 내고 우선 입주하고 난 뒤에, 매월 9,900원씩 임대료를 지불하고 1년이 지난 뒤에 분양계약을 체결한다는 조건이었다. 생각해보면 1975년 당시만 하더라도 한국인 서민층은 정말로 가난한 시대였다. 1975년 당시 국민 1인당 평균소득은 573달러밖에 되지 않았다.

1975년에 서울시와 주공이 잠실에 지은 13평형 아파트와 1976년에 주공이 지을 7.5·10평형 아파트는 무허가불량건물 철거민들에게 배정한다는 원칙이 서 있었고 그대로 추진되고 있었다. 그런데 문제는 1975～1976년에 주공이 지을 15·17·19평형 아파트 입주자를 어떻게 정하느냐 하는 것이었다. 그 입주자 선정도 서울시에 일임되어 있었고 주택공사는 입주금을 납부한 자를 상대로 동·호수 추첨만 하게 되어 있었다. 서울시는 1975년 9월 3일에 이른바 「공영아파트 입주요강」이라는 것을 발표했다. 그 내용은 다음과 같았다.

① 1972년 8월 31일 이후 계속해서 서울에 거주한 무주택가구일 것.
② 과거에 서울시나 주택공사에서 건립한 공영주택을 분양받은 일이 없을 것.
③ 주공이 짓는 공영주택(15～19평형)에 입주를 희망하는 자는 9월 12·13 양일간 각구(출장소 포함) 주택과에 신청할 것(신청서는 6일부터 배부).
④ 구비서류: 신청서 1통, 주민등록등본 1통, 무주택자증명서(주거지 가옥대장등본·재산세비과세증명 등) 1통.
⑤ 신청서는 반드시 반장·통장·동장을 경유 무주택 확인을 받아야 한다.
⑥ 신청자는 주택은행에 40만 원의 신청금을 예치하고 그 증명서를 첨부할 것.

주공이 지은 잠실 5단지는 34·36평형이었기 때문에 이른바 공영주택이 아니었다. 일반 민간업자가 짓는 아파트와 마찬가지로 처음부터 일반인에게 선착순으로 분양하는 방법을 취했다. 민간업자처럼 화려한 선전은 하지 않았지만 신문광고도 내고 나름대로의 홍보작전도 전개했다. 그런데 의외로 분양희망자가 거의 없었다.

1976년 8월 19일에 착공을 해서 그해 연말에는 이미 7～8층까지 철근공사가 진행되고 있었는데 견본주택 전시장을 찾아오는 사람이 거의 없었던 것이다. 국영기업체인 주택공사라고 해서 넉넉한 여유자금이 있는 것이 아니었다. 분양계약을 하면서 계약금이 들어오고 다달이 납부금이 들어와야 공사비로 충당할 수가 있었다.

동부이촌동이나 여의도·압구정동 등에 짓는 민간아파트는 분양공고를 내자마자 희망자가 쇄도했다. 1973~1974년에 주공이 반포아파트를 분양했을 때도 희망자가 쇄도하여 즐거운 비명을 올렸고 그 지나친 과열이 사회문제가 되기도 했다. 그래서 1974년 2월부터 반포아파트 투기방지를 위해 입주자 일제조사까지 실시했다.

그런데 완전주의를 표방할 정도로 주택공사 전직원이 심혈을 기울여서 건설하고 있는데 잠실 5단지는 왜 이렇게 인기가 없을까. 지하철 2호선이 개통되기 훨씬 전인 1976~1977년만 하더라도 잠실은 서울의 변두리였고 그곳에 대규모 고급아파트 단지를 세운다고 해도 중산층 이상 시민이 별로 관심을 두지 않았다.

당황한 것은 주공 간부진이었다. 전직원에게 비상령을 내렸다. 직원이 직접 입주신청을 내거나 입주희망자를 모집해 오라는 명령이 떨어졌다. 그러나 그렇게 부산을 떤 것도 잠시뿐이었다. 1977년 봄이 되자 서서히 분양이 되기 시작했다. 5단지 아파트의 질이 대단히 좋다는 것이 수요자들 간에 인식되기 시작했던 것이다.

『주택공사 20년사』에 의하면 1976년에 5단지 입주신청자가 없어서 걱정을 했다는 등의 설명이 전혀 없이 1977년을 설명하는 자리에서 "이해에 들어서서 공사의 잠실 고층아파트의 분양성적이 호전되"었다고 기술하고 있고(299쪽), 이어서 1978년을 설명하면서 "시내 강남지역에 몰려 있는 기존 아파트값이 크게 올랐는데 그 가운데서도 특히 잠실지역에 공사가 건설한 15층 규모의 고밀도아파트는 프리미엄이 1천만 원선을 웃돌아 아파트단지 사상 최고가격을 이루었다"라고 자랑하고 있다(303쪽).

영동아파트지구 개발계획에서 상세히 설명되듯이 1978년은 바로 한국인 일반의 주생활양식이 단독주택에서 고급아파트로 크게 전환되는 분기점이었던 것이다.

4. 세계수준의 잠실종합운동장 건설

유신체제의 민심수습 – 잠실대운동장 착공

잠실구획정리지구 내에 대운동장 시설이 건설된다는 기사가 처음 실린 것은 1974년 2월 7일자 ≪서울신문≫이었다. 그 기사에서는 "서울시가 1982년 아시아경기대회에 대비하여 102억 원의 공사비를 들여, 잠실구획정리지구 12만 평 부지에 아시아경기대회 종목 중 14개 종목을 동시에 치를 수 있는 대운동장 시설을 건설할 예정이라고 2월 6일 양택식 시장이 말했다"고 쓰고 있다. 그러나 양택식 시장은 그러한 발설을 한 일이 없으며 그 신문기사는 추측기사에 불과했다. 2월 4일에 있은 대통령 연두순시에 앞서 양 시장이 대통령에게 개략 보고한 내용이 서울신문사 기자에게 잘못 흘러가서 실린 오보였던 것이다.

박 대통령이 양택식 시장에게 지시한 것은 "종합운동장 시설이 들어갈 수 있는 부지를 확보하라"는 것이었지 바로 건설에 착수하라는 것이 아니었다. 나는 여기에서도 박 대통령의 '기다림의 미학'을 발견한다. 1961~1979년의 19년간 국정을 담당하면서 박정희 대통령은 중앙 각 부처와 전체 지방행정기관의 재정상태 같은 것을 정확히 파악하고 있었다. 그리고 그 정확성을 바탕으로 하여 행정지시의 시기를 선택하는 것이다. 바로 기다림의 미학이다.

경상북도 지사로 있다가 1974년 9월 4일에 서울특별시장으로 부임해 온 구자춘이 영동·잠실지구에 각별한 관심을 가지게 된 것은 이른바 3핵도시개발정책 때문이었다. 강북에 형성된 구도심 외에 여의도·영등포지구와 영동·잠실지구에 각각 새로운 도심부를 조성한다. 강북 도심만을 하나의 핵으로 하는 단핵도시 구조를 3개의 핵을 가지는 다핵도시로 전환한다는 정책이었다. 이 3핵도시 구상은 1975년 3월 5일에 있었던 연두순시 때 박 대통령에게 보고되어 대통령 재가를 받아두었고 그 바탕 위에서 구도심(을지로)-영등포-영동·잠실-구도심을 연결하는 지하철 2호선 건설준비도 착착 진행되고 있었다.

서울이 3핵도시가 되기 위해서, 또 지하철 2호선이 그 기능을 다하기 위해서도 잠실대운동장 건설은 촉구되어야 했다. 건축가 김수근을 은밀히 불러 잠실대운동장 기본계획을 세울 것을 위촉했다. 기본계획을 수립하라는 대통령 지시가 있기도 전인 1975년 3월이었다. 1968년 4월에서 1969년 7월까지 한국종합기술개발공사 사장으로 있었던 김수근은 1975년에는 건축설계가 전문인 개인회사 공간건축연구소를 경영하고 있었다.

'잠실종합운동장 신축공사기본계획'은 정말로 은밀한 작업이었다. 그런 연구가 이루어지고 있다는 것은 시청간부 중에서도 몇몇 사람만 알고 있었고, 공간건축연구소 내에서도 몇 명만이 알고 있는 은밀한 작업이었다. 이 기본계획서는 아주 적은 부수만 인쇄되었고 철저히 대외비로 취급되었다. 대통령의 지시가 없었음에도 불구하고 구자춘 시장이 은밀히 이 작업을 감행한 데는 세 가지 이유가 있었다.

첫째, 학생체육관 건립이었다. 서울시교육위원회가 서울학생체육관 건립계획을 의결한 것은 1972년 7월 27일이었고, 예정부지는 처음부터 '잠실 종합운동장 부지 내'로 정해져 있었다. 서울특별시장이 교육위원회의 당연직 의장이었다. 이 학생체육관이 착공된 것은 1972년 11월 30일이었고 1975년 당시에는 한창 공사가 진행되고 있었다. 이 건물이 준공·개관된 것은 1977년 4월 20일이었다.

둘째, 서울체육중·고등학교였다. 서울체육학교가 동대문구 묵동 산 46-3번지에 처음 개교한 것은 1971년 3월 20일이었다. 이 학교는 1972년 1월에 체육중학교가 되었고 1974년 1월 5일에는 서울체육고등학교도 설립 인가되었다. 그런데 동대문구 묵동의 이 학교는 대지가 6,990평으로 좁아서 교실·기숙사(전원 합숙)·운동장이 함께 있을 수 없었으며 개개의 운동경기는 매일 태릉운동장까지 오가는 불편을 감내하고 있었다.

서울시 교육위원회는 이미 1973년에 학생체육관이 건립되고 있는 잠실대운동장 부지 동남쪽 구석에 체육중·고등학교 교사와 기숙사 신축을 하고 있었다. 이 잠실교사가 완공되어 묵동에서 이전해간 것은 1975년 11월이었다.

셋째, 탁구협회에 의한 탁구전용체육관 건립운동이었다. 1973년 3월, 유고슬라비아의 사라예보에서 59개국 선수들이 참가해서 겨룬 제32회 세계탁구선수권대회에서 한국의 이에리사·정현숙 선수가 여자단체전 우승을 차지했던 것이다. 세계선수권대회에서 태극기를 가슴에 단 이 우승을 계기로 대한체육회 산하 탁구협회는 세계제패기념 탁구전용체육관 건립운동을 전개했고 서울시장에게 그 건립을 강하게 요구해오고 있었다.

이 운동에 호응하여 1973년 12월에 서울시가 탁구전용 실내체육관 개략설계를 김수근에게 의뢰한 바 있었다. 김수근은 이 체육관 개략설계에 붙여 잠실대운동장 전체 배치계획을 스케치하여 서울시에 제출했다. 그러므로 1975년의 기본계획은 김수근에게 두 번째 작업이었던 것이다.

김수근의 공간연구소에서 은밀히 진행된 '잠실종합운동장 신축공사 기본계획' 용역보고서가 서울시에 제출된 것은 1975년 10월 15일이었다. 그리고 구자춘 시장이 직접 청와대로 가서 그 연구결과를 대통령에게 보고했다. 박 대통령은 "시기를 보고 청와대에서 발표할 터이니 그때까지 기밀을 지키라"고 지시했다. 당시만 하더라도 12만 평 부지에 종합운동장 시설을 만든다는 것도 대통령의 큰 업적이었던 것이다. 이 보고서는 그 후에도 철저한 '대외비'로서 그 기밀이 유지되고 있다.

제21회 올림픽은 1976년 7월 17일에서 31일까지 캐나다의 몬트리올에서 개최되었다. 시작된 지 10일이 지나도 한국선수단은 단 한 개의 메달도 따지 못하고 있었다. '이번에도 또 노메달로 끝나는 것이 아닌가' 라는 불안·초조감이 감돌고 있던 28일에 유도의 박영철이 동메달, 30일에는 역시 유도에서 장은경이 은메달, 여자배구가 동메달을 따서 온 나라 안을 흥분시켰다. 그리고 최종일인 31일에 양정모가 레슬링 자유형에서 금메달을 따냈다. 손기정이 1936년 베를린 대회에서 금메달을 따고는 정확히 40년 만에 획득한 금메달 소식에 온 나라 안이 흥분했다. 바로 스포츠 내셔널리즘이 시작된 것이다.

한편 국민대중은 점차 유신정치에 염증을 내고 있었다. 그해 9월 20일에 정기국회가 개회되었고, 야당의 유신정치 공격에 국민들의 이목이 쏠릴 것이 염려되었다. 청와대의 임방현 대변인이 잠실종합경기장 건설계획을 발표한 것은 정기국회가 개회된 지 이틀이 지난 9월 22일이었다. "박정희 대통령은 오늘 구자춘 서울시장에게 서울 잠실지구에 10만 명을 수용할 수 있는 대운동장과 실내체육관 2개를 주시설로 하는 종합체육시설 건설을 지시했다. 박 대통령의 이같은 지시에 따라 서울시는 5개년계획으로 잠실종합운동장 건설을 추진키로 했다"는 것이 발표의 요지였다.

청와대 대변인의 발표에 이어 구자춘 시장도 출입기자회견을 가져 오는 1982년에 실시되는 제9회 아시아경기대회를 서울에 유치할 것에 대비, 1977년에 시작하여 1981년까지 5년간 총예산 250억 원을 투입, 이미 확보되어 있는 잠실 12만 평부지에 10만 명을 수용하는 주경기장과 보조경기장·야구장, 제1·2실내체육관, 정구장·민속경기장·프레스센터 등을 갖춘 현대식 종합운동장을 건설하겠다고 발표했다.

그리고 그는 10만 명 수용의 주경기장은 현재 아시아에서는 인도네시아 자카르타의 '세나엔 스타디움', 이란의 수도 테헤란의 '아리야메르

잠실운동장 마스터플랜 당선작 모형(1977. 2. 23).

스타디움'에 이어 세 번째로 건설되는 것이지만, 운동장 전체규모로는 아시아에서 가장 큰 것이라고 자랑했다. 그리고 총예산 250억 원의 내용은 이미 확보된 부지대금이 50억 원이며 건설비 200억 원 중 시비 100억 원, 국고보조 100억 원이 될 것이라고 설명했다. 박 대통령이 의도한 대로 9월 23일자 각 일간신문은 이 잠실운동장 건설계획을 사회면 머릿기사로 크게 다루고 있다.

잠실대운동장 지명현상설계가 발표된 것은 10월 18일이었다. 그러나 건축가들에게 이 현상설계는 지극히 불공정한 것이었다. 김수근의 공간연구소에서 이미 1973~1974년에 시안을 작성했고, 1975년에는 기본계획까지 세운 바 있었으니 다른 건축가들보다 훨씬 앞서고 있었다. 따라서 말이 현상설계이지 김수근(공간)에게 설계를 맡기는 것을 합리화하는 요식행위에 불과하다는 여론이 비등했다. 실제로 이 문제를 논의하기 위해서 한국건축가협회는 10월 27일에 긴급 이사회까지 소집한 바 있다. 그러나 당시의 건축가협회 회장이 바로 김수근이었으니 불만은 불만으로 그칠 수밖에 없었다.

현상설계의 최종심사는 1977년 2월 15일에 있었다. 모두 11명의 응모작품 중에서 김수근의 작품이 뛰어났다. 다른 응모자는 겨우 2개월 정도의 시간밖에 없었던 데 비하여 김수근은 이미 3년간의 선행연구가 있었으니 당연한 결과였다. 구자춘 서울시장은 2월 23일에 당선작을 발표하고 김수근에게 상금 100만 원을 수여했다.

그러나 김수근이 국제규모의 운동장시설을 독점한다는 여론을 감안하여 전체 배치계획과 주경기장 설계는 공간의 김수근이 맡고, 야구장은 대아건축의 김인호, 실내수영장은 대한합동건축의 허필정을 당선작가로 결정했다. 심사위원들의 의견을 서울시가 수용하는 형식을 취한 것이었다.

'종합운동장 건설본부 설치조례'가 제정 공포된 것은 1976년 11월 1일자 서울시 조례 제1071호였으며 그 날짜로 바로 '잠실종합운동장 건설본부'가 발족되었다. 실내체육관이 착공된 것은 그해 12월 31일이었고 주 경기장·수영경기장은 1년 뒤인 1977년 11월 28일에 착공되었다.

파격적인 인물, 박종규 대한체육회장의 올림픽 유치 꿈

1974년 8월 15일에 일어난 대통령 영부인 육영수 여사 피격사건의 책임을 지고 대통령 경호실장 자리에서 물러난 박종규가 제25대 대한체육회 회장 겸 대한올림픽위원회 위원장이 된 것은 1979년 2월 15일이었다.

박종규는 파격적인 인물이었다. 내가 '파격적인 인물'이라고 한 것은 일반인의 상식으로는 판단이 안 되는 인물, 다른 말로 표현하면 보통의 스케일로는 잴 수 없는 인물이라는 뜻이다. 여하튼 일거일동이 특별한 인물이었다. 그는 박 대통령에 대한 충성심이 탁월해 충실한 경호책임자였고 그 밖의 정치적 욕심이 없었지만, 자기 마음에 들지 않으면 폭력도 서슴지 않는 무서운 인물이었다. 장관이건 국무총리이건 간에 그 앞에서는 위축되었다. 그가 경호실장이었을 때 그는 대통령에 다음가는 사실상의 제2인자였다. 그는 사격의 명수로서 1970~1984년의 15년간 대한사격연맹 회장으로 있었다. 그의 위력은 세계사격선수대회의 유치와 그 성공적인 운영에서 아낌없이 발휘되었다.

1978년 9월 24일부터 10월 5일까지 12일간, 태릉국제종합사격장에서 개최된 제42회 세계사격선수권대회는 우리나라가 최초로 개최한 대규모 국제경기였다. 처음에는 국내는 물론 국제적으로 제대로 잘 치를 수 있을까 하는 회의의 눈으로 바라보고 있었다. 그러나 이 대회는 비록 공산권 국가는 참석하지 않았지만 68개국에서 1,500여 명 선수를 참가시켜 성공적으로 운영되었고, 그 후 우리나라가 각종 국제경기를 유치하는 데 좋은 표본이 되었다.

이 세계사격선수권대회는 뚜렷한 흔적을 하나 남기고 있다. 워커힐 입구의 워커힐아파트(14개 동 576가구)가 바로 그것이다. 높이 14층, 가구당 넓이가 56~77평에 달하는 이 호화아파트는 사격대회 선수촌 명목으로 지어졌고 사격대회가 끝난 후에 입주신청자의 입주가 시작된 것이었다.

박종규는 1979년 2월 15일에 제25대 대한체육회 회장으로 취임할 때부터 1988년에 개최될 제24회 하계올림픽을 한국에 유치시키겠다는 꿈을 갖고 있었다. 그의 그 꿈은 4명의 부회장 중 2명을 외교관 출신으로 충당한 점에서도 엿볼 수 있다. 이때 부회장이 된 김세원은 크메르·스웨덴대사를 역임한 외교통이었고, 조상호는 외국어 능력이 뛰어나 청와대 의전수석비서관, 이태리 대사 등을 역임했다. 존슨 대통령이 내한했을 때는 한·미 양국 대통령의 통역을 전담할 정도로 당시 국내 영어회화에서 제1인자로 알려져 있었다.

박종규 체육회장 명의의 「88서울올림픽 유치 정부지침 요청서」가 문교부장관에게 제출된 것은 그가 체육회장이 된 지 바로 한 달이 지난 1979년 3월 16일이었다. 1979년 이른 봄에 "1988년의 제24회 올림픽 대회를 한국에서 개최키로 하고 그 유치운동을 벌이자"고 생각한 사람은 대한민국 4천만 국민 중에 단 한 사람도 없었을 것이다. 1978년 말 현재의 한국인 1인당 국민소득은 1,406달러였다.

올림픽을 유치해서 그것이 흑자가 되도록 운영함으로써 대회주최측뿐만 아니라 국민경제 전반에도 크게 기여할 수 있다는 것이 입증된 것은 1984년 LA에서 개최된 제23회 대회가 처음이었다. 그러므로 그 이전에 뮌헨(독일, 제20회 1972), 몬트리올(캐나다, 제21회 1976), 모스크바(러시아, 제22회 1980)에서 개최된 올림픽은 모두 적자를 보았고 오랫동안 그 후유증에 시달리고 있었다. 선진국의 그런 경험이 잘 알려지고 있던 1979년의 시점에서 1988년 올림픽을 서울에서 개최하자라는 발상은 참으로 엉뚱하고 터무니없는 것이었다. 그런 발상을 할 수 있었던 점, 그리고 그것을 뚝심 있게 밀고 나갔던 점이 바로 박종규라는 인물의 파격성이었던 것이다.

민심 돌리기 – 88올림픽 유치결정 발표

1979년은 정말 어지러운 한 해였다. 유신독재정치에 대한 염증이 도처에서 싹트고 있었다. 우선 4월 3일에 신흥재벌 율산그룹의 신선호 회장이 외환관리법 위반 및 거액횡령 혐의로 구속되었다. 이른바 율산사건이라는 것이다. 신선호의 고향은 전라남도였다. 율산이 야당지도자 김대중과 관계를 맺고 있었고 그것이 율산을 몰락시킨 한 계기가 되었다는 풍설이 널리 퍼졌다.

김영삼이 제1야당인 신민당 총재로 선출된 것은 5월 30일이었다. 그리고 그는 6월 11일에 있었던 외신기자클럽 연설에서 북한 김일성과의 면담을 제의했다. 그리고 일주일 후인 6월 18일에 북한이 김영삼의 제의를 환영한다고 발표했다.

6월 29일에는 카터 미국 대통령이 한국을 방문했다. 카터가 서울을 떠나는 7월 1일까지의 2박 3일간은 긴장된 시간의 연속이었다. 그의 방한목적이 '유신정권의 인권탄압에 대한 미국의 태도표명'이었기 때문이었다.

신민당 김영삼 총재가 국회의사당에서 대정부질의를 벌인 것은 7월 23일이었다. 그는 이 질문에서 민주회복, 양심범 석방, 유신헌법개정특별위원회 설치, 사법권의 독립보장 등을 요구했다. 유신정권에 대한 정면도전이었다.

신민당기관지 ≪민주전선≫ 주간이었던 문부식이 긴급조치위반 혐의로 서울지방검찰청에 긴급구속된 것은 7월 31일이었다.

YH무역 여직공 200여 명이 마포에 있는 신민당사 4층에서 농성을 시작한 것은 8월 9일이었다. 동대문구(현 중랑구) 면목동에 있던 가발·봉제 무역업체 YH무역이 폐업을 선언한 데 항의하여 "공장을 가동시켜 우리에게 일자리를 주도록 주선해달라"는 것이었다. 당시의 유신정권은 노동자의 단체행위 일체를 금지하고 있었으니 대단히 큰 사건이었다. 1천여 명의 경찰병력이 마포 신민당사를 기습하여 농성 중이던 YH여직공을 강제해산시키고 172명을 연행해 간 것은 11일 새벽이었다.

이 강제해산과 연행과정에서 한 여직공이 동맥을 끊고 4층에서 뛰어내려 자살을 했고, 신민당 당원 30여 명, 취재기자 10여 명이 중경상을 입었다. 김영삼 총재는 "닭의 목을 비틀어도 새벽은 온다"라는 말을 후세에 길이 남게 했다. 신민당 국회의원 전원이 이 정부처사에 반대하여 신민당사에서 농성을 시작한 것은 강제연행이 있은 지 이틀 뒤인 13일부터였고 28일까지 계속되었다.

YH사건을 배후에서 조종했다는 혐의로 인명진·문동환 두 사람의 목사, 시인 고은, 전 고려대학 교수 이문영, 그리고 여직공 대표 8명이 구속된 것은 8월 17일이었다. 김영삼 총재가 부산에서 가진 기자회견에서 "평화적 정권교체 준비를 갖추어야 한다"고 발설한 것은 9월 9일이었다. 그리고 그는 9월 중순 미국 ≪뉴욕타임즈≫ 기자와 만난 자리에서 "미국이 한국의 인권탄압 등을 그대로 보고만 있다가는 이란의 전철을 밟게 될 것이다"라고 한 것이 9월 16일자 NYT 지상에 보도된 것이 '사대주의적 발상'이라고 하여 정치쟁점이 되었다.

여당(공화당·유정회) 국회의원 159명의 찬성으로 김영삼 신민당 총재의 국회의원 제명이 결의된 것은 10월 4일이었다. 본회의장에 경호권을 발동, 야당 국회의원의 접근이 저지된 상태에서 10여 분 만에 기습 처리되었던 것이다.

3인의 박씨, 대통령 박정희, 대한체육회장 박종규, 문교부장관 박찬현[12]이 청와대에서 자리를 같이한 것은 김영삼 총재의 국회질문, 즉 민주회복·헌법개정특별위원회 설치·사법권독립 등을 요구한 대정부질의가 있었던 7월 23일 이후의 어느 날이었다고 한다. 이 3인 박씨가 협의한 것이 '제24회(1988년) 올림픽 서울 유치운동 대대적 전개'라는 것이었다. 정치문제에

12) 박찬현은 원래 정치가였다. 일본 명치대학 법합부를 졸업하여 1948년의 제헌국회의원 선거 때 부산에서 입후보하여 31세의 최연소자로 국회의원이 되었다. 1958년의 제4대, 1960년의 제5대 국회의원도 지냈고, 제2공화국 당시에는 교통부장관도 지냈다. 나는 1972년에 양택식 시장을 수행하여 터키에 갔을 때 터키 대사로 있던 그를 만나 그의 높은 식견을 접할 수 있었다. 그가 박 대통령과 깊은 친교관계를 맺은 것은 박 대통령이 군수기지사령관으로 부산에서 근무할 때였다고 한다.

쏠리고 있는 국민의 관심을 스포츠 쪽으로 돌리기 위한 방안이었다는 것이다.

88올림픽대회를 서울에 유치한다는 것을 3인의 박씨가 합의했다는 것은 바로 박 대통령의 결심이 섰다는 것이었다. 절대권력자의 결심이 섰으니 그 추진은 빨랐다.

대한체육회장의 유치결정 요청이 3월 16일에 있었으니 문교부 체육국에서도 나름대로의 연구 검토가 진행되고 있었다. 문교부가 그 검토자료를 국민체육진흥심의회에 제출한 것은 8월 3일이었다. 그리고 이 위원회는 7인 소위원회를 구성하여 구체적인 검토에 들어갔다. 7인 소위원회의 위원장은 경제기획원 장관 겸 부총리(신현확), 위원은 문교부장관(박찬현), 외무부장관(박동진), 대한체육회장(박종규), 서울특별시장(정상천), 중앙정보부 차장(윤일균), 국제올림픽위원회(IOC) 위원(김택수) 등 6명이었다. 7인 소위원회가 개최된 것은 1979년 8월 22일이었다.

이 자리에서 신현확 부총리가 "올림픽을 위하여 대부분의 시설이 준비될 수 있다면 1986년에 개최될 제10회 아시아경기대회도 서울에서 개최하면 어떠냐"는 의견을 개진했고 참석한 위원 전원이 찬동하여 86아시아경기대회 유치도 결정되었다. "한국의 경제발전상과 국력과시, 한국체육의 국제적 지위향상, 스포츠를 통한 국민 일체감 제고를 올림픽 유치목적으로 정하고, 일본의 나고야에 앞서 빠른 시일 내에 국내외에 크게 발표하라"는 대통령 지시가 내린 것은 9월 21일이었다.

발표는 유치도시인 서울의 시장이 하는 것이 원칙이었다. 미국 콜롬비아대학에서 도시계획학을 전공하고 돌아와 청와대 제2정무비서관실에서 근무했던 이동이 서울시 시정연구관으로 부임한 것은 그해 10월 1일이었다. 그가 정상천 시장으로부터 받은 첫 번째 과업이 「제24회 올림픽 및 제10회 아시아경기대회 유치 공식발표문」 문안작성이었다. 그는 10

월 3·4·5일의 3일간 밤을 꼬박 새우면서 문안을 작성했다고 한다. A4 용지로 5장 정도나 되는 발표문이 작성된 것은 10월 6일 아침이었다.

1979년 10월 8일 오전 10시, 세종문화회관 대회의실에 내외신기자 100여 명이 소집되었다. 박종규 대한체육회장, 김택수 IOC위원, 정주영 전국경제인연합회 회장, 박충훈 한국무역협회 회장, 김영선 대한상공회의소 회장 등이 배석한 자리였다. 정 서울특별시장이 장문의 유치 발표문을 낭독하고 이어서 일문일답이 있었다.

그러나 솔직히 말해서 이때 그 누구도 실제로 88올림픽경기대회가 서울에서 개최될 것을 기대하는 사람은 없었다. 발표문을 낭독한 정상천 시장부터 그러했고 그 자리에 배석한 중요인사들 또한 만찬가지였을 것이다. 박 대통령의 입장에서는 대 북한 우위성을 대내외에 홍보할 뿐 아니라 스포츠 외교를 통해 공산권국가들과 외교관계 수립의 물꼬를 트는 계기가 되었으면 하는 바람이었고, 설사 1988년 대회를 유치하는 데 실패하더라도 장차의 유치를 위한 기득권을 확보해둔다는 정도의 가벼운 생각이었다. 그리고 더욱더 강하게 바란 것은 국민의 관심을 정치에서 스포츠로 돌려보자는 것이었다.

그런데 이런 중대발표에도 불구하고 민심은 수습되지 않았다. 부산에서 학생시위가 시작된 것은 그로부터 1주일이 지난 10월 15일부터였다. 부산의 경찰력이 총동원되어 시위진압에 나섰다. 그러나 시간이 갈수록 시위는 더욱 격렬해졌다. 18일 새벽 0시를 기해 부산직할시 일원에 비상계엄령이 선포되었다. 부산에 계엄령이 선포된 그날 18일에 마산에서도 학생시위가 일어났다. 마산·창원 일원에는 위수령이 선포되었다. 이른바 부마사태라고 하는 대규모 항쟁이었다.

박정희 대통령이 중앙정보부장 김재규가 쏜 총탄에 맞아 서거한 것은 10월 26일 밤이었다. 제주도를 제외한 전국에 비상계엄령이 선포되었다.

1961년 5월 16일에 시작한 제3·4공화국은 이렇게 해서 막을 내렸다.

잠실지구가 포함된 송파지역은 1986년의 아시아경기대회, 1988년의 올림픽경기대회를 준비하면서 크게 바뀌고 그 모습을 새로이 했다. 송파지역만이 아니라 한강연안 일대가 모두 바뀌었다. 그 변화의 과정은 이 책 제4권에서 「88올림픽과 서울 도시계획」이라는 제목으로 새로 쓰기로 한다.

(1998. 2. 16. 탈고)

참고문헌

京城府. 1934, 『京城府區域擴張調査書』, 京城府.

대한민국 정부. 1987, 『서울 아세아경기대회 백서』, 대한민국 정부.

大韓住宅公社. 1979, 『大韓住宅公社 二十年史』, 大韓住宅公社.

大韓體育會. 1990, 『大韓體育會 70年史』, 大韓體育會.

서울특별시. 1974, 『蠶室地區綜合開發基本計劃』, 서울특별시.

______. 1984, 『서울 土地區劃整理沿革誌』, 서울특별시.

서울특별시 시사편찬위원회. 1985, 『漢江史』, 서울특별시.

______. 1987, 『서울600年史(文化史蹟編)』, 서울특별시 시사편찬위원회, 1987.

______. 1996, 『서울600年史』 6권, 서울특별시 시사편찬위원회.

朝鮮總督府. 1925, 『近年に於ける朝鮮の風水害』, 朝鮮總督府.

서울시 통계연보·시정개요·시사자료, 각종 연표 등.

3핵도시 구상과 인구분산정책

영동개발이 마무리되는 과정

1. 다핵도시 구상

도시계획국장 자리 바꾸기

육영수 여사 피격사건은 정말로 어처구니없는 사건이었다. 이 사건의 책임을 지고 박종규 경호실장, 홍성철 내무부장관의 사표가 수리되었고 양택식 서울시장도 그 자리를 물러나야 했다. 양택식의 뒤를 이어 경상북도 지사로 있던 구자춘이 서울시장에 임명된 것은 1974년 9월 2일이었다. 장관이나 시장이 바뀌면 으레 뒤따르는 것이 인사였다. 전임장관이 형성해놓은 관청의 분위기를 바꾸기 위해서도 과감한 인사가 단행되는 것이 급선무였다.

구 시장은 우선 제1·2부시장 중 하나를 내보내는 일과 도시계획국장 손정목을 바꿀 것을 염두에 두었다. 도시계획국장을 바꾸는 데는 여러 가지 이유가 있었다. 첫째는 이낙선 건설부장관이 내뱉은 "도시계획국장 도적놈"이라는 말 때문이었다. 건설부장관으로부터 도적놈 소리를 듣는 도시국장을 그 자리에 둘 수는 없는 일이었다.

둘째는 손정목 국장이 너무나 고자세라는 점이었다. 한마디로 건방졌다. 다른 국장들이 굽실굽실할 때도 그는 굽실거리지 않았다. 시장으로 부임한 지 한 달이 지나도 도시계획국 소관의 결재서류가 한 건도 올라오지 않았다. 국장을 불러 "도시계획국은 아무 일도 하지 않느냐. 왜 결재서류가 올라오지 않느냐"라고 물었더니 "정책적인 일은 반드시 보고드립니다. 그러나 구질구질한 일상업무는 국장인 제가 전결처리합니다. 도시계획국은 민원사항이 많기 때문에 일일이 시장님께서 그런 것을 아실 필요가 없습니다. 아시면 오히려 골치가 아픕니다"라는 대답이었다.[1] 솔직히 당시의 손정목은 다분히 고자세였다. 나이가 사십대 중반이었으니 수양이 부족해도 많이 부족했던 것이다.

셋째는 동료인 국장·구청장들 중 다수가 손 국장을 좋아하지 않았다. 전임 양택식 시장으로부터 지나친 총애를 받은 데 대한 시기·질투가 있었을 뿐 아니라 이론이나 실무면에서도 동료들에게 적잖은 피해의식을 느끼게 하고 있었다. 이 점 역시 그의 수양부족에 원인이 있었음은 물론이다.

넷째는 도시계획에 관한 관점의 차이가 너무나 컸다. 구자춘이 서울시장으로 부임하고 보니 가장 큰 문제가 주차장 부족이었다. 부족한 것이 아니라 거의 전무한 상태였다. 그래서 아침 간부회의에서 그동안 주차장 확보에 등한했던 도시계획국장을 꾸짖었다.

당시 구자춘의 험구는 소문이 나 있었다. 평생을 군과 경찰에서 보냈으니 부하직원을 대하는 말버릇이 엉망이었다. 이놈 저놈은 보통이었고 도적놈도 심심찮게 튀어나왔다. 그날 아침은 좀더 심했다 "주차장을 만들지 않은 도시계획국장은 역적"이라고 퍼부었다. 그랬더니 건방진 국

---

1) 그 다음에 이어진 대화는 구자춘의 명예에 관한 내용이기 때문에 생략한다.

장이 답하길, "시장님, 서울의 교통문제를 근본적으로 해결하는 방안은 대중교통수단인 지하철을 파나가면서 도심부에 주차장을 만들지 않아야 합니다. 주차장이 없으면 자동차가 들어오지 못합니다. 도심부에 자동차가 들어오지 못하면 자동차로 인한 교통혼잡이 일어나지 않습니다"라는 것이었다. 정말로 어이없는 대답이었다.

그러나 그렇다고 해서 구 시장이 반론할 만한 전문가가 아니었다. 화가 머리끝까지 치민 구 시장은 큰 소리로 "역적놈은 천벌을 받아야 해" 하고는 자리를 박차고 나가버렸다. 제1·2부시장과 동료 국장들이 걱정하여 뒤따라가서 사과를 드리라고 했다. 손 국장은 사과해야 할 이유가 없었다. 도심부에 주차장을 만들지 않는다는 것, 그것은 그의 지론이고 신념이었기 때문이다.

이 주차장 문답은 뒤에서 재론할 기회가 있을 것으로 생각한다.

도시계획국장을 바꾸려니 후임자가 문제였다. 서울시 간부 중 도시계획을 아는 자가 누구냐, 외부에서 영입해오려면 어떤 사람이 있느냐. 홍익대학교 박병주 교수를 불렀다. 구자춘이 경북지사로 있을 때 박병주는 박 대통령 생가가 있는 구미시 도시계획을 세웠을 뿐 아니라 경주시 도시계획, 경주 보문단지계획 등을 담당한 때문에 서로가 잘 아는 사이였다. "도시국장을 바꿀 참인데 적임자가 없느냐"라고 물었다. 그 말을 들은 박 교수가 정색을 했다. "무슨 말씀입니까? 손 국장은 도시계획의 권위자입니다. 그만한 친구 없으니 바꿀 생각해서는 안 됩니다"라는 것이었다. 혹 떼려다가 하나를 더 붙이는 결과가 되었다.

서울 도시계획에는 철학이 없다

박병주가 그런 소리를 했다고 뜻을 바꿀 구자춘이 아니었다. 며칠 더 생각한 끝에 김수근에게 전화를 걸었다. 김수근이 김종필 오른쪽의 측근 제1호라면 구자춘은 왼쪽의 측근 제1호였다. 제1호끼리였으니 두 사람은 평소 매우 친근한 사이였다. 두 사람이 얼마나 친한 사이였는가는, 구자춘이 서울시장으로 있을 때 잠실대운동장(올림픽 주경기장) 설계를 주저없이 김수근에게 맡긴 한 가지 사실만 가지고도 충분히 알 수가 있다.

김수근에게 전화를 걸어 "가까운 시일 안에 점심을 먹자. 그 점심자리에 도시계획 잘 아는 학자 한두 사람 데리고 나오라"고 했다. 서울 도시계획의 역사에 한 개 굵은 획이 되는 '유동회합'이 이렇게 해서 실현되었다.

정확한 날짜는 알 수가 없다. 나의 기억에 의하면 10월 하순의 어느 토요일이었다. 조계사 바로 뒤, 정확히 말하면 종로구 견지동 27-2번지에 '유동'이라는 이름의 한식집이 있었다. 이 집은 음식을 깔끔하게 잘한다고 소문이 나 있어 점잖은 손님들이 자주 이용하곤 했다. 구 시장이 주선한 이 점심초대에 나온 사람은 김수근·김형만·강병기 트리오였다.[2)]

이 점심모임에서도 처음에는 서울시 도시계획국장으로 적당한 인물이 없겠느냐가 화제가 되었으나 별로 뾰족한 대안이 없었다. 자연히 이야기는 서울의 도시계획으로 옮겨갔다. 김수근이 세운상가, 청계고가도로 등을 설계했고 여의도 신시가지를 계획한 경험자인 데다 김형만·강

2) 여기서 내가 이들 셋을 가리켜 트리오라고 부르는 데는 이유가 있다. 첫째, 이 셋은 1950년대에 도쿄에서 건축을 공부했다. 1930년생인 김형만이 1955년 3월에 도쿄공과대학 건축과를 졸업했다. 1931년생인 김수근은 1957년 3월에 도쿄예술대학, 1959년 3월에 도쿄대학 대학원 건축과를 졸업했다. 1932년생인 강병기는 1958년에 도쿄대학 건축과를 졸업했다. 아마 세 사람은 도쿄에 있을 때부터 자주 어울려 다녔던 듯하다. 김수근·강병기에 박춘명을 합치면 남산 국회의사당 현상설계 당선작 3인 트리오가 된다. 그리고 김수근·김형만·강병기 트리오에 미국인 오스왈드 네글러를 합한 4인이 목동 신시가지 설계팀이 된다. 이 유동회합 때 김수근은 공간연구소 대표였고, 김형만은 국민대학교 건축과 교수, 강병기는 한양대학교 도시공학과 교수였다.

병기가 모두 도시계획으로 박사학위를 받았으니 당연한 일이었다.

그 대화 중에서 김형만이 말했다. "시장님, 서울 도시계획에는 철학이 없습니다. 서울은 지금 단핵도시입니다. 모든 도시기능이 종로·중구에 집중되어 있습니다. 앞으로도 이런 상태로 나가다가는 장차 큰일납니다. 하루빨리 도시구조를 다핵으로 바꾸어야 합니다. 구시가지를 한 개의 핵, 여의도·영등포를 한 개의 핵, 영동·잠실을 한 개의 핵으로 한다는 것입니다. 도시기능의 과감한 분산입니다. 이렇게 해야만 서울이 삽니다. 여하튼 현재의 도시계획은 아무런 철학이 없습니다."

만약에 김형만 박사가 도시계획 전문가들 앞에서 이런 소리를 했다면 그것은 별로 문제될 발언이 아니었다. 도시구조에 관한 하나의 의견이고 또 특별히 신기한 것도 새로운 것도 아니었다. 그러나 도시계획을 전혀 모르는 사람에게, 그것도 앞으로 막강한 독재권력을 휘두를 특이한 인물에게 그런 말을 했으니 그것은 바로 역사적인 발언이었다.

구자춘[3]은 명석한 사람이었다. 취미로 바둑을 즐겼는데 1급 실력이었

---

3) 1932년에 경북 달성군에서 출생한 구자춘은 4년제 대구농림학교를 졸업한 후, 바로 대구사범학교에 진학하여 1년제 강습과를 나와 초등학교 정교사 자격을 취득했다. 대구사범학교를 수료한 바로 그해에 6·25한국전쟁이 일어나자 육군에 입대하여 포병소위가 되었다. 5·16쿠데타가 일어나던 1961년 당시 그는 육군중령으로 제6군단 산하 포병 제933 대대장이었으며, 같은 사령부 산하 4개대대 장병들과 더불어 그의 지휘하에 있는 4개중대 430여 명의 장병을 인솔하여 사전에 짜인 계획대로 5월 16일 새벽 3시 40분에 육군본부를 점거했다. 당시 그의 부대는 의정부에 있었고 또 미 8군의 지휘하에 있었다. 미 8군 지휘하에 있는 의정부 소재의 병력과 장비(대포)를 끌고 와서 서울 용산의 육군본부를 점거한다는 것은 대단히 어려운 일이었다고 한다. 이리하여 그는 5·16쿠데타 주체세력 중의 일원이었으며 군사정부하에서 충남 경찰국장, 전남 경찰국장을 역임했다. 1963년 12월 군정이 민정으로 바뀔 때 육군대령으로 예편하여 치안국 정보과장이 되었으며, 다음해 7월 8일에 서울특별시 경찰국장, 1966년 5월 2일에 경찰전문학교 교장이 되었다. 1968년에 제주도 지사, 1969년에 수산청장, 1971년 6월 12일에 경상북도 지사가 되었으며, 3년 3개월 후인 1974년 9월 2일에 서울특별시장으로 임명되었다.

다. 그의 암산능력, 지도를 정확하게 보는 능력 같은 것은 감탄할 정도였다. 그러나 그렇게 명석했던 그도 심한 학력 콤플렉스를 가지고 있었다. 농림학교 4년, 사범학교 1년의 학력밖에 지니지 않으면서 서울시장·내무부장관까지 되었으니 학력 콤플렉스를 가지는 것은 당연했다. 그런데 그런 콤플렉스를 가진 사람들을 가장 약하게 하는 말이 "철학이 없다" "철학적이다 아니다"라는 말이었다. 단핵도시니 다핵도시니 하는 말을 한 번 정도 듣고 이해했을 리는 없다. 그러나 "서울 도시계획에 철학이 없다"는 말은 그에게 큰 충격이었다.

그 회합을 마치고 돌아오다 마침 시청 복도에서 퇴근하는 도시계획국장과 마주쳤다. 그대로 지나쳐가다가 뒤돌아서서 큰 소리로 "손 국장" 하고 불렀다. 깜짝 놀라서 돌아보는 손 국장을 향해서 "서울 도시계획에는 철학이 없어!"라고 큰 소리를 질렀다. 그리고는 영문도 모르고 서 있는 손 국장을 그대로 둔 채 시장실로 들어가버렸다. 월요일 아침에 출근한 손 국장이 시장 차 기사를 찾아 토요일 낮 회식장소와 김수근의 이름을 알 수 있었다. 그리고 수소문 끝에 대화내용도 알 수 있었다. 여하튼 이 유동회식 이후로 김형만은 구자춘 도시계획의 둘도 없는 브레인이 되었다.

김형만의 말뜻은 "서울 도시계획에 확실한 미래전망이 없다"는 뜻으로 이해한다면 솔직히 반론을 할 여지가 없다. 그때까지의 서울 도시계획은 말하자면 땜질이었다. 다른 말로 표현하면 대증요법이었다. 병의 증세가 나타나면 그것을 고치는 식의 행정이었다. 인구는 하루가 다르게 늘어만 갔고 그 끝이 보이지 않았다. 주택은 지어도 지어도 부족했고 택지는 공급을 하고 또 해도 부족했다. 영동지구, 잠실지구는 체비지가 팔리면 공사를 하고 안 팔리면 못하는 실정이었다. 당시의 모든 행정은 땜질행정이었고 도시계획 또한 예외일 수 없었다. 그러나 그가 철학이 없다고 말한 내용이 서울의 "단핵도시 구조를 다핵으로 바꾸어야 한다"는 뜻이었다면 얼마든지 반론할 여지가 있다.

다핵도시의 개념과 발자취

핵은 중심을 의미한다. 모든 물체에 중심이 있듯이 도시에도 중심부가 있다. 그것을 도심(都心) 또는 도심부라고 한다. 모든 물체에 하나의 중심이 있듯이 도시에도 하나의 중심이 있다. 그러나 하나의 중심만으로는 중심기능을 모두 담당하지 못하니 지역별로 중심기능 중 일부를 담당하는 부차적인 중심이 생긴다. 그것을 부도심이라고 한다. 서울의 경우를 예로 들면 4대문 안을 도심이라고 하면 영등포·청량리·신촌 등은 부도심이다.

동심원을 그리는 도시구조의 중심에 있는 루프 모양이거나 부채꼴의 끝 부분이거나 길다랗게 선형을 이루거나 사각형 또는 오각형이거나 간에 한 개의 중심밖에 없는 도시를 단핵도시라고 한다. 세계의 대다수 도시는 규모가 작건 크건 거의가 단핵도시이다. 그런데 "몇 개의 중심이 있을 수 있다. 즉 다핵도시가 있을 수 있다"라고 주장한 학자가 나타났다. 미국의 도시사회학자인 해리스(C. D. Harris)와 얼먼(E. L. Ullman)이다.

그들은 『미국정치사회과학 연보(年報)』 1945년 판에 발표한 "The Nature of Cities"라는 논문에서 "도시는 한 개의 핵으로만 이루어지는 것이 아니라 여러 개의 핵을 가질 수 있다. 도시를 형성하는 여러 기능 중에는 서로 가까이 있기를 좋아하는 것이 있는가 하면 서로 떨어져 있기를 좋아하는 기능도 있다. 높은 땅값을 감내할 수 있는 기능이 있는가 하면 그렇지 못한 기능도 있다. 그리하여 각각의 기능은 끼리끼리 모이게 되어 각각의 핵을 이룬다"라는 이른바 다핵도시론(multiple nuclei theory)을 주장했다.

그런데 해리스·얼먼의 이론을 좀 주의깊게 고찰하면 그들은 각각의 도시기능의 집단, 예컨대 도매업·경공업·중공업 등 기능별 집단을 핵이라고 보았을 뿐이며 중심경제지구(Central business district)가 여러 개 있다고 한 것은 결코 아니었다. 다시 말하면 해리스·얼먼이 말하는 핵이라는 개념은 우리가 말하는 도심(Core 또는 Nuclear)이라는 개념과는 일치하지 않는 것이었다. 그런데 많은 식자들은 해리스·얼먼의 주장을 제대로 검토도 안해본 채 '다핵'이라는 제목만을 가지고 이해해버렸다. 도심을 여러 개 가지는 도시가 있을 수 있다고 착각을 하는 것이다.

그리고 또 한 가지, 해리스와 얼먼은 사회학자였지 결코 도시계획가가 아니었다. 그들은 기존의 여러 도시를 사회학적 관점에서 비교 분석해보았더니 여러 개의 핵으로 나누어지는 도시가 있음을 알 수 있었다는 것을 주장한 데 지나지 않는다. 도시계획가가 몇 개의 핵을 가지는 도시를 구상한 것은 결코 아니었던 것이다.

그런데 김형만은 왜 다핵도시 이론을 주장하게 된 것일까를 생각해보자. 그가 호주에 가서 은거한 채 모습을 나타내지 않으니 직접 물어볼 수는 없고 추측을 할 수밖에 없다. 서울시립대학교의 강홍빈 교수는 나와의 대화에서 김형만이 호주 시드니대학에서 도시계획을 공부한 탓에 호주의 수도 캔버라계획에서 착상한 것이 아니었을까라고 추측했다.

캔버라 신수도계획은 1912년에 호주 연방정부가 널리 국제현상공모에 붙인 것이었다. 이때 전세계에서 모두 137개의 설계안이 접수되었는데, 그중 미국 시카고의 조경계획가 그리핀(W. B. Griftin)의 안이 당선되었다. 실제로 그리핀의 캔버라계획은 연방정부지구, 시청지구, 상업지구 등 3개 언덕의 연결을 기본으로 전개되어 있어 얼핏 보면 3개의 핵으로 형성되어 있는 것같이 느껴진다.

그러나 캔버라계획은 행정수도라는 단일기능을 가진 신도시계획이었으며 목표인구 2만 5천 명의 소규모였다. 말하자면 아름다운 장난감, 혹은 장식물이나 기념물과 같은 신도시계획이었던 것이다. 따라서 그곳에서 적용된 계획이념이 서울과 같은 기성 대도시계획에 도입된다는 생각을 할 수가 없다. 김형만의 다핵도시 구상은 오히려 당시 우리나라 몇몇 학자들의 생각을 좀더 구체화한 것으로 보는 것이 타당할 것 같다.

독자들은 이 시리즈의 첫째 권에 실린 내용 중 김현옥 시장 부임 직후인 1966년 여름에 서울시가 대한국토계획학회에 의뢰하여 '대서울 도시기본계획'이라는 것을 수립하고, 그 기본계획 내용과 큰 모형을 8월 15일을 기하여 전시했던 것(8·15전시)을 기억할 것이다. 그리고 그 기본계획의 내용중에 '기능분산과 인구배분'이라는 것이 있었다.

서울을 균형 있게 개발하기 위해서는 기능을 분산해야 한다. 서울의 기능 중 가장 큰 것은 정치와 행정인데 이를 입법·사업·행정으로 구분하여 입법부를 남서울(현 강남·서초구)에, 사법부를 영등포에 입지케 하고 행정부는 용산일대에, 그리고 행정 중심부인 세종로지역을 대통령부로 하여 대통령 관저 및 대통령 직속기관을 배치토록 한다는 것이었다.

그리고 이 계획이 발표되었을 때 많은 식자들로부터 "흡사 남향한 삼두(3頭)마차 같다. 이렇게 정부기능만 분리시키면 도심부에 집중되는 업무기능과 사람이 분리된다고 생각하는 것은 큰 오산이 아닌가"라는 강한 비판이 있었음을 기억할 것이다. 이 남향한 삼두마차계획, 그것이 바로 이 나라안에서 제시된 최초의 3핵도시 구상이었던 것이다.

3핵도시 구상은 그 뒤에도 있었다. 김수근에 의한 것이었다. 김수근이 여의도를 계획했을 때의 계획이념은 구도심-여의도-영등포-인천을 연결하는 선형의 대서울계획이었다. 그 시점에 그는 구도심과 여의도·영등포라는 2개의 핵을 구상했다. 그러나 그의 여의도계획이 추진되고 있을 때 경부고속도로가 착공되었고 구도심—강남을 연결하는 선으로의 발전축이 또 하나 형성되었다. 그 시점에서 김수근은 구도심—여의도·영등포와 강남이라는 3개의 핵을 생각하고 있었다. 김수근의 그와 같은 생각은 김현옥 시장에게 전해졌고 1968년 4월 3일자 김 시장 기자회견에서 이른바 '제2서울건설'이라는 표제로 대대적으로 발표되었다.

> 여의도를 중심으로 피라미드형의 제2서울을 건설한다. 피라미드라는 것은 바로 삼각형을 뜻한다. 즉 삼각형의 한 개 정점이 여의도이며 동남쪽의 정점이 현재의 강남지역이고 서남쪽의 정점이 경인고속도로변이다. 넓이는 2,500만 평에서 3천만 평, 소요자금은 200억 원, 도시형태도 피라미드형으로 하여 도심부에 건립되는 건물은 10층 이상의 대형건물로 하고, 시가지는 처음부터 입체로 하여 지하도나 육교가 없는 초현대식 도시계획을 이룩하겠다.

이 고찰을 통하여 서울의 다핵도시 구상이라는 것이 결코 김형만 혼자의 머리에서 불쑥 튀어나온 것이 아니라, 주원·김수근·김형만으로 이어지는 생각임을 알 수 있다. 그러면 무슨 이유로 그들 계획가가 서울의 단핵구조 탈피를 갈망한 것일까. 그 이유는 지극히 간단하다. 다가올 자동차시대에 대비하여 구도심 위주의 단핵도시 형태로는 도저히 감내할 수 없음을 절감했기 때문이다.

강북 서울의 지형을 보면 몇 개의 산계(山系)로 이루어지고 있다. 시가지는 산기슭을 따라 발달해와서 4대문 안에 집합한다. 4대문 안은 여러 개 산계의 끝이 모인 분지이다. 그러므로 서울은 부득불 일점집중(一点集中), 단핵의 도시형태가 될 수밖에 없다.

그런데 강을 건너면 사정은 달라진다. 강남에도 관악산·청계산·구룡산 등의 산이 연이어 있지만 그래도 여의도—영등포—인천을 잇는 광활한 공간이 있고, 관악·청계·구룡의 북녘 역시 광활한 공간을 형성하고 있다. 서울의 도심기능을 과감하게 남쪽으로 옮기자. 그리하여 강남에 전개되는 동서 2개의 공간에 제2의 서울을 구축하자. 그렇게 하는 것만이 서울이 사는 길이다. 이것이 다핵도시론 또는 3핵도시 구상의 발상점인 것이다.

그렇다면 서울의 도심이 지닌 일점집중성을 다른 도시계획가는 걱정하지 않았느냐면 절대로 그렇지 않다. 정도의 차이가 있을 뿐이었다. 다른 도시계획가는, 여의도·영등포·강남 잠실을 건전한 부도심으로 발전시켜 많은 도심기능을 분담하도록 한다. 그리고 도심기능이 아니면서 중구·종로에 입지하고 있는 잡다한 기능을 과감하게 4대문 밖으로 집단 이주시킴으로서 도심기능의 순화(醇化)를 기한다는 것이었다. 그들은 아무리 어떤 논리를 동원하더라도 도시의 중심은 하나밖에 없다. 싫건 좋건 간에 중구·종로의 단핵도심 체계를 유지해가면서 그 단점을 과감히 보완해야 한다는 것이었다.

손정목 같은 경우는 보다 더 과감한 생각을 하고 있었다. 승용차의 도심진입을 허락하지 않음으로써 자동차 교통에 의한 도심기능 쇠퇴현상을 초래하지 않게 하겠다는 생각이었다. 바로 주차장 역적론으로 발전하는 생각이었다.

3핵도시 구상의 내용

김형만이 유동모임 때 이미 3핵도시 구상의 이론적 체계화를 완성해 놓지 않았음은 명백하다. 그 점심모임 때는 그동안에 막연히 생각해오던 것을 하나의 의견으로 제시한 데 불과한 것이었다. 그러나 받아들이는 구 시장은 그게 아니었다. 훨씬 진지했다. 구 시장이 그렇게 진지한 데는 이유가 있었다.

김현옥·구자춘·정상천, 1960년대 후반에서 1970년대 말까지 서울시장을 지낸 세 사람에게는 강한 공통점이 있었다. 군·경찰에 청춘을 바쳤다는 점, 아주 젊을 때부터 군장교 또는 경찰간부로서 운전기사가 모는 지프를 타고 다녔다는 점, 서울시장이 되었을 때 자기가 탄 승용차가 잘 빠지지 않자 도시계획에 잘못이 있다고 생각한 점, 세 사람 모두 서울의 도시구조를 근본적으로 뜯어고쳐야 되겠다고 결심하고 그것을 실천에 옮겼다는 점 등이다.

앞의 두 사람은 물리적으로 뜯어고치려고 했고 정상천은 계획만 세우는 데 그쳤다. 구자춘은 시장이 되자마자 "종전까지의 서울 도시계획에 잘못이 있었다. 내 손으로 그것을 뜯어고치겠다"는 의욕에 불타 있었다. 그러던 참에 김형만이라는 학자를 만났고 그로부터 철학이 있는 학설인 '다핵도시론'을 들었으니 용기백배할 수밖에 없었다. 그로부터 두 사람의 만남은 빈번해졌고 둘이 함께 서울시 도시계획 지도를 펴놓고 다핵도시 구상을 전개해나갔다.

처음의 구상은 매우 유치한 데서 출발했다. 구도심과 여의도·영등포 그리고 영동·잠실의 핵이었다. 앞의 두 핵은 별 문제가 없었다. 영등포는 일제시대 초기부터 개발되어온 시가지였고 여의도에도 개발의 붐이 불붙고 있었다. 문제는 아직도 황무지의 상태나 다름없는 영동·잠실을 어떻게 핵으로 키워나가느냐의 문제였다. 3핵도시가 되려면 영동·잠실 그것도 영동지구에 도심기능이 집중적으로 입지해야 했다. 잠실·천호지구는 영동이라는 도심을 둘러싼 부도심이면 충분했다.

영동지구가 서울의 새로운 도심부가 되기 위해서는 어떤 시설들이 입지해야 하느냐가 진지하게 검토되었다.

첫째는 서울시청이 영동지구로 옮겨가야 하고 이어서 대법원과 검찰청, 산림청·관세청 등 2차 관서들, 한국은행·산업은행·외환은행 등의 금융기관, 한국전력(주)등 정부투자기관의 강남 이전이 이루어져야 한다.

둘째는 서울역의 일부와 고속버스터미널, 그리고 강북도심-영등포-영동-잠실-왕십리-강북도심을 연결하는 순환선 지하철을 건설한다.

실로 엄청난 구상들이 연이어 발표되었다. 구자춘은 5·16군사쿠데타 주체세력이었다. 그 주체세력들 중 적잖은 수가 하나둘씩 탈락해갔다. 1975년 당시 행정부에 남은 사람은 김종필 국무총리, 구자춘 서울특별시장, 그리고 대통령 경호실장 차지철 등 셋뿐이었다. 구자춘에 대한 박대통령, 김 총리의 신임은 절대적이었다. 그와 같은 신임을 배경으로 구자춘은 3핵도시 형성이라는 이상을 향해서 진격했다.

김형만의 3핵도시 구상은 강남고속버스터미널, 지하철순환선 건설 등이 모두 결정되고 난 뒤인 1977년 봄이 되어서야 그 완전한 모습을 나타냈다. 서울시가 미리 연구비를 제공하여 서울시의 장래의 도시형태를 구상하게 하고 그 결과를 발표케 하는 이른바 '아이디어 콤페티션' 형식의 세미나가 개최되었다. 1977년 4월 7~8일에 시청 앞 프라자호텔에서 벌어진 대대적인 행사였다.

김형만·강병기·한정섭·박병주·최상철·윤정섭·안원태 등 7명의 계획가가 참여했다. 형식은 '아이디어 콤페티션'이었지만 주는 김형만이었고 나머지 6명은 들러리였다. 내가 김형만이 주였고 나머지는 들러리라고 한 데는 이유가 있다. 김형만과 다른 6명과는 그 연구기간에 차이가 있었다. 김형만의 3핵도시 구상은 이미 1974년 가을의 유동회합 직후부터 시작되었으니 만 2년 반의 기간이 있었고, 나머지 6명은 겨우 3개월 정도의 시간밖에 주어지지 않았기 때문이다. 그러므로 모두 440쪽인 세미나 보고서 「서울 도시기본구조 연구」의 약 반인 212쪽이 김형만의 것이었고, 나머지 다른 사람들의 분량은 고작 30쪽 정도에 불과했다. 완전히 김형만의 독무대였다.

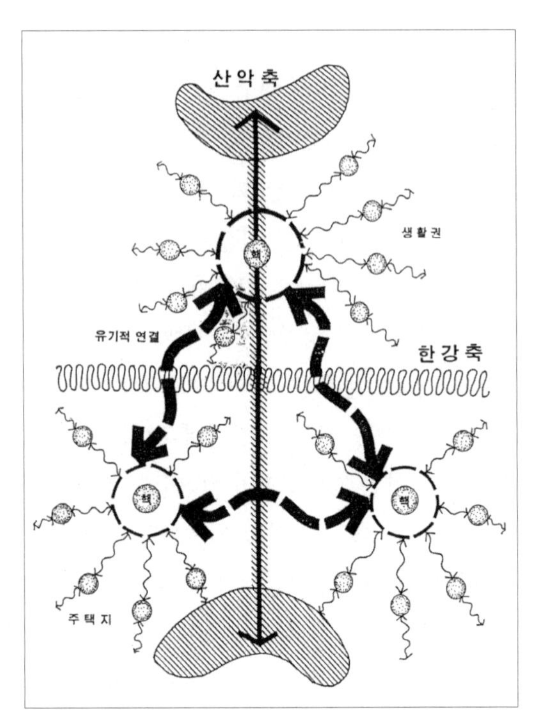

김형만의 3핵도시 구상.

그런데 여기서 특기할 것은 7명의 발표자 전원이 약간씩 표현만 달랐을 뿐 모두가 다핵도시 구상이었다는 점이다. 즉 7명 중 5명은 3핵, 나머지 2명은 1도심 2부도심론이었다. 1977년 봄 서울 도시구조 구상은 이미 3핵 도시론이 하나의 상식처럼 되어 있었던 것이다. 이 발표에서 제시된 김형만 3핵도시 구상을 요약하면 다음과 같다.

첫째 기존의 강북 핵은 국심(國心)으로서 중추적 중앙행정기능의 도심으로, 둘째 영등포(여의도 포함)핵은 경인·경수간의 산업지대 중심기능의 도심으로, 셋째 신개발지인 영동핵은 기존 강북도심의 기능 가운데 과밀의 주된 요인이 되고 있는 기능의 대담한 분산을 시도하도록 그 기본방침을 정해, 2차적 행정기능을 주로 하여 서울역의 일부기능, 서울시청을 포함한 2차관청이 집합된 새로운 시빅(Civic)센터, 금융 및 업무기능 등 장래의 수요에 대처한 기능을 수용하는 도심으로 개발한다.

김형만의 구상을 좀더 구체적으로 보자.

기존도심이 담당하는 기능 중 서울시청을 포함한 2차적 관청, 국세청·관세청·조달청 등을 모두 영동지역으로 옮긴다. 한국은행·산업은행·외환은행 등의 금융기관도 영동으로 옮긴다. 선능공원 동쪽에 철도역인 남부 서울역을 신설하여 수원-서울 간 복복선 계획 중의 복선을 수원-성남-영동으로 연결케 한다. 이 남부서울역은 또 중앙선 철도의 기·종점으로 한다. 서울시청과 2차관청 집단의 중심에 새로운 문화시설 단지(민족박물관)를 건설한다. 그외 상설 무역센터 건설, 국제 스포츠센터 건설, 버스종합터미널 건설, 지하철 노선계획의 재조정, 강북에 편재되어 있는 각급학교 강남이전 등이다.

이와 같이 여러 기능이 영동 핵에 입지되면 대기업체의 본사기능, 각종 금융기관 등도 당연히 강남으로 옮겨오게 될 것이므로 새로운 시빅센터가 형성된다는 것이었다.

김형만의 구상은 결코 주먹구구가 아니었고 구체적인 숫자까지 제시되었다. 서울의 주간 인구수 960만 명, 그중 강북핵이 담당하는 인구수 480만, 영등포 도심이 276만, 영동도심이 204만. 각각의 도심이 차지하는 부지면적, 그 위에 건설되는 건물의 바닥면적 합계까지 제시되고 있었다.

김형만의 3핵도시 구상은 다행히 잡지 ≪건축사≫ 1977년 5월호에 「서기 2천년 서울 도시재정비 구상」이라는 제목으로 요약 발표되고 있어 관심이 있는 분은 얼마든지 찾아볼 수 있다.

그런데 이 김형만의 구상은 결코 그 혼자만의 구상이 아니었으며 구자춘 시장과의 합작이었다. 1974년 가을의 유동회합 이후 구 시장은 자주 김형만을 만났고 두 사람의 의견교환을 통하여 3핵도시가 점점 더 구체화되어간 것이었다. 구·김의 잦은 만남은 또 하나의 부산물을 낳았다. 구 시장 스스로가 도시계획을 알게 된 것이다. 이제 도시국장에 굳이 전문가를 찾을 필요가 없게 되었다. 누구든지 고분고분 시장말을 잘 듣는 자를 앉히면 되었다.

구 시장의 시청간부 인사는 1975년 3월 20일에 단행되었다. 이 인사 발령에서 손정목은 내무국장으로 자리를 옮겼다. 손은 약 6개월간 내무국장을 지낸 뒤에 공무원교육원장으로 자리를 옮겼고 그곳에서 2년간 학위논문을 작성했다. 손정목 제3의 인생의 시작이었다.

구자춘 시장은 실력자였다. 박 대통령과 김종필 총리의 신임이 두터웠고 그 신임을 배경으로 남다른 배짱과 집행력을 갖추고 있었다. 김현옥 시장과는 스타일이 달랐지만 본질에 있어서는 같은 형태의 '독재자'였다. 그의 '독재력'에 의해 3핵도시 구상은 착착 실행에 옮겨진다.

2. 지하철순환선(2호선) 건설

3핵도시 실현의 첫 단추, 지하철순환선

다 같은 군 출신 시장이었지만 김현옥 시장과 구자춘 시장은 분명히 다른 점이 있었다. 김 시장에게서 느끼는 신기를 구 시장에게서는 느낄 수가 없다. 김 시장이 풍기는 예리함을 구 시장은 지니지 않았다. 그런 점에서 김 시장보다 구 시장은 분명히 둔한 편이었다. 그러나 구자춘은 김현옥이 지니지 않은 것을 지니고 있었다. 배짱이었다. 호기라고 표현해도 좋을 것이다.

그러나 두 시장은 그렇게 다른 것 같으면서도 분명한 공통점도 있었다. 한번 결심이 서면 주저 없이 실행에 옮긴다는 점이다. 김·구 두 시장 사이, 군 출신이 아닌 양택식 시장은 심사숙고를 거듭하고 여러 참모의 이야기를 듣고 또 듣고 난 뒤에 결심을 했고, 일단 결심을 한 후에도 또 생각하고 생각한 후에 실행에 옮겼다. 그러므로 양 시장은 답답한 점이 있었지만 결코 실수라는 것이 없었다.

1974년의 11~12월에 걸쳐 3핵도시 구상을 실행에 옮기는 방안을 여러 가지로 생각한 구자춘이 그 첫 수단으로 착안한 것이 지하철순환선(제2호선) 건설이었다.

대통령 연두순시는 1월 하순에 시작하여 2월 말에 지방 각 시도까지 모두 끝나는 것이 상례였다. 그런데 1975년의 연두순시는 예년보다 약 15일 정도 늦게 시작되었다. 유신체제를 규정한 현행 헌법의 찬반을 묻는 국민투표가 2월 12일에 실시되었기 때문이다. 서울시의 연두순시는 3월 초순으로 예정되어 있었다.

대통령 연두순시에서는 각 부처마다 무엇인가 획기적인 시책이 보고되어야 했다. 특히 1975년 연두순시는 구 시장이 부임하고 첫 번째 행사였다. 서울시 간부들은 '획기적인 일'을 생각하는 데 여념이 없었다.

2월 초순의 어느 날, 오전 11시경이었다고 기억하고 있다. 도시계획국장·도시계획과장·지하철건설본부장 등이 시장실로 호출되었다. 당시의 도시계획국장은 아직 손정목이었고, 과장은 김병린, 지하철본부장은 김명년이었다. 호출되어간 손정목·김명년·김병린이 시장 앞에 서 있었다. 기획관리관 김성배가 그 자리에 있었는지는 기억이 정확하지 않다. 분명한 것은 그렇게 많은 인원이 아니었다는 것이다. 구 시장은 미리 준비해 둔 서울시 지도를 펴놓고 그들이 서서 보는 앞에서 지하철 2호선의 선을 그었다. 검은색 연필이었다.

종전에 정해져 있던 제2호선은 왕십리-을지로-마포-여의도-영등포였다. 그런데 구 시장은 마포-여의도를 피하여 신촌-제2한강교(양화대교)-당산으로 이었고, 그것을 더 연장하여 구로공업단지-신림동-관악구청앞-사당동-서초-강남-삼성동-잠실-성수-뚝섬을 거쳐 왕십리로 이었다. 구도심(을지로)-영등포-영동을 잇는 3핵의 연결이었다. 구자춘이 마포-여의도를 피한 것은 여의도를 거침으로써 소요되는 경비의 과다함을 피하기 위한 이유가 하나, 다른 하나는 그가 여의도에 별로 관심이 없었기 때문이었을 것이다. 여의도는 그의 전임 김현옥·양택식 시장이 만든 것이었기에 구 시장은 여의도에의 새로운 투자는 피하는 눈치였다.

포병장교 출신답게 구 시장의 지도 파악력은 정확했다. "구로공단 앞은 통과해야 되겠지" "서울대 앞도 지나야 되겠지" 질문인지 독백인지를 분간할 수 없는 말들이 튀어나왔지만 누구 하나 발언하는 사람이 없었다. 아마 그렇게 선을 긋는 데 걸린 시간은 20분도 채 되지 않았을 것이다. 나의 입에서는 "시장님, 순환선보다는 방사선이 앞서야 합니다" "그런 장거리 건설에는 엄청난 비용과 시간이 필요합니다"라는 말이 나올 듯, 나올 듯했지만 꾹 참고 바라보기만 했다. "자! 대통령 연두순시 준비는 이것으로 해. 3핵도시 조성과 지하철순환선 건설이야." 그의 명령을 거역하고 다른 의견을 내는 참모는 단 한 사람도 없었다. 여기서 분명히 해두어야 할 것이 있다. 지하철 2호선의 노선결정은 구자춘 시장 한 사람의 결정이었다는 점이다. 3핵도시를 처음 주창한 김형만의 의견이 개입된 것도 아니었다.

그해의 서울시청 순시는 3월 5일 오전에 있었다. 3핵도시 조성, 지하철순환선 건설은 순시용 큰 차트에도 기술되었지만 별도로 작성한 미니차트에 더 상세히 기술되었다. 대통령 순시에는 국무총리·국회의장·각부 장관·청와대 비서관들이 배석하는 것이 상례였다. 그리고 대통령·국무총리·국회의장·비서실장·경호실장은 순시장에 들어가기 전에 시장실에 먼저 안내되어 잠깐 차를 마시는 시간을 가진다. 그날 시장실에 안내된 대통령·국무총리 앞에 미니차트가 펼쳐졌다.

서울 강북인구의 강남이전, 구시가지 과밀방지를 위해서는 3핵도시가 조성되어야 한다. 그리고 그 방안으로 지하철 2호선은 3핵을 연결하는 순환선으로 건설되어야 한다는 필요성을 구 시장이 직접 미니차트로 설명했다. 대통령이 양해를 했고 미니차트에 사인을 했다. 대단한 정책전환에 대한 대통령의 재가가 난 것이었다. 3핵도시 구상은 이렇게 해서 실천의 첫 단추를 끼우게 되었다.

대통령 초두순시가 있던 3월 5일부터 10일경까지, 각 매스컴은 서울의 3핵도시 조성, 지하철순환선 건설, 서울의 기본골격 전환을 크게 보도했다. 대다수 신문은 4~5회에 걸친 기획기사로 대대적인 해설을 실었다.

방사선이냐 순환선이냐

구 시장이 2호선을 순환선으로 건설한다는 것은 이미 중앙정부의 정책으로 정해져 있던 내용을 바꾸는 일이었다.

1970~1971년에 걸쳐 지하철 1호선 노선을 결정할 당시 서울시와 교통부는 신중한 교통량 조사를 근거로 장래의 제2·3·4·5호선 노선도 대체로 결정해두었다. 지하철이 어떤 노선으로 달리는가는 인근주민에게 미치는 영향이 대단히 크고 각 지역사회의 이해와 직결하는 것이다. 그러므로 노선의 선정과 착공·준공의 순서는 엄격하고도 객관적인 기준과 전체시민의 공감대 위에서 결정되어야 한다.

서울 지하철 제1~5호의 노선이 최종 확정된 것은 1971년 12월 7일이었다. 서울지하철건설본부가 실시한 면밀한 교통량 조사를 바탕으로 하고, 일본 철도건설 기술진으로 구성된 JARTS(일본철도기술협의회, Japanese Association Railway Technics Surveys) 요원과도 협의되었으며, 국무회의에도 보고된 최종안이었다.

도시고속전철의 노선결정에는 굳건한 하나의 원칙이 있다. 이용하는 시민이 얼마나 많으냐 하는 점이다. 고속전철은 건설비 투자가 엄청나기 때문에 승객이 부담하는 운임으로 우선 시설을 유지할 수 있어야 하고, 10년 정도 지나면 건설비도 전액 회수되어야 한다는 것이 대원칙이다.

서울시와 교통부가 1971년에 결정한 지하철1~5호의 노선은 바로 당시 서울시민 교통의 흐름에 충실한 것이었다. 다른 자리에서도 언급한 바 있지만 서울시민의 흐름은 남산 위에 올라가서 내려다보면 쉽게 짐작이 된다. 큰 줄기가 동쪽에서 서쪽으로 흐르고 있다. 그 중심에 4개의 동서 간선도로 즉 율곡로·종로·을지로·퇴계로가 있다. 지하철 1호선이 청량리-종로서울역-영등포로 연결된 이유, 2호선을 왕십리-당산동으로 정한 이유가 바로 여기에 있다. 동서방향의 흐름이 가장 큰 줄기이기 때문이다.

그 다음이 북쪽에서 남쪽으로의 흐름이다. 동북쪽 미아리 방향에서 남쪽으로의 흐름, 서북쪽 불광동 방향에서 남쪽으로의 흐름이 그것이다. 이 남북의 흐름에는 안산·북한산·인왕산·남산 등의 산악이 가로놓인 때문에 흐름의 대종은 자연히 대각선을 그리게 된다. 3호선을 미아리-퇴계로 경유-불광동으로, 그리고 4호선을 강남 포이동-율곡로 경유-대림동으로 그린 것은 바로 그러한 흐름에 충실히 맞춘 것이었다. 시가지를 순환하는 전철의 예가 없는 것은 아니다. 고속전철의 역사가 100년이 넘는 영국 런던이나 일본 도쿄의 경우에도 순환선이 있다. 그러나 그것은 방사선 전철이 어느 정도 이룩되고 난 뒤에 착공되는 것이 원칙이다.

서울은 그 지형의 특수성 때문에 거의 모든 간선도로가 방사선을 이루고 있다. 14개 방사선이 그것이다. 그러므로 고속전철도 방사선이 우선되어야 하며 순환선은 훨씬 뒤에 건설되어야 한다. 그러나 3핵도시 조성에 도취되어 있던 구 시장에게는 그런 원칙 같은 것은 문제도 되지 않았다. 그가 결정하고 대통령의 재가만 받으면 그것으로 끝이었다.

그러나 지하철 노선이라는 것은 이렇게 서울시장-대통령의 선에서 결정되는 것이 아니었다. 지하철 건설에는 외국차관으로 자재나 설비가 들어와야 하고 그 차관을 얻기 위해서는 미리 국내외 권위기관에 그 건설 타당성을 검토시키는 작업이 선행되어야 했다.

대통령 연두순시가 있은 지 바로 한 달 후인 그해 3월에 한국과학기술연구소(KIST)에 '지하철 2호선 건설을 위한 기술 및 경제성 조사' 용역을 발주했다. 4~5월의 2개월간에 2호선을 순환선으로 건설해야 하는 타당성, 그리고 노선을 순환선으로 해도 충분히 경제성이 있는지 수요분석을 의뢰한 것이다.

경제성 조사용역을 KIST에 발주한 데에는 여러 가지 이유가 있었다. 첫째는 김형만과의 관계였다. 김형만은 1969년 7월에서 1971년 6월까지의 만 2년간 KIST 도시계획연구실 연구부장이었다. 두 번째는 연구의 권위였다. KIST는 1966년 2월 10일 설립된 국책연구소였고 당시 한국에서 가장 많은 외국학위 취득자를 거느림으로써 권위가 인정된 연구기관이었다.

이 연구용역은 매우 단시일 내에 이루어져 발주된 지 2개월 후인 5월 말에는 이미 결과 보고서가 접수되었다. 보고서의 내용은 ① 단핵도시인 서울은 3핵도시로의 전환·개발이 불가피한 과제이며, ② 그를 위해 지하철 2호선은 3핵을 연결하는 순환선으로 건설되어야 하며, ③ 운영 초기에는 적자경영이 되겠지만 영동·잠실지역의 인구·산업의 급증으로 단시일 내 흑자운영이 예측된다고 역설하고 있다. 결국 구자춘·김형만 구상을 충실하게 대변한 보고서였다.

구 시장은 체구가 크고 따라서 얼핏 보기에는 둔중한 인상을 풍긴다. 그러나 지하철순환선 추진과정은 엄청나게 빨랐다. 서울시는 KIST 보고서를 접수하고는 바로 그 내용을 요약하여 국무총리실(5월 16일), 경제기획원(5월 19일), 교통부장관(5월 21일)에게 보고했다.

당연히 지하철 노선의 도시계획시설 결정도 추진되었다. 서울시 도시계획위원회에 상정된 것은 5월 하순이었다. 그것이 자문기관이었으니 별로 의견을 말하는 위원이 없었는데, 단 하나 서울대학교 공대 교수였던 주종원이 의견을 달았다. “승객의 수요로 봐서 방사선이 우선되어야 하고 순환선은 뒤로 돌려야 하는 것이 아니냐”라는 너무나 당연한 의견이었다. 그러나 주종원 교수는 이 의견을 개진한 후부터 서울시 도시계획위원에서 해촉되었다. 건설부 중앙도시계획위원회 의결 등을 거쳐 지하철순환선이 도시계획 시설로 결정된 것은 1975년 12월 20일이었다.

5·16군사쿠데타를 음모하고 그 실행에 참여한 세력을 ‘혁명주체세력’이라고 한다. 그 주체세력의 숫자는 일정하지 않다. 약간 범위를 넓히면 200여 명도 되었고 범위를 아주 좁히면 50~60명밖에 안 되었다. 그리고 3·4공화국시대 주체세력 명단은 심심찮게 보도되었다. 그에 속한 인물들의 그 후의 귀추를 보도하기 위해서였다. 그런데 범위를 넓혀 200여 명 안에는 물론이고 50~60명밖에 보도되지 않을 때도 구자춘의 이름은 반드시 들어 있었다. 그리고 그것은 가나다라 순으로 보도되는 것이 상례였으므로 구자춘의 이름은 항상 맨 첫째 자리를 차지했다. 한국의 성씨를 가나다 순으로 배열하면 구·권·김으로 이어지기 때문이다. 이 이름의 배열만 보면 구자춘은 흡사 5·16주체세력 중의 제1주자와 같은 느낌

을 준다. 지하철순환선이 결정되고 착공되는 과정을 보면 과연 주체세력 제1주자로서의 실력이 아낌없이 발휘되고 있다.

1976년은 제4차 경제개발 5개년계획이 끝나고 1977년부터 시작되는 제5차계획을 성안하는 해였다. 제5차 경제개발계획 수송부문 정책회의가 경제기획원장관 주재하에 개최된 것은 그해 5월 26일이었다. 이 날 회의에서 제5차 계획기간 중(1977~1981년)에 서울 지하철순환선을 건설한다는 내용이 가결 통과되었다.

이른바 3핵도심을 연결하는 지하철순환선이 최종 결정되기 위해서는 거쳐야 할 또 한 가지 절차가 있었다. 일본 운수성의 사전양해였다. 왜냐하면 1971년에 결정된 제1~5호선 노선결정에 일본 운수성이 파견한 JARTS 요원들이 깊숙이 관여했고, 2호선 건설에 일본으로부터의 차관(자재·객차 등)이 필요하다면 반드시 거쳐야 할 절차였다.

한·일 양국정부의 협의 아래 JARTS 요원 10명이 서울에 와서 체재한 것은 1970년 9월 17일~10월 16일의 1개월간이었다. 그들은 서울에 체재하는 동안 서울 지하철 노선의 순위결정, 경제성 분석 및 기술수준 검토 같은 것을 조사 협의했다. 그러므로 그들을 불러 이번에는 2호선 건설의 타당성도 검토시킬 필요가 있었던 것이다.

서울시가 교통부장관을 통하여 JARTS 요원 파견을 요청한 것은 대통령에게 처음 보고한 직후인 1975년 3월 중순이었다. 그러나 일본정부는 JARTS 조사요원을 쉽게 보내지 않았다. 거듭되는 요청에 응해 예비조사단 6명을 보내기로 한 것은 1976년 9월 26일이었다. 예비조사단이라는 것이었다. 9월 30일부터 10월 18일까지 체재하다가 돌아갔다. 본 조사단 15명이 서울에 온 것은 1977년 4월 21이었고 5월 24일에 귀국했다. 1호선 건설 때는 겨우 10명이, 그것도 한 차례 왔다갔는데 2호선 건설에 앞서서는 1차 6명, 2차 15명으로 두 차례에 걸쳐 21명이나 보낸 것은 "방사선이 충분히 건설되기 이전에 순환선을 건설한다는 결정에 선뜻 깃대를 흔들어줄 수 없다"는 일본 운수성의 의사표시였다고 보아야 한다.

지하철 공채를 발행해서 그것을 건설자금으로 하겠다는 2호선 건설방침이 대통령 재가를 받은 것은 1977년 10월 3일이었고 10월 7일의 시장 기자회견 석상에서 발표되었다. 지하철 공채조례가 제정 발포된 것은 1977년 12월 30일자 서울시조례 제633호에서였다.

지하철 2호선 강남구간 30km의 기공식이 잠실대운동장 앞에서 거행된 것은 1978년 3월 9일 오후 2시였다. 최규하 국무총리·남덕우 경제기획원장관·민병권 교통부장관 그리고 서울시 출신 국회의원 전원이 참석했다. 앞으로의 험난한 공정을 예고하듯 강한 빗줄기가 내리고 있었다. 박 대통령은 착공 50일 후인 5월 1일에 공사현장을 둘러보았다. 서울 3핵도시를 향한 구자춘의 집념, 배짱과 뚝심의 승리였다.

서울의 지각변동을 낳은 지하철 2호선

지하철 2호선이 착공된 1978년 3월, 1인당 국민소득은 1,100달러 정도였다. 지하철 1호선 9.5km 건설 당시에 진 부채도 전혀 갚지 못하고 있었다. 지하철 2호선은 54.2km로서 1호선과는 비교도 안 되는 장거리였다. 서울시 재정이 감내할 수 있는 규모가 아니었다. 총투자비 8,771억 원 중 국고보조를 포함한 서울시 자체자금은 3,280억 원, 37.4%에 불과했다. 나머지는 지하철 공채로 충당했고 은행에서 빌리기도 했다.

구자춘·정상천·박영수·김성배·염보현, 이렇게 6명의 시장이 이 일에 매달렸다. 기공식이 세 번이나 거행되었다. 1978년 3월 9일의 강남구간 기공식, 1979년 3월 17일에 성수동-강북구간-구로동 기공식이 거행되었다. 그리고 1980년 2월 26일에 왕십리-을지로-구로동의 제2차 기공식을 또 거행했다. 같은 시장(정상천)에 의해 중복되는 구간의 기공식이 두 차례나 거행된 해프닝이었다. 그만큼 이 공사를 자랑하고 싶었던 것이었다.

개통식은 모두 다섯 차례나 가졌다. 전체를 5개구간으로 나누어 착공·준공한 때문이었다.

신설동에서 잠실운동장까지의 제1구간(14.3km)은 1980년 10월 31일에 개통되었다. 박영수 시장이 이 행사를 주재했다. 잠실운동장에서 교대 앞까지의 제2구간(5.5km)은 1982년 12월 23일에 개통되었고, 을지로입구에서 성수역까지의 제3구간(8.6km)은 1983년 9월 16일에 개통되었다. 제2·3구간의 개통행사는 김성배 시장이 주재했고 전 대통령 내외가 테이프를 끊었다.

교대에서 사당역을 거쳐 서울대 입구까지를 연결하는 제4구간(6.7km)은 1983년 12월 17일에 개통되었다. 그리고 마지막 제5구간 을지로입구-신촌-신도림-서울대입구(19.1km)는 1984년 5월 22일에 개통되었다. 제4·5구간 개통행사를 주재한 시장은 염보현이었다. 그런데 이렇게 여러 시장에 의해 개통행사가 주재되었는데 개통테이프를 끊은 것은 모두가 전두환 대통령 내외였다는 것도 아이러니컬한 일이다.

제4공화국 때 시작하여 제5공화국의 중반까지 만 6년 2개월 이상이 걸린 대공사였다. 1,213만 명의 인원과 123만 7천 대의 장비가 동원되었고 철근 23만 톤, 레미콘 213만 4천 톤, 레일 1만 3천 톤, 침목 22만 3천 정이 투입되었다. 박 대통령이 시해된 10·26도 겪었고 군부세력의 내란인 12·12도 겪었으며 광주시민이 총궐기한 광주항쟁 중에도 공사는 진행되었다.

지하철 2호선은 큰 공사였던 만큼 그 효과도 엄청났다. 그 첫째는 강북 인구의 강남분산 효과였다. 이 공사가 착공되기 전해인 1977년 말

서울의 총인구수는 752만 5,600여 명이었고 강북 9개구에 489만 명, 강남 4개구에 263만 3천 명이 거주하고 있었으며 강북·강남 인구비율은 65 대 35였다. 그런데 2호선이 완전 개통된 다음해인 1985년 국세조사(11월 1일) 결과에 의하면 서울시 총인구수는 964만 6천 명, 강북 10개구에 521만 9천 명, 강남 7개구에 442만 6천 명이었다. 1985년의 강북·강남 인구비율은 54 대 46이라는 엄청난 변화를 나타내고 있었던 것이다.

더더욱 재미있는 것은 1977년 말에서 1985년 국세조사 때까지, 강북에서 증가한 인구수는 32만 7천 명밖에 안 되는데, 같은 기간 강남에서는 179만 3천 명 이상의 인구증가가 있었다. 그중에서도 2호선이 관통하는 영등포·구로·관악·동작·강남 5개구(1977년 당시는 영등포·관악·강남의 3개구)에서만 126만 6천 명에 달하는 인구증가가 집계되었다. 지하철 2호선이라는 공공투자가 인구증가·인구재배치에 끼친 영향의 크기에 새삼 놀라움을 느끼게 하는 숫자들이다.

지하철 2호선이 가져다준 두 번째의 효과는 건축물의 고층화·대형화였다. 서울 건축물의 고층화·대형화는 지하철 2호선 건설기간 내 또는 그것이 건설된 직후부터 일어난 현상이었다. 을지로 2가에서 시청 앞까지의 변화가 그것이었고 광진구 강변역을 중심으로 한 고층아파트군과 동부버스터미털, 그 바로 이웃에 지어진 39층짜리 테크노마트 21도 지하철 2호선이 낳은 것이다. 강 건너 잠실 롯데월드와 그 일대의 변화, 86·88의 대규모 국제행사…….

생각해보면 지하철 2호선은 서울이라는 이름의 공간에 혁명과 같은 지각변동을 가져다준 교통시설이었다. 그것을 가장 잘 나타내주는 것이 테헤란로의 건축현상이었다.

길이 3,700m 너비 40m, 영동 2지구 구획정리사업으로 생겨난 이 길에 '테헤란로'라는 이름이 붙여진 것은 1977년 6월 17일자 서울시 공고

지하철 2호선 성내역.

제131호에서였다. 이란의 수도 테헤란 시와의 우호를 다지기 위해 서로의 수도이름을 가진 도로를 두자는 합의에 의해서였다(이 합의는 1976년 11월에 테헤란 시장이 서울에 왔을 때 이루어진 것이다. 테헤란에도 '서울스트리트'라는 길이름이 있다).

테헤란로라는 이름이 붙여지던 1977년 당시 이 길의 양쪽은 거의 벌거벗은 땅 그대로 방치되어 있었다. 물론 지하철도 다니지 않았다. 1982년 12월 23일에 지하철 2호선 제2구간이 개통되었을 때, 이 길에는 삼성·선능·역삼·강남의 네 개 정거장이 설치되었지만 거의 모든 땅에 건물은 들어서 있지 않았다.

삼성동 167번지에 지하 3층 지상 22층의 한국전력(주) 본사빌딩이 들어선 것은 1982~1986년에 걸쳐서였고, 이어서 그 맞은편에 지상 56층 높이 230m의 무역회관이 들어섰다. 1987년에 준공된 무역회관 건물은 바로 테헤란로의 앞날을 예고하고 있었다. 지하 3층 지상 33층의 인터컨

티넨탈 호텔(1988년), 지하 4층 지상 22층의 라마다르네상스호텔(1988년), 지하 3층 지상 17층의 서울상록회관(1991년)이 뒤를 이었다. 그 다음부터는 건잡을 수 없었다. 포스코센터(지하 6층 지상 36층), 글래스타워(지하 8층 지상 32층), 큰길타워(지하 7층 지상 21층), 남우관광(지하 2층 지상 24층), 미진플라자(지하 4층 지상 22층), 우성리빙텔(지하 7층 지상 21층), 양광상사(지하 6층 지상 23층), 나산종합건설(지하 6층 지상 26층) 등. 지금 이 거리 양편(역세권)에 서 있는 20층 이상 건축물을 조사해보았더니 이 외에 20여 개가 더 있었고, 현대 강남사옥 등 건축 중인 건물도 여럿이었다.

1997년 현재 테헤란로는 서울시내에서 가장 건축밀도가 높은 거리이다. 대지에 대한 건물바닥면적 합계의 비율이 높다는 뜻이다. 퇴계로·을지로·종로·남대문로·태평로도 이 거리의 건축밀도에 비하면 훨씬 떨어진다. 이들 고층건물군, 금융기관·호텔·대기업체·오피스텔을 이용하는 시민, 그곳을 직장으로 하는 시민들이 바로 지하철 2호선 승객이다. 지하철 2호선이 가져다준 변화의 크기에 새삼 감탄할 뿐이다.

3. 고속버스터미널의 입지

이권이 걸린 고속버스 운행권

고속도로가 처음 등장했을 때 그것을 받아들이는 국민들의 반응은 대단했다. 1899년의 경인선 철도, 1905년의 경부선 철도개통 후 70년의 긴 세월 동안 지역 간 수송의 대종을 담당한 것은 철도였다. 1930년대부터는 노선버스도 운행되긴 했지만 그것이 분담한 수송기능은 미미했다.

고속도로 건설을 추진한 박정희 정권이 그것이 가져올 효과를 지나치게 홍보한 때문이기도 했다. 그러나 "서울-부산 간 428km를 4시간 30분에 연결한다" "전국토를 일일생활권으로 한다"는 등의 홍보효과는 국민에게 엄청난 기대심리를 불러일으켰다.

경부고속도로가 전장 개통한 것은 1970년 7월 7일이었다. 이 개통행사가 있은 후 각 신문은 사설로서 그 효과를 찬양하는 한편, 신문마다 5~6회씩의 기획기사를 실어 고속도로 개통 이후에 일어날 변화를 다루어 보도했다. 그 한 예로 ≪중앙일보≫는 경부고속도로 개통 후 10일째 되는 7월 17일부터 시작하여 22일까지 5회에 걸쳐 '변모천리 고속연변을 가다'라는 기획기사를 연재했는데 17일의 첫회가 여객·화물이었다. 그 제목만을 보아도 내용은 충분히 짐작이 간다: '급증하는 여객·화물 철도승객 50%나 감소' '안 팔리는 기차표 작은 역에 넘기기도' '부산역 화물 하루 1,000량 이상이 줄어 1,500량으로' '민수물자 거의가 트럭 이용'. 7월 18일자 신문의 제2회는 철도와의 운임경쟁을 다루고 있다: '경쟁 속의 운임 그 경제성' '철도편이 아직은 싸지만 트럭 덤핑으로 맞먹는 곳도' '여객운임 비슷하고 화물은 고속 쪽이 3배나' '화차 얻기 어려워 트럭 의존도 높아'.

여하튼 경부고속도로가 개통되고 약 10년간 고속도로는 온 국민의 자랑이고 관심거리였다. 국민의 전폭적인 기대를 안고 고속도로는 하나씩 더 늘어갔다. 1973년 11월 14일에 호남·남해고속도로가 개통되었고, 영동·동해고속도로는 1975년 10월 20일에 개통되었으며, 구마고속도로는 1977년 12월 17일에 개통되었다.

오늘날처럼 자동차가 많던 시대가 아니었다. 경부고속도로가 개통된 1970년 당시 이 땅 안을 달리는 승용차는 6만 대를 겨우 넘었고, 화물차·버스·소형차·특수차까지 모두 합쳐도 12만 8천 대에 불과했다. 일반국도의 포장률이 겨우 30% 정도에 불과했다. 그런 시대에 고속도로에 버스를 운행시키는 일, 즉 고속버스회사를 운영하는 일, 그것은 새로운 대기업체가 하나 더 탄생하는 일이거나 아니면 기존 대기업체의 규모가 한결 더 커지는 일이었다.

누구에게, 어떤 업체에게 고속버스 운영권을 주느냐의 업무를 본 것은 교통부 육운국 공로운수과였지만 최종결정은 대통령이 직접 했다. 면밀한 사전조사가 진행되었다. 종전에 운수업을 하고 있는 업체도 있었고 대통령과의 친분관계로 더 키우고 싶은 기업도 있었다. 지역안배도 고려되었다. 한진은 항공·해운 등으로 우리나라 운수업의 대부격이었다. 광주여객은 전남·광주를 본거지로, 한일여객은 경북·대구를 본거지로, 천일여객은 부산·경남을 본거지로 다년간 여객운수업을 해온 업체들이었다. 충북 청주에도 운행되어야 하고 서울-인천 간에도 운행되어야 했다.[4)]

외국에서 다년간 고속버스를 운영한 실적이 있는 업체도 유치해서 고속버스운영의 노하우를 배우게 할 필요도 있었다. 어차피 고속버스는 외국에서 차관으로 들여와야 했고 외자심의위원회를 거쳐야 했다. 그러므로 고속버스업체로 지정만 되면 초기 창업자금은 그렇게 많지 않아도 되었다.

여객·운수의 경험이 있는 자, 도와주고 싶은 업체, 지방별 연고 등을 고려해 미리 서류를 제출하라고 통고했다. 1968년 11월 28일이 제1차 마감이었고 다음날인 29일자로 우선 6개 업체에 내인가가 되었다. 한진관광·동양고속(계성제지)·광주여객(광주)·한일여객(대구)·천일여객(부산)·

4) 도와주고 키워주고 싶은 기업도 있었고 개인도 있었다. 1966년에 군에서 소령으로 제대하여 계성제지라는 회사를 경영하고 있던 최낙철은 전라북도 임실 출신이었다. 육사 5기생으로서 5·16 후 경기도지사를 맡았고 잠시 한국종합기술(주)의 사장도 지냈던 박창원도 도와주고 싶었다. 박창원은 이북 출신이었지만 경기도지사를 지냈기 때문에 수원이 연고지였다. 강원도 삼척 출신으로 다년간 공화당 원내총무·재무위원장을 지내면서 기업경영에는 지장이 있었던 김진만도 도와줄 필요가 있었다. 400만 재향군인들의 복지에도 도움이 되었으면 하는 생각도 했다.

코리아그레이하운드(Korea Greyhound Limitted, KGL) 등이었다.

이 내인가는 그 후에도 계속되어 1969년 말에는 경부선에 9개 업체, 경인선에 3개 업체가 내인가되었다.

경부선(385): 한진관광(70), 광주여객(40), 동양고속(70), 속리산관광(15), 유신고속(30), 천일여객(40), KGL(40), 한일여객(40), 한남고속(40)
경인선(50): 한진관광(20), 삼화교통(20), 풍진여객(10)
* 괄호 안은 내인가된 버스의 대수

교통부로부터 내인가 통고를 받은 업체는 바로 고속버스회사를 설립하는 한편 외국의 버스판매회사와 줄을 달아 버스도입에 관한 차관교섭에 들어갔다. 한진관광과 동양고속·유신고속·속리산고속은 일본의 미스비시 상사를 통해 미스비시자동차 방계회사인 후소의 문을 두드렸고, 경인선에 내인가를 받은 삼화교통은 닛쇼이와이 상사를 통해 히노버스를 도입하는 데 성공했다. 그러나 압도적으로 많은 것은 벤츠였다. 마침 벤츠의 한국 총대리점 UHAG상사가 국내에 진출해 있었다. 광주·한남·천일·한일의 4개 회사가 각각 벤츠 40대씩을 도입했다. 그레이하운드는 훨씬 더 간단하게 처리했다. 미국에서 10년 가까이 달려 폐차가 된 것을 GMC에서 인수하여 수리한 것 80대를 도입했다.

고속버스업의 흥망사

준비가 된 회사부터 운행을 시작했다. 이 땅에 고속버스라는 것이 최초로 달리게 된 것은 1969년 4월 12일이었다. 한진고속에서 고속버스 20대로 서울-인천 간에 운행한 것이 최초였다. 이어 8월 15일에는 동양고속이 서울-수원 간을 운행 개시했다. 그리고 경부고속도로의 건설이 남행해감에 따라, 또 호남·남해 고속도로의 건설이 진척되어감에 따라 고속버스 운행구간도 남쪽으로 연장되어갔다. 그 예로 광주고속이 경부선·호남선에 노선을 개설해가는 과정을 살펴보자.

구간	개설일(운행대수)	구간	개설일(운행대수)
서울−대전	1970. 5. 5(4)	서울−대구	1970. 7. 25(5)
서울−김천	1970. 8. 29(5)	대전−부산	1970. 9. 14(4)
서울−부산	1970. 9. 27(5)	서울−경주	1970. 11. 21(3)
서울−전주	1970. 12. 30(7)	서울−이리	1970. 12. 30(7)
서울−연무대	1971. 7. 30(4)	서울−군산	1971. 7. 31(5)
서울−광주	1973. 11. 15(24)		

* 괄호 안은 최초 운행대수

서울의 도시계획과 직접 관계는 없지만 기왕에 시작한 이야기이니 좀 더 계속하기로 한다.

1970년대 초에서 1980년대 말까지가 고속버스 전성기였다. 그 이유는 우선 첫째가 출발시간의 간격이 짧았다. 서울-대전 간, 서울-광주 간은 5분에 한 대꼴로 출발했다. 두 번째는 속도감이었다. 자동차의 절대수가 적었기 때문에 고속도로에 정체현상이라는 것이 없었다. 당시의 고속버스는 급행열차나 지프에서는 맛볼 수 없던 상쾌함을 승객에게 안겨주었다.

고속버스업체의 신장세가 갑자기 둔화된 것은 88올림픽 이후부터였다. 승용차의 수가 많아지면서 고속버스의 속도를 믿을 수 없게 되었고 차량이 낡아감에 따라 안전성에서도 서비스에서도 철도에 뒤지게 된 것이다.

고속버스 운행사를 고찰하다가 기업체의 성쇠에 관한 여러 가지를 알 수 있었다.

『금호 50년사』를 보면 고속버스업에의 진출, 즉 광주고속의 출발이 곧 금호그룹의 탄생이었다고 기술했다. 40대로 처음 출발한 광주고속은 1975년에 한남고속을 인수한 후에는 보유대수 160대로 동양고속(140대)·한진고속(127대)을 앞질러 고속버스업계 제일주자가 되었을 뿐 아니라, 타이어 제조, 석유화학·건설·철강·항공·금융업 등에서 비약적인 신장을 거듭함으로써 막강한 금호그룹으로 성장했다.

동양고속도 고속버스업으로 재벌이 되었다. 계성제지(주)로 출발할 때는 별로 대단치 않았는데 동양고속 발족 이후로 승승장구하여 관광버스업, 화물운수업, 펄프·건설·공항터미널 등으로 사세를 신장해갔다. 그리고 이 회사 창업자 최낙철은 1981년에 민정당 전국구 국회의원, 대한체육회 부회장, 제지공업연합회 회장 등 광범위한 사회활동을 전개했다. 동양고속이 기업을 공개하여 상장법인이 된 것은 1974년이었다.

천일고속 창업자 박남수는 우직하게 부산을 지키면서 여객자동차·버스터미널·고속관광 등 운수업으로만 일관했다. 천일고속이 기업을 공개하여 상장법인이 된 것은 1977년이었다.

서울-인천 간을 운행하는 삼화고속은 전철과의 경쟁, 승용차의 격증, 고속도로의 혼잡 등 여러 가지 제약조건 속에서 잘도 견디어왔다고 칭찬을 해주고 싶다. 청주를 본거지로 한 속리산고속도 지방업체이기 때문에 입어야 하는 여러 가지 제약조건 속에서 지금까지 버티어온 것이 오히려 대견하다.

재향군인회 김일환 회장에게 교통부에서 연락이 간 것은 1970년 10월 하순이었다. 1971년 2월 26일에는 박 대통령의 특별하사금도 전달되었다. 처음에는 전라고속운수(주)로 발족하여 30대의 고속버스로 호남선만 운행하던 이 회사가 영동·동해선에도 운행을 개시하면서 사호를 중앙고속운수로 변경했다. 중앙고속이 크게 신장한 것은 KGL을 인수 합병하면서부터였다. 미국 측이 50%, 한국인 주주 50%로 경영해온 KGL

의 미국측 지분 처분을 계기로 한국인 주주의 지분도 모두 인수해버린 것이다. 1977년 10월에서 1978년 3월에 걸쳐서였다.

삼척산업·미륭건설·한국자동차보험 등을 경영하던 김진만에게 고속버스운영에 관한 의사타진이 있었던 것은 1971년에 들어서였다. 동부고속이 이렇게 후발주자일 수밖에 없었던 것은 영동·동해고속도로의 준공에 맞추어 서울-강릉·동해·속초 등을 주로 운행하게 되었기 때문이다. 이 동부고속 설립으로 동부그룹이 탄생했다.

종전까지의 삼척산업과 울산석유화학공업이 동부화학으로, 미륭건설이 동부건설로, 동진제강이 동부제강으로, 한국자동차보험이 동부화재해상보험으로 그 상호를 모두 '동부'로 바꾸게 된 것이다. 동부고속이 영동·동해선 운행을 개시한 것은 1972년 11월 11일이었고, 현재의 운행대수는 160대로 집계되었다.

육사 5기생 박창원이 경영하는 유신고속은 박이 수원에 아주대학을 설립하면서 아주대학 재단의 일부가 되었다. 그러나 경영에는 별로 밝지 못했고 또 기독교 신앙에 깊이 몰입해 있던 박창원은 학교경영에도 성공하지 못하고 대학을 김우중의 대우재단으로 인계해버렸다. 1977년 초의 일이었다. 이 대학재단 인계과정에서 유신고속은 코오롱그룹으로 양도되어 코오롱고속으로 바뀌었다.

도심에 난립한 고속버스정류장

우리나라 행정이 거의 다 그랬듯이 고속버스 행정도 처음에는 무질서하기 짝이 없었다. 고속버스회사를 허가하고 운행을 개시했는데도 교통부는 서울시에 한마디의 협의도 없었다. 더욱 우스운 일은 대부분의 고속버스 기·종점이 서울이었고 또 회사의 본사소재도 서울이었는데 그 차적은 서울이 아니었다. 즉 서울시내를 달리는 고속버스의 번호판이 서울번호가 아니라는 것이다. "인구와 산업의 서울집중을 방지하는 방법의 하나로 고속버스의 차적을 지방으로 하라"는 교통부 육운국의 지시에 따른 때문이었다. 눈 가리고 아웅 하는 행정이었다. 그러므로 서울시 운수국과 도시계획국은 고속버스가 운행되는 것을 보고 나서야 그 사실을 알게 되었다.

고속버스정류장(터미널)도 제각각이었다. 위치도 각각이었고 규모도 멋대로였다. 한진고속은 서울역 앞 봉래동 입구에 있었고, 삼화고속은 종로구 관철동에 있었다. 대합실 면적이 21평밖에 안 되는 정류장도 있었고(삼화), 숫제 대합실이 없는 곳도 있었다(동양·속리산). 이렇게 대합실이 없는 곳은 비 오는 날이면 승객들은 우산을 받치고 서 있어야 했다. 업자마다 각각의 정류장을 썼는데 광주·한남·한일·천일의 4개 업체는 동대문 앞, 지난날 서울시 전차차고였던 자리에 모였다. 이렇게 4개 업체가 모인 것은 이유가 있었다. 벤츠자동차 160대를 동시에 도입해와서 업체당 40대씩 나누었기 때문에 공동으로 정비를 했기 때문이다.

버스가 주차할 수 있는 대지평수도 정류장마다 각각이었다. 4개 업체가 함께 쓰는 동대문터미널은 1,560평이나 되었지만, 삼화고속은 167평밖에 되지 않았다. 그러나 대지가 넓다고 해도 박차장으로 쓸 수는 없었다. 즉 버스가 모두 쉬게 되는 밤시간에는 전체 버스를 수용할 공간이 되지 못한 것이었다. 그러므로 현 동작구 흑석동에 공동의 박차장을 별도로 두어야 했다. 승객을 태우지 않는 빈 버스가 시내 중심부에서 흑석동까지 밤낮으로 왕래하는 법석을 떨었다.

'자동차정류장법'이라는 것이 새로 생긴 것은 이렇게 고속버스정류장이 모두 입지하고 난 뒤인 1971년 1월 12일자 법률 제2273호에서였다. 꽤 까다로운 조건들이 규정되어 있었고, 서울시내에 이미 설치돼 있는 고속버스 정류장은 한 곳도 그 조건을 충족할 수가 없었다.

1971년 가을이었던가 1972년 봄이었던가 분명하지 않으나 내가 중구 도동에 있던 그레이하운드 정류장에 간 일이 있었다. 어떤 외국인이 온다기에 마중을 나갔던 것이다. 지금은 벽산빌딩이 들어서 있는 곳이다. 큰길가가 아니고 약간 뒷골목으로 들어가서 터미널이 있었다. 그 건물의 초라함, 화장실의 불결함에 놀라지 않을 수 없었다.

1972년 당시 서울시내를 달리고 있는 자동차의 총수는 6만 7천 대 정도에 불과하여 아직도 노면혼잡은 심하지 않았다. 도심부 러시아워에도 충분히 시속 40~50km는 유지되고 있었다. 그러므로 고속버스의 왕래 때문에 시내교통이 문제되지는 않았다. 그러나 그렇다고 할지라도 고속버스터미널을 그대로 방치할 수는 없었다. 그레이하운드 하나만은 예외였지만 그 밖의 모든 터미널이 제1순환선(서울역-독립문-중앙청-동대문-퇴계로-서울역) 안에 산재되어 있었다.

손정목은 도시계획국장이 되자마자 이들 터미널을 한 곳에, 그것도 도심부 노면교통에 별로 지장이 없는 곳에 집중시킬 것을 계획했다. 다행히 서울역 건너편 북쪽 퇴계로변에 대형 공지가 있었다. 중구 남대문로 5가 84번지, 지난날 세브란스병원이 있던 자리로 2,420평이나 되었다. 이곳을 고속버스터미널 용지로 지정해줄 것을 건설부에 요청했다. 1972년 5월 12일이었다. 제1순환선에 바로 면하고 있기는 하나 남산순환도로가 개통되어 있었기 때문에 시내교통 처리상 가장 적지로 판단되었기 때문이다. 물론 임시방편에 불과했고 불원간 종합터미널을 건설할 것을 전제로 한 것이었다(≪동아일보≫ 1972년 5월 12일자).

서울시가 이런 요청을 했다는 것이 보도되자 한진고속과 동대문터미널 측에서 맹렬한 운동을 개시했다. 자기들 터미널도 다같이 제1순환선에 면하고 있을 뿐 아니라 면적도 충분히 감내할 수 있다는 것이었다. 건설부 도시계획과 중앙도시계획위원회 등과의 협의·절충이 있은 후에 최종결정을 본 것은 그해 9월에 들어서였다.

그러나 서울역 앞 세브란스병원 자리 6,788㎡, 봉래동 1가 한진고속 터미널 4,554㎡, 종로 6가 동대문 고속버스터미널 9,020㎡의 3개 터미널도 1975년 말까지의 조건부 승인이었다. 어떤 일이 있더라도 1975년 말까지 적지를 골라 종합터미널을 건설해야 한다는 것이 교통부·건설부·서울시의 합의였고, 그때까지만이라도 3개 터미널에 다른 업체가 합류해야 한다는 것이 3개 부처의 결정이었다.

3개 부처의 이런 결정에 따라 터미널을 옮긴 것은 동양고속이었다. 종로1가 신신백화점 뒤터에서 대합실도 없이 운영해오던 동양고속(주)이 중구 남대문로 5가의 구 세브란스병원 자리로 옮겨갔다. 1973년 초의 일이었다. 한편 후발업체인 중앙고속, 동부고속도 기존 4개 업체가 사용해오던 동대문터미널에 합류했다. 영동고속도로를 이용하는 데 편리하다는 이유에서였다. 1974년 현재 서울시내 고속버스 터미널의 위치와 그 실태를 정리하면 다음 표와 같다.

1974년의 시내 고속버스터미널 현황

터미널명	위치	면적(평)	대수	이용인원	비고
동대문	종로 6가 289-3	2,661	222	34,920	잠정인가
한진	중구 봉래동 1가 132	1,364	93	20,690	〃
동양	중구 남대문로 5가 84	1,350	81	11,880	〃
속리산	중구 을지로 3가 141	225	22	4,555	미인가
삼화	종로구 관철동 45-1	167	20	11,925	〃
그레이하운드	중구 도동 1가 21	448	48	4,860	〃
유신	중구 충무로 3가 59-23	1,386	36	25,075	〃
계		7,601	522	113,905	

* 자료: 『서울시정개요』, 1974년도판, 500쪽.

고속버스터미널 입지 - 도심이냐 교외냐

도시와 도시를 연결하는 데 가장 편리한 지점은 도심부이다. 더 구체적으로 말하면 모든 교통수단이 집중하는 지점끼리 연결해주는 것이 가장 편리한 법이다. 서울시내를 예를 들면 바로 서울역이다. 고속버스터미널이 가장 편리한 데 입지하려면 서울역에 이웃해 있는 것이 이상적이다. 그곳은 가기도 쉽고 고속버스에서 내렸을 때 귀가하거나 직장에 가기도 편리하다. 그러므로 세계의 고속버스터미널은 대개 도심부에 입지한다.

내가 1966년에 처음 일본에 갔을 때 나고야-오사카-고베 간에 이른바 메이신고속도로가 개통되어 있었다. 일본의 고속도로 제1호였다. 나는 나고야역 바로 옆에 있는 터미널에서 고베까지 고속버스로 간 일이 있다. 1968년에는 미국여행을 했다. 그때 워싱턴 D.C.에서 필라델피아로, 또 필라델피아에서 뉴욕으로 갔을 때 고속버스를 탔는데 각각 도심부에서 타고 도심부에 내렸던 것을 기억한다. 당시에 내가 본 뉴욕 고속버스터미널은 그 규모가 마치 서울역만큼 큰 것이었다. 이 두 차례의 경험에서 나는 고속버스터미널은 도심부, 그것도 서울역에 가까이 있어야 한다고 판단했다.

지금은 중구이지만 1975년까지는 서대문구였던 의주로 2가 16번지 일대는 일제시대 때부터 서울의 중앙도매시장이었다. 오늘날의 가락동 농·수산물 도매시장과 같은 기능을 하는 시장이었던 것이다. 이 자리에 수산물 도매시장이 처음 생긴 것이 1928년이었고 이어 청과시장도 생겨나 그 규모가 커진 것이었다.

이곳이 중앙도매시장이 된 것은 서울역 바로 옆이기 때문이었다. 전국 각지에서 생산된 수산물·청과물이 철도편으로 서울역까지 와서 이곳 도매시장으로 직행된 것이다. 1970년대 전반까지 이곳에는 서울수산시장

(주)·서울청과시장(주)이 있었고 두 시장을 합한 규모는 대지가 6,089평, 건물이 4,427평이었다.

이 도매시장을 노량진으로 이전하는 결정이 내려진 것은 1971년 11월이었다. 그해 5월 노량진에 설립한 한국냉장(주)에서 유치운동을 벌여 농어촌개발공사와 서울시가 합의한 결과였다(≪현대경제일보≫ 1971년 11월 7일자 기사). 이렇게 이전이 결정되었어도 당장에 옮길 수는 없었다. 여러 가지 시설이 뒤따라야 하기 때문이다. 이 두 개 시장 중 수산물시장은 당초의 결정 그대로 노량진으로 옮겨갔고 청과물시장은 용산역 뒤, 용산구 한강로 3가 16번지로 옮겨간 것이 1975년 8월 31일이었다.

새로 옮겨간 노량진 수산물시장은 대지가 1만 4,259평, 건물면적이 8,533평이었고, 용산 청과물시장은 대지가 5,615평, 건물면적이 7,826평으로 의주로 2가 때보다 훨씬 여유가 있었다. 가락동 농·수산물시장이 개설되어 용산 청과물시장이 완전 폐쇄된 것은 그로부터도 10년이 더 지난 1985년 6월 19일이었다. 가락동 시장의 규모는 부지가 54만 3천여㎡, 건물면적이 25만 2,675㎡, 주차장 넓이가 15만 1,318㎡에 달했다(『송파구지』, 567~568쪽).

의주로 중앙도매시장이 협소하여 교외로 이전해야 한다는 계획은 1960년대 말부터 진행되었고, 노량진에 한국냉장(주)이 착공될 때부터 일단 노량진으로 이전한다는 것이 거의 결정되어 있었다. 1971년 당시 서울시 기획관리관이었던 손정목은 도매시장이 옮겨간 자리를 고속버스터미널로 이용할 것, 그리고 그것이 구체화되기 이전까지는 우선 공원용지로 지정해두기를 양택식 시장에게 건의했다. 이 건의는 즉각 채택되었다.

서울시 도시계획과에서는 의주로 고속버스터미널 계획을 세웠다. 1971년 5월 13일자 ≪중앙일보≫와 5월 19일자 ≪서울경제신문≫에 그 내용이 보도되었다. 고속버스업자들에게 40억 원을 투입케 하여 중앙도매시장 자리에 지상 20층의 터미널 건물을 세우고 다시 20억 원으로 서울역 서편 욱천 복개도로를 고가로 하여 고속버스 전용도로로 한다는 내용이었다. 그러나 이 계획은 시민의 호응을 받지 못했고 고속버스업자들도 관심을 두지 않았다. 당시의 고속버스업자들이 40억 원을 투자하여 20층 건물을 세우고 별도로 20억 원을 투자하여 고속버스 전용도로를 조성할 만한 경제력을 갖추고 있지 않았기 때문이다.

일반시민과 고속버스업자들이 별로 반응을 보이지 않았지만 이 자리가 고속버스터미널 부지로서 가장 적지라고 생각한 손정목의 신념은 변하지 않았다. 그는 언젠가는 터미널이 될 이 땅을 확보하기 위해 우선 공원으로 해두는 방안을 재촉했다.

그가 의주로 도매시장자리의 공원화를 서두른 데는 두 가지 이유가 있었다. 빨리 기정사실로 해두지 않으면 대기업이 정치세력이나 최고권력을 업고 잠식해버릴 수 있다는 우려가 그 첫째 이유였다. 둘째 이유는 아직은 관심이 없지만 반드시 이 자리가 터미널 적지라고 판단될 날이 오리라는 확신이 있었기 때문이다. 고속버스터미널은 서울역에 바로 붙어 있는 것이 가장 이상적이라는 것이 그의 지론이었다. 서울역과 터미널 간은 평면 에스컬레이터로 연결하고 제3한강교와의 접속은 욱천 복개도로를 고가로 하거나 남산 순환도로 확장으로 고속버스 전용도로를 개설할 수 있다는 생각이었다.

그러나 그는 그 후 도시계획국장 자리에 있으면서도 의주로 터미널계획은 더 구체화하지 않고 관망했다. 솔직히 말해서 자신이 없어서였다. 당시의 모든 학문과 언론의 주류는 분산론이었다. 인구도 산업도 시설도 강남으로 분산해야 한다는 것이었다. 당시에 분산론자가 아닌 것은 손정목뿐이었다. 그는 서울에 있어야 할 것과 분산해야 할 것, 도심부에 있어야 할 것과 교외로 나가야 할 것을 엄격히 가려내자고 하는 자세였다.

그러나 그런 논리를 펴면 주위에서 집중공격을 받았다. 마치 인민재판을 받는 것 같은 분위기였다.

자신이 없었던 두 번째 이유는 당시의 서울시가 고속버스에 대하여 아무런 행정권한을 가지고 있지 않았기 때문이다. 모든 권한은 교통부가 쥐고 있었기 때문에 서울시장이 고속버스회사 사장들을 불러도 끄덕도 하지 않을 정도였다. 괜히 긁어 부스럼을 내지 않겠다는 것이 서울시 대다수 간부들의 일관된 태도였다.

고속버스터미널 입지선정

서울시내의 노면혼잡이 두드러지기 시작한 것은 1974년에 들어서부터였지만 그 증후는 이미 1973년 봄부터 나타나고 있었다. 그 이전까지는 아침저녁 러시아워 시간대에도 자동차 속도가 시속 40~50km는 유지되었는데, 1973년에 들면서 그 속도가 갑자기 둔화된 것이었다. 지하철 1호선 공사 때문에 종로의 혼잡이 두드러졌고 을지로에도 영향을 미쳤다. 종로와 을지로에서는 1개 신호대 앞에서 3~4분씩 대기하는 사태가 일어났다. 당시만 하더라도 승용차로 출퇴근하는 사람은 상류층이었고 당연히 여론 형성층이었다. 서울시 시장단·간부들의 귀에 그러한 교통사정에 대한 비난의 소리가 들려오게 되었다.

경찰국 교통과에서는 전자감응식 신호체계만 도입하면 당장에 해결된다는 것이었다. 배후에 업자가 있는 것이 분명했지만 양 시장은 이 신호체계의 도입을 결정했다. 서울에 전자감응식 신호체계가 처음으로 도입된 것은 1973년 9월 14일이었다. 그러나 그것이 효과를 거둔 것은 불과 4~5개월에 불과했고 1974년에 들면서 시내의 교통혼잡은 더 심각해졌다.

홍익대학의 나상기 교수를 시장실에 불러 밤늦게까지 연구를 했다. 나 교수가 주장한 것은 종로·을지로의 일방통행이었지만 당시만 해도 그런 대담한 결정을 내릴 수 있는 처지가 아니었다. 독재정치라는 것은 굉장히 강한 것 같지만 의외로 여론에 약했고 굉장한 신경을 쓰고 있었다.

구자춘이 서울시장으로 부임한 것은 지하철 종로선이 개통된 지 20일이 지난 1974년 9월 4일이었다. 그리고 그가 김형만으로부터 다핵도시 구상을 들은 것은 그해 10월 하순이었다. 구자춘이 서울시장에 임명된 1974년 하반기, 5·16군사쿠데타 주체세력들 중 행정부에 남아 있던 사람은 김종필을 제외하면 구자춘과 차지철 경호실장뿐이었다. 이런저런 이유로 주체세력의 대다수가 행정부를 떠났다. 박정희 대통령은 행정부 내에 단 하나 남은 구자춘을 총애했고 그것은 당연히 구 시장의 자신감과 직결되었다.

구 시장은 시내 교통혼잡의 원인을 세 가지로 생각했다. 하나는 주차장 부족이고, 다른 하나는 고속버스터미널의 산재 때문이며, 셋째는 시내버스정류장이 지나치게 많다는 점이었다. 주차장을 확보하는 일, 시내버스정류장을 줄이는 일은 시장의 고유권한이었다. 그러나 고속버스터미널 문제는 시장 마음대로 결정할 성질의 것이 아니었다. '고속버스터미널을 어디에 두느냐'를 결정하는 연구용역을 시키기로 했다. 1974년 말이었다.

김형만을 불러 용역을 의뢰했다. '전국고속버스여객자동차 운송사업조합'이라는 것이 구성되어 있었으므로 그곳 간부를 불러 용역비를 부담하게 했다. 당시 구 시장의 위세는 능히 고속버스업계를 압도할 수 있었다. 김형만의 주선으로 이 연구용역도 KIST 교통경제연구실에 의뢰되었다. 이 연구책임자는 현재 중앙대학교 건축과 교수로 재직하는 이현호였다.

이 용역보고서는 내가 지금까지 대해본, 숱하게 많은 연구·조사용역 중에서도 출중한 것이라고 생각한다. 우선 3~4개월의 짧은 기간에 어떻게 이런 연구가 이루어질 수 있었을까 의아할 정도로 내용이 충실해서 초기 고속버스운행의 전모를 이 보고서에서 읽을 수 있다.

이 용역보고서가 완성되어 서울시 및 발주처인 고속버스 조합에 제출된 것은 1975년 3월이었다. 「서울시내 고속버스터미널 입지선정을 위한 조사연구」라는 제목이었다. 이 용역보고서는 고속버스터미널을 1개만 둘 것이냐(一元案), 2~4개 둘 것이냐(多元案)를 면밀히 비교 평가하여 결국 3원체제가 가장 이상적이니 그것을 건의한다는 결론이었다. 도심에 하나, 영등포에 하나, 강남에 하나, 이렇게 3개였다.

그런데 '도심에 1개'는 엄밀한 의미에서의 1개가 아니었다. 현재의 동대문터미널과 서울역 북단(현 의주로공원 자리)에 각각 하나씩 두어 실제로는 2개지만 그것이 도심에 있다는 점에서 1개로 본다는 것이었다. 그리고 영등포(당산동)에 1개, 영동(반포동)에 1개, 이렇게 3~4개를 두면 승객권의 비중이 59 : 14 : 26이 되므로 도심부의 교통혼잡은 크게 완화되는 동시에 이용승객도 가장 편리하다. "이 3원안이 최적의 방안이니 이를 건의한다"라는 결론을 내리고 있다. 이러한 결론에 도달하는 배경에 김형만의 3핵도시 구상이 있었고 이 보고서에서도 그것을 강조했다.

강남고속버스터미널과 강북 도심과의 연결

KIST가 작업한 「서울시내 고속버스터미널 입지선성을 위한 조사연구」의 내용이 구차춘 시장에게 보고된 것은 1975년 4월에 들어서였다. 그리고 이때의 보고에서는 그저 막연하게 영등포 당산동 또는 영동 구획정리지구 내라는 식이 아니었고 지도 위에 정확한 위치가 표시되어 있었다. 포병출신답게 남달리 지도에 밝았던 구 시장에게 정확한 위치와 그 면적이 표시되지 않은 보고라는 것은 있을 수 없는 일이었다.

> 동대문 고속버스터미널: 종로 6가 289-32, 661평
> 서울역 북단 도매시장터: 봉래동 2가 16번지, 6,600평
> 영등포 철도공작창 자리: 당산동 3가 2-44, 500평
> 영동지구(현 서초구): 반포동 19번지, 5만 평

이 보고를 받은 1975년 4월보다 한 달 앞선 3월 5일에 박 대통령의 서울시 연두순시가 있었다. 그리고 이 연두순시 때에 구 시장은 3핵도시 구상, 지하철 2호선(순환선) 건설, 영동(강남)구 신설 등의 재가를 받았으며 박 대통령은 '서울 강북인구의 강남분산'을 강하게 지시했다. 이 지시에서 박 대통령은 "영동·잠실을 개발한다는 것은 서울인구를 더 증가시키는 정책밖에 되지 않는다. 서울인구를 증가시키지 않고 강북인구를 강남에 소산시키는 방안이 연구되어야 한다"는 것을 강조했다.

구 시장은 김형만을 시켜 터미널 입지선정에 관한 용역의뢰를 할 때부터 동대문터미널을 비롯한 도심부 여러 개 터미널을 모두 옮길 것을 결심하고 있었다. 그것을 전제로 해서 입지선정을 연구하라는 것이었다. 그러므로 용역결과 보고를 받으면서 그가 관심을 가진 것은 오직 한곳 '반포동 19번지 5만 평 부지'뿐이었다.

반대로 연구용역팀의 입장에서는 서울의 3핵도시화 촉진책의 하나로 영동지구에도 1개의 터미널을 두어야 한다고는 했지만 자신이 있는, 강한 주장은 아니었다. 당시의 강남에는 고속버스터미널을 이용할 만한 주민이 살고 있지 않았기 때문이다. 그리하여 그 보고서는 "영동지구에 터미널을 위치케 함으로써 오는 장점은 뜻밖에도 땅값이 싸 터미널을 위한 충분한 대지면적은 물론이고 고속버스 운행을 위한 부속시설(정비

및 박차시설)을 마련할 수 있다. 또 (도심부 터미널을 출발한) 모든 고속버스가 영동터미널을 통과할 수 있으므로 운행체제의 가변성이 높게 된다”(「보고서」, 100~101쪽)라는 매우 신중한 태도를 보이고 있다.

구 시장의 결심이 섰다. “반포동 19번지 5만 평의 공지에 고속버스뿐만이 아니라 시외버스도 수용하는 대규모 종합터미널을 건설한다. 그것이 건설되면 동대문을 비롯한 시내 여러 곳의 고속버스·시외버스 터미널을 모두 폐쇄해버린다. 그리고 새 터미널 주변공지에 대형 아파트단지를 여러 개 조성토록 한다. 이렇게 생긴 아파트단지에 강북주민을 이주시키면 이용시민의 불편은 해소될 것이 아닌가. 내가 그렇게 추진하겠다는데 누가 감히 반대할 것이냐.” 그것이 구 시장의 결심이었다. 이렇게 결심이 서자 바로 도시계획과장 김병린을 시켜 터미널 배치계획과 주변지역 아파트단지 조성계획을 지시했다.

당시 반포동 5만 평의 땅은 시유지(체비지)가 아니고 여러 사람이 나누어 소유하는 사유지였으며 북쪽에는 자그마한 내가 흐르고 있었다. 그 일대가 거의 다 그러했지만 이 5만 평도 여름철에 비가 오면 쉽게 침수되는 땅이었다. 서울시 구획정리 2과는 이곳 지주들을 불러 서울시가 가지고 있는 다른 위치의 체비지와 교환해줌으로써 이 5만 평 땅은 일단 서울시 영동 1지구 구획정리사업의 체비지가 된다.

서울시가 영동지구 반포동 종합터미널 설치계획을 발표한 것은 1975년 6월 27일이었다. 동서로 길쭉한 5만 평 부지의 동쪽 3만 평은 고속버스터미널, 서쪽 1만 평은 시외버스터미널이며, 택시 및 시내버스 주차장이 6,500평, 2개 터미널의 중앙 3,500평은 공원과 운동장으로 한다는 계획이었다. 이 계획을 발표한 서울시는 15억 8,980만 원을 투자하여 부지조성, 주변도로, 유수지시설, 소하천 복개공사 등을 실시했다.

고속버스업체 중 9개회사가 출자한 강남종합버스정류장주식회사가 설립된 것은 1975년 11월 14일이었다. 경인간만 운행하는 삼화고속, 서울-청주 간을 운행하는 속리산고속, 서울-수원·평택 간을 운행하는 유신고속 등 3개 업체를 제외한 9개 업체(광주·그레이하운드·동부·동양·중앙·천일·한남·한일·한진)를 규합한 것이다. 구 시장의 강한 추진력에 고속버스 업자들이 굴복한 것이다.

강남고속버스터미널 공사가 착공된 것은 1976년 4월 8일이었고 9월 1일에 1차 준공했다. 이 1차 준공이라는 것은 정말 어이없는 것이었다. 본 건물은 없고 3개의 승차장과 300평 규모의 공동정비고뿐이었다. 당시의 사진을 보면 가건물의 연속이었음을 알 수가 있다.

이런 시설이었지만 고속버스업체는 별로 개의치 않았다. 도심부의 터미널이 폐지되지 않고 여전히 종전대로 운영되고 있었기 때문이다. 즉 동대문터미널이나 서울역터미널을 출발하여 강남터미널을 거쳐가는 체제였다. 그리고 대지가 넓은 새 터미널은 주로 야간에 박차장으로 이용되었다.

서울시 입장에서는 그런 운영체제를 언제까지나 그대로 보아넘길 수 없었다. 한번 결심한 것은 끝까지 밀고 나가는 구 시장의 뚝심이 발휘되기 시작했다. 이용승객의 대다수가 살고 있는 강북과의 소통을 원활하게 하기 위하여 잠수교라는 것을 가설할 것을 결심했다.

가장 싼 값으로 빠른 기간 내에 개통될 수 있게 하려면 이 방법이 적격이었다. 4차선 18m, 길이 1,125m의 이 교량은 1975년 9월 5일에 착공되어 10개월 만인 1976년 7월 15일에 준공되었다. 공사비는 겨우 28억 6천만 원이었다. 이 다리가 준공되던 그날, 제3한강교(현 한남대로)의 입체교차로-고속버스터미널-반포아파트-서초동을 연결하는 너비 30m 길이 3,450m의 도로와 잠수교-이태원동까지 1,620m의 도로도 동시에 개통되었다.

최초로 준공된 강남고속버스터미널 승차장.

잠수교만으로는 부족하다고 생각한 서울시는 바로 이어서 남산 제3호 터널 굴착공사에 들어갔다. 잠수교가 준공되기 2개월 전인 1976년 5월 14일에 착공되어 2년이 지난 1978년 5월 1일에 개통되었다. 총사업비 97억 5천만 원이 투입된 대공사였다. 김형만이 별로 깊은 연구도 없이 내뱉었던 3핵도시 구상안의 파급효과의 크기에 감탄할 뿐이다.

율산그룹과 서울종합터미널 건물

구자춘은 강남터미널이 완성되었어도 여전히 동대문터미널, 역전터미널도 그대로 운영하고 있는 버스업자들의 자세를 그대로 보고만 있지 않았다. 그는 그렇게 호락호락한 시장이 아니었다. 1977년 당시의 교통부장관은 구 시장 군생활의 대선배였던 최경록 예비역중장이었다.

"강북에 있는 동대문터미널, 서울역터미널을 폐쇄하고 강남터미널로 옮겨가라. 200km 이상을 운행하는 22개 노선 452대는 4월 20일까지, 200km 미만의 15개 노선 192대는 6월 말까지 옮겨가서, 4월 21일, 7월 1일을 기하여 일제히 강남터미널에서만 발착하라. 이 지시를 어기는 업체는 사업면허취소 또는 운행정지처분을 내리겠다"는 교통부장관 행정명령이 내린 것은 1977년 4월 1일이었다. 자동차운수사업법에 근거를 둔 이 행정명령은 추상같은 것이었다. "사업면허취소 또는 운행정지처분을 내리겠다"고 했으니 따르지 않을 업자가 어디 있겠는가.

'고속버스터미널만이라도 강남으로 옮기자'는 이 조치는 그러나 터미널을 이용하는 승객에게는 엄청난 불편과 고통을 안겨주었다. 우선 접근에의 어려움이었다. 잠수교와 남산 제3터널이 개통되기 이전 강남터미널에 가려면 제1한강교와 제3한강교를 이용할 수밖에 없었다. 시내 각 방면에서 터미널까지 시내버스는 다녔지만 이 시내버스의 폭주가 시민들의 접근을 더 어렵게 했다. 택시는 합승만을 강요했고 그것도 한두 시간씩 줄을 서서 기다려야 했다. 터미널을 구성하는 매표구·대합실·승차장·정비고 모두가 가건물이었다. 혼란과 무질서가 판을 치는 곳이 바로 고속버스터미널이었다. 당시의 그 혼란과 무질서를 보도한 매스컴은 적잖았지만 그중 ≪한국일보≫ 1978년 4월 1일자 기사가 가장 상세하게 보도했다. 큰 사진까지 제시한 이 기사의 굵은 활자로 된 표제를 한번 보자.

> 강남고속버스터미널
> 지방손님 실어다 벌판에 쏟는 '서울관문'
> 교통이 없는 '교통센터'
> 한두 시간씩 택시 찾다가 지쳐 여기저기 주저앉고
> 암표상 심부름까지 하며 웃돈 준 표 '늦었다 안 태워'

강남고속버스터미널 건설 조감도.

하루 10만 명 드나들어 서울사람도 들어서면 벙벙

하루에 10~12만 명에 달한 이용승객들을 괴롭게 한 것은 터미널 주변에서 되풀이된 건설공사—지하도 및 지하상가 공사, 본건물 신축공사, 호남·영동선 건물공사, 지하철 3호선 공사

연건평 3만 6천 평의 고속버스터미널 건물공사가 착공된 것은 1978년 11월 23일이었고 만 3년이 지난 1981년 10월 20일에 준공되었다. 8개 고속버스회사가 공동출자한 (주)서울고속이 280억 원을 들여 건설한 지하 1층 지상 11층의 이 건물준공은 고속버스승객이 손님으로서의 대접을 받게 되는 출발인 셈이었다.

강남고속버스터미널의 당초의 부지면적은 5만 평이었다. 그리고 이 5만평 부지 중 3만 평은 고속버스터미널로, 나머지 2만 평은 시외버스터미널로 사용한다는 것이 서울시 계획이었다. 그러나 고속버스·시외버스를 한 곳에 집중시킨 결과는 주변도로의 엄청난 교통혼잡이었다. 부라부랴 시외버스터미널을 고속버스터미널의 동남방 약 2.5km 지점인 서초동 1,446번지(대지 19,245.5㎡ 5,832평)로 옮겼다.

시외버스터미널로 사용하던 2만 평의 토지가 신흥재벌 율산의 신선호에게 매각되었다. 신선호가 이상적인 종합터미널을 조성해서 운영하겠다는 제안을 해와서 구자춘 시장이 그것을 받아들였다지만 그 속사정은 알 수가 없다. 그 당시 율산은 사우디아라비아와의 무역으로 엄청난 돈을 벌었고 그렇게 생긴 자금으로 서울시 시유지를 닥치는 대로 사모으고 있었다. 지금 잠실 롯데월드가 들어 있는 석촌호수 옆의 시유지 30만 평을 83억 원에 매입한 것도 이 무렵이었다.

강남고속버스터미널 서편의 땅 약 2만 평(정확히는 19,953평)을 사들인 신선호는 서울종합터미널(주)이라는 회사를 설립, 350억 원을 투입하여 20층 규모의 대형 터미널건물을 세울 것을 계획했다. 이 건물공사가 착공된 것은 1977년 10월 6일이었다. 그러나 1978년에 들면서 율산의 자금사정이 악화되자 20층 건물의 계획은 좌절되었고, 우선 고속버스대합실과 사무실 및 정비고만을 갖춘 지하 1층 지상 3층짜리의 초라한 건물을 준공했다. 1978년 3월 1일이었다. 서울시는 이 자리에 호남선 11개 노선, 영동선 9개 노선, 고속버스 283대를 수용하게 했다. 구자춘 시장의 강한 명령이 있었다고 전해지고 있다.

신흥재벌 율산그룹이 도산한 것은 1979년이었다. 신선호가 외국환관리법 위반 및 업무상횡령 혐의로 서울구치소에 수감된 것은 1979년 4월 3일이었고 이 시점에서 사실상 율산그룹은 해체되었다.[5]

---

5) 전남 고흥에서 태어나 광주서중·경기고등학교, 서울대학교 공대 응용수학과를 1970년에 졸업한 신선호가 100만 원의 자금으로 오퍼상을 시작한 것은 1974년이었고, 그의 나이 26세 때였다. 그리고 그는 사우디에 시멘트를 수출하는 것을 시작으로 불과 2~3년 만에 신흥재벌 율산그룹의 오너로 발전했다. 율산그룹은 1978년엔 산하에 15개 기업체를 거느리는 한국경제계의 혜성이었다. 그리고 다음

호남·영동선을 운행한 서울종합터미널은 가건물과 다름없는 허름한 건물이었다. 호남선·영동선 승객은 이 허름한 시설을 그 후 만 20년간이나 이용해야 했다. 동쪽의 서울고속터미널을 이용하는 경부선 승객에 비할 때 호남선·영동선 승객에 대한 일종의 지역차별이 20년간이나 계속된 것이다.

그런데 율산그룹 산하의 모든 기업이 부도를 내고 넘어갔는데도 유독 서초구 반포동 19번지, 1만 9천 평의 토지소유권과 서울종합터미널(주)의 운영권만은 신선호의 것으로 남았다. 이 1만 9천 평의 땅은 원래가 영동 구획정리지구의 체비지였다. 1977년에 신선호가 토지대금을 완불하여 사실상의 소유자가 되었지만, 1979년 당시에는 아직 구획정리사업이 완료되지 않았기 때문에 신선호 앞으로 토지소유자 명의변경이 되지 않고 서울시 명의로 있었던 것이다. 토지소유가 서울시 명의로 있었기 때문에 은행에 저당권 설정이 되지 않았고 따라서 채권은행인 서울은행이 차압을 할 수가 없었다. 말하자면 서울시가 신선호를 살린 것이다.

1980년대에서 1990년대에 걸쳐 전국의 땅값은 엄청나게 올랐다. 서초구 반포동 19번지 3의 공시지가는 1997년 현재 평당 442만 원이다. 실거래가격은 1천만 원도 넘을 것이다. 1979년에 도산하여 완전히 사라진 인물이 된 신선호는 서울시만이 전혀 모르는 사이에 엄청난 거부가 되어 있었다.

반포동 19번지의 3, 서울종합터미널 자리에 지하 5층 지상 25층의 대형건물이 착공된 것은 1997년 1월 9일이었다. 연면적이 24만 4,270㎡나 되는 이 건물이 준공되면 지하층과 지상 6층까지는 고속버스터미널이 되고, 7~9층은 신세계백화점이 입주하며, 10~25층은 국제적 호텔

해인 1979년엔 모든 기업이 도산했다. 단기간의 지나친 기업확장과 부동산 매입으로 인한 금융부채를 감당할 수 없었기 때문이다.

체인인 마리오트호텔이 들어가게 되어 있다. 터미널·백화점 부분이 완공되는 것은 1998년 말이고, 호텔 부분까지 완공되는 것은 1999년 말로 예정되었다. 이 건물이 완성되는 날은 기업가 신선호가 재기하는 날인 동시에 호남선·영동선 승객이 오랜 지역차별에서 벗어나는 날이 될 것이다(이 건물이 실제로 완공된 것은 2000년 9월 1일이었고, 센트럴시티라는 이름의 지하 5층, 지상 33층의 대형 복합건물로 강남의 새 명소가 되었다).

강동구 하일동에서 대전 신탄진까지를 연결하는 중부고속도로가 개통된 것은 1987년 12월 3일이었다. 그리고 이 날 광진구 구의동 546번지의 '동서울종합터미널'도 준공되었다. 지하철 2호선 강변역에 이웃한 동서울터미널이 운행을 개시할 때까지 만 10년 반 동안, 경인선을 제외한 모든 고속버스 승객은 강남터미널만의 이용이 강요되었다.

내가 여기서 '강요되었다'는 표현을 쓴 것은 이유가 있다. 지하철 3호선으로 연결될 때까지 강남고속버스터미널을 이용하는 서민대중은 택시와 시내버스가 아니면 접근할 방법이 없었던 것이다. 강남고속버스터미널이 구상되어 추진되고 있을 때 지하철 2호선 노선도 거의 다 결정되어 있었다. 그렇다면 당연히 고속버스터미널과 지하철 2호선의 연결이 고려되어야 했다.

그런데 지하철 노선을 결정하고 고속버스터미널의 건설을 추진했던 사람들, 서울시나 교통부·건설부의 고위공무원들은 서민대중이 아니었던 것이다. 승용차를 타고 다니는 분들이었다. 고위공무원들만이 아니었다. 그런 계획을 뒷받침하는 이른바 도시계획·교통계획 전문가들 대다수도 자동차 국가인 미국 등지에서 공부하고 돌아온 박사님들이었다. 그들, 항상 서민 위에 존재하시는 분들은 시내버스를 타고 내리는 서민들의 고통을 알 리가 없었다.

강남터미널을 통과하는 지하철 3호선 노선이 결정된 것은 터미널이 운행된 지 만 4년이 지난 1980년이었고, 그것이 준공·개통된 것은 1985년 10월 18일이었다. 지하철 3호선이 한강을 건너서 양재동 쪽으로 직진하지 않고 신사·잠원·고속버스터미널·남부터미널을 거치면서 크게 굴곡하는 이유, 그것은 서민대중의 고통을 뒤늦게야 알게 된 높으신 분들의 따뜻한 마음 때문이었다.

4. 영동아파트지구 건설과 아파트재벌의 영락

영동아파트지구 지정

앞에서도 언급한 바 있지만 1975년 3월 4일에 있었던 박 대통령 연두순시 때 대통령의 첫 번째 지시사항이 강북 인구의 강남 분산이었다. 즉 "영동·잠실을 막연히 개발하는 것은 서울시의 인구증가정책밖에는 되지 않는다. 강북 인구를 강남으로 분산시키는 정책방안이 깊이 연구되어야 한다"는 것이었다.

구 시장은 대통령의 지시가 있은 지 한 달쯤 뒤에 고속버스터미널을 반포동 19번지에 설치할 것을 결심하고 도시계획과장을 불러 그 구체적 방안을 지시하면서 그 주변일대에 대규모 아파트단지를 조성하는 방안도 지시했다.

반포동·잠원동·압구정동·청담동 등, 한강 남쪽으로 연결되는 이들 마을은 원래 모래벌판이었다. 그러므로 반포동·잠원동 등은 한때 사평리(沙坪里)라고 불리기도 했다. 그런 모래벌판을 따라 높은 제방을 쌓고 자동차 전용의 강변도로를 조성했으니 대부분의 대지는 도로보다 낮은 저지대일 수밖에 없었다. 홍수기에 비가 많이 와 한강수위가 높아지면 강변도로를 사이에 두고 이들 저지대도 침수되었다. 몇 군데에 유수지를 만들고 배수펌프장을 설치하기는 했지만 저지대에 주택이 쉽게 들어설 리가 없었다.

아무리 유능한 도시계획가라 해도 마술 방망이를 쥐고 있지는 않다. 이 저지대 허허벌판에 무슨 방법으로 아파트단지를 조성하겠는가. "아파트단지를 조성할 계획을 세우라"는 지시를 받은 것은 도시계획과장 김병린이었다. 광복 후 50년간, 서울시에는 수많은 건축·토목기술직이 거쳐갔고 그중에는 유능한 인재가 적지 않았지만 김병린은 출중한 재사였다.

영동 구획정리지구라는 것은 원래가 농지였지만 구획정리 환지처분이 되고 많은 토지투기꾼들이 들락날락하면서 100평, 200평 정도로 분할되어 군소지주들의 소유가 되어 있었다. 이들 군소지주들에게 아파트를 지으라는 것은 처음부터 불가능을 강요하는 것이었다. 설령 500평 내외의 큰 땅을 가진 사람들이 있다 한들 그들이 아파트업자가 아니었으니 개별적으로 아파트를 지을 수는 없었다.

도시계획 법령에 '아파트지구'라는 것을 설정하여 그 지구 내에는 아파트밖에 못 짓도록 해버리면 결국 군소지주들은 그 소유토지를 아파트업자에게 팔아넘길 수밖에 없다. 1975년에는 아주 소수이기는 하나 단층 또는 2층건물이 드문드문 들어서고 있었고, 경기도일 때부터 거주해 온 농가들도 산재해 있었다.

김병린 과장이 건설부 도시계획과에 '아파트지구'라는 제도를 신설해 줄 것을 요청한 것은 1975년 8월이었다. 그리고 그 요청에 이어서 바로 서울시 도시계획국은 1975년 8월 26일자로 우선 영동지구 반포동·잠원동 일대 262만㎡(79만 3,936평)와 잠실지구 67만 6천㎡(20만 4,848평)를 아파트지구로 가(假)지정하고 개인의 건축허가행위 일체를 금지하는 조치를 취했다. 건설부의 지시에 따른 것이라는 설명이 붙어 있으나 서울시 단독의 결정이었다.

도시계획법 시행령을 개정하여 제16조에 '아파트지구'라는 것을 신설한 것은 1976년 1월 28일자 대통령령 제7963호에서였다. 그리고 서울시는 영동구획정리지구 내의 4개 지구, 그 밖의 시내에 이미 아파트가 들어서고 있던 7개 지구를 선정하여 아파트지구로 지정해줄 것을 건설부에 품신하였다.

청계고가도로가 마장동까지 연장되고 그것이 끝나는 지점에서 현재의 강동구 천호동까지 연장 9.4km, 넓이 6차선의 천호대로와 한강에서 여덟 번째 교량이 되는 천호대교가 개통되는 준공식은 1976년 7월 5일 오전 10시에 거행되었다.

구 시장의 안내를 받아 박 대통령은 청계고가도로 연장, 천호대로, 천호대교 등 세 곳에서 순차적으로 개통테이프를 끊었다. 서울 도심부와 동부교외의 시간거리를 크게 단축시키는 대역사가 준공된 것이다. 박 대통령의 입장에서는 워커힐 나들이가 훨씬 수월해지는 길이기도 했다. 이 날 박 대통령의 표정은 매우 밝았고 흡족한 웃음을 띠고 있었다.

천호대교를 건너자 대통령 전용차에 동승했던 구 시장은 차의 방향을 바로 잠실·영동방향으로 연결된 강변도로로 인도했다. 한창 구획정리공사가 진행되고 있는 잠실과 영동의 실상을 대통령에게 보이기 위해서였다. 차 안에서 구 시장은 강변을 따라 연결될 아파트지구를 설명했고 간간이 차에서 내려 그 위치를 도면으로도 설명했다. 그때의 설명은 붉은 선으로 아파트지구가 점점이 원으로 표시된 영동 구획정리 지도에 의해서 이루어졌다.

구 시장의 아파트지구 설명이 끝나자 대통령은 점점이 큰 원이 그려진 구획정리 도면 위에 그 특유의 사인을 했다. "대단히 좋다. 내 마음이 흡족하다"라는 표시였다. 이것이 훗날 잘못 전달되어 영동아파트지구 지정이 박 대통령 지시였다는 소문이 돈다. 나 손정목도 오랫동안 그렇게 잘못 알고 『강남구지』나 『서울 600년사』 6권 같은 데에서 잘못 기술한 바 있음을 밝혀둔다.

서울시가 요청한 아파트지구는 중앙도시계획위원회의 심의를 거쳐 그해 8월 21일자 건설부고시 제131호로 고시되었다. 최초로 지정된 11개 아파트지구 명칭과 면적은 다음과 같다.

지구	면적	지구	면적
반포지구(서초)	550만 8천	압구정지구(강남)	119만 1천
청담지구(강남)	36만 7천	도곡지구(강남)	72만 8천
이수지구(서초)	8만 3천	잠실지구(송파)	245만 8천
이촌지구(용산)	16만	서빙고지구(용산)	81만 4천
원효지구(용산)	10만 2천	여의도지구(영등포)	59만
화곡지구(강서)	29만 2,500		

* 면적단위는 ㎡, 괄호 안은 현재의 구 이름.

구획정리사업을 처음 시작할 때 그곳은 아파트지구가 아니었고 아파트지구가 아닌 상태에서 토지를 사고팔았다. 그런데 구획정리사업이 한창 진행되고 있는 과정에서 "이곳은 아파트지구가 되었으니 아파트와 그에 딸린 시설 이외의 건물은 짓지 못한다"라고 결정된 것이다. 냉정하게 생각해보면 실로 어이없는 재산권의 침해였다. 그런 일이 자행될 수 있는 시대였고 그런 일을 자행할 수 있는 정부였다.

여하튼 1976년 8월 21일 반포·압구정·청담·도곡 등 영동 제1·2구획정리지구 779만 4천㎡(약 236만 1,820평)의 광역이 아파트지구가 되어버렸다. 영동구획정리 937만 평의 25%에 달하는 엄청난 넓이였다(이 넓이는 개발계획 수립단계에서 크게 축소되었다).

근린주구 개념이 실현된 영동아파트지구

아파트지구라는 제도를 신설할 때 건설부는 그 개발에 앞서서 개별 지구마다 기본계획을 세워 건설부장관의 승인을 받도록 지시했다.

서울시는 11개 지구지정을 건설부에 상신한 직후부터 영동지구 4개 지구의 기본계획수립에 착수했다. 김병린 과장은 연구용역회사 천일기술단의 김익진을 불러 '영동아파트지구 개발계획(안)'의 수립을 의뢰했다. 그런데 거기에 한 가지 조건을 달았다. "이것은 우리나라에서 최초로 하는 아파트지구 계획이니 당신네 기술진만의 힘으로 하지 말고 널리 전문교수들을 참여시키라"는 것이었다.[6]

영동아파트지구 개발계획안을 수립하는 용역은 천일기술단으로서는 최초의 큰 일이었을 뿐 아니라 실로 보람 있는 일이었다. 이민창은 구획정리 2과장으로서, 김익진은 그 밑의 환지계장으로서 영동구획정리지구는 두 사람에게 있어 손때가 묻을 대로 묻은 인연의 지역이었다. 말하자면 두 사람은 영동지구를 실무면에서 창출하고 개발한 장본인들이었다.

그들은 바로 홍익대학교 강건희 교수를 불러들였다. 강건희[7]는 이민창의 경복고등학교 후배였고 김익진과는 허물없는 친구 사이였다. 천일기술단의 기술진에 홍익대학 건축과 대학원생 5~6명이 참가했다. 현재

---

6) 많은 독자가 김익진이라는 이름을 기억할 것으로 생각한다. 그는 서울에 '도심부 재개발'이라는 것을 처음 시도했고, 서울시 도시계획과 초대 재개발계획 계장이었던 사나이이다. 1972년에 도시계획 기술사 자격을 취득한 그는 1974년 11월에 공직생활을 마감했다. 그가 그만두었을 때의 직책은 서울시 구획정리 2과 환지계장이었다. 잠깐 개인회사에 근무했던 그가 (주)천일기술단을 세운 것은 1976년 2월 16일이었고 대표이사는 이민창이었다. 이민창은 김익진을 재개발계장으로 기용했던 당시의 도시계획과 과장이었고 양택식 시장의 대만 사찰여행에 수행원으로 갔던 이름임을 기억할 것이다. 이민창도 1975년 4월에 공직생활을 마감했다.

7) 이민창·김익진과 더불어 소공동 재개발계획을 수립했던 1971년 당시에는 건축과 조교였지만 1976년에는 교수가 되어 있었다.

경원대학교 교수인 박기조, 홍익대학교 교수인 강양석 등의 이름이 연구원 명단에 끼어 있다. 작업은 여름휴가를 끼고 6월에서 9월까지의 4개월간 진행되었다. 철저한 근린주구단지를 시도했고 전체 아파트지구를 16개 근린주구단지로 구분했다.

도시계획전문가가 아닌 독자를 위해 근린주구의 개념을 잠깐 설명하기로 한다. 넓이 12m가 넘는 도로를 간선도로라고 한다. 이 간선도로는 거의가 통과도로이며 대체로 약 500m의 간격으로 가로세로의 가로망을 형성한다. 출퇴근자, 고등학생·대학생, 특별한 용무가 있어 외출하는 사람이 아닌 일반주민, 가정주부나 어린이는 간선도로를 자주 이용할 필요가 없는 주택가를 형성하도록 하는 것이 근린주구이론이다.

예컨대 500m 사방을 간선도로로 두른 한 개 블록 내부에 몇 개의 어린이놀이터, 초등학교·중학교·노인정·우체국·쇼핑센터 같은 것이 들어가면 그 단지 내부에서 가정주부와 노인·어린이들의 생활은 거의 해결되어버린다. 단지 내에 용무가 없는 통과교통은 들어오지 않으니 교통사고도 일어나지 않는다.

근린주구계획(Neighborhood Planning) 또는 지구계획(Community Planning)이라고 하는 이와 같은 구상은 1940년대 후반부터 시작한 영국의 전원도시계획에서 싹튼 개념이고 1950~1960년대에 유럽·미국·일본 등의 신도시계획에서 널리 도입되어 일반화되었다.

한국에 이 계획을 처음 도입한 것은 박병주였다. 그가 주택공사 단지연구실장으로 있던 1968년에 용산구 동부이촌동 공무원아파트 1,313가구분의 단지계획에서 처음 시도했고, 1971년에 서울시가 여의도에 시범아파트 15개 동 1,584가구를 건설했을 때는 홍익대학교 교수로서 이 이론에 의한 단지배치를 담당했다. 그리고 잠실 주공아파트 1~5단지에서도 이 계획이 도입되었다.

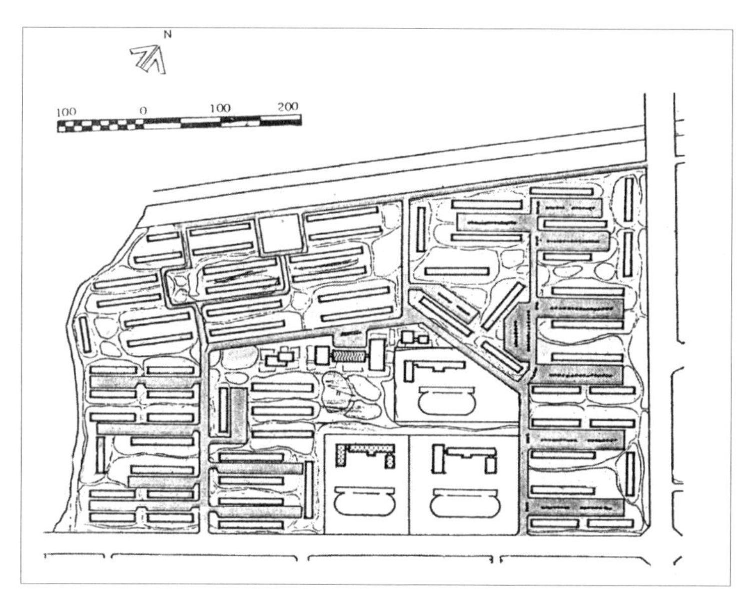

근린주구계획으로 이루어진 영동아파트지구 1~1블록.

예컨대 고비사막과 같은 완전한 평면의 공간 위에서 단지계획을 세운다면 간선도로에 둘러싸인 500m 사방을 1개의 단지로 할 수가 있다. 가로세로가 500m이니 단지의 넓이는 25ha가 되고 ha당 인구밀도를 500명으로 보면 주민은 1만 2,500명으로써 초등학교 1개를 배치할 수 있다. 인구밀도를 높여 ha당 700명으로 하면 1만 7,500명의 단지가 형성되는 것이다.

그러나 천일기술단에 주어진 아파트지구는 단지계획을 자유자재로 그려넣을 수 있는 자연상태의 공간이 아니었다. 이미 구획정리계획에 의하여 가로세로의 간선가로망이 형성되어 있었다. 이미 형성된 가로망을 그대로 이어받아 그것을 바탕으로 16개 단지를 계획했으니 그 규모가 동일할 수가 없었다. 10.55ha밖에 안 되는 작은 단지도 있었고 62.43ha나 되는 큰 규모의 단지도 생겼다. 16개 단지의 합계는 536.7ha(162만

3,500평)였고 1개 단지의 평균넓이는 33.54ha(약 11만 평)였다.

단지의 넓이가 각각이었으니 초등학교 1개씩이 골고루 배치될 수가 없었다. 결국 1개의 초등학교도 들어갈 수 없는 단지도 생겼고 초등학교·중학교·고등학교가 모두 들어가는 단지도 생겼다. 초등학교 7개, 중학교 4개, 고등학교 3개가 배치되었다. 단지의 규모에 따라 근린공원이 들어가지 못한 곳도 있기는 했으나 엄청나게 많은 어린이놀이터가 배치되었다. 근린주구라는 것은 간선도로가 경계가 되는 것이 원칙인데도 불구하고 부득이 간선도로가 단지 안에 들어간 경우가 생겼다. 강변도로와 간선도로 사이에 생긴 좁다란 택지의 띠를 어쩔 수 없이 포함해야 했기 때문이다.

천일기술단 김익진 팀의 「영동아파트지구 종합개발계획」 보고서가 접수된 것은 1976년 11월이었다. 서울시가 영동아파트지구 개발기본계획을 건설부에 신청한 것은 그해 12월 7일이었고 그것이 승인된 것은 다음해 3월 29일이었다.

영동아파트지구 개발계획을 모델로 한 '서울특별시 아파트지구 건축조례'가 발포된 것은 1977년 7월 1일자 조례 제1174호에서였다. 아파트지구의 최소면적을 3천㎡(약 909평), 건폐율 25% 이하, 용적률 200% 이하로 규정했다. 이 아파트지구 건축조례는 1980년 7월에 폐지되어 그 내용은 건축조례에 포함되었다.

그 후 86·88의 양대 행사, 그리고 주택 500만 호, 200만 호 건설의 추진에 따라 아파트의 동간간격이나 건폐율, 용적률도 크게 완화되었다. 그러나 1970년대 후반에서 1990년대 중반까지의 20년간, 서울은 물론이고 전국 각지에 수없이 들어선 아파트지구의 모델이 된 것은 바로 '영동아파트지구 종합개발계획'과 서울 아파트지구 건축조례였던 것이다.

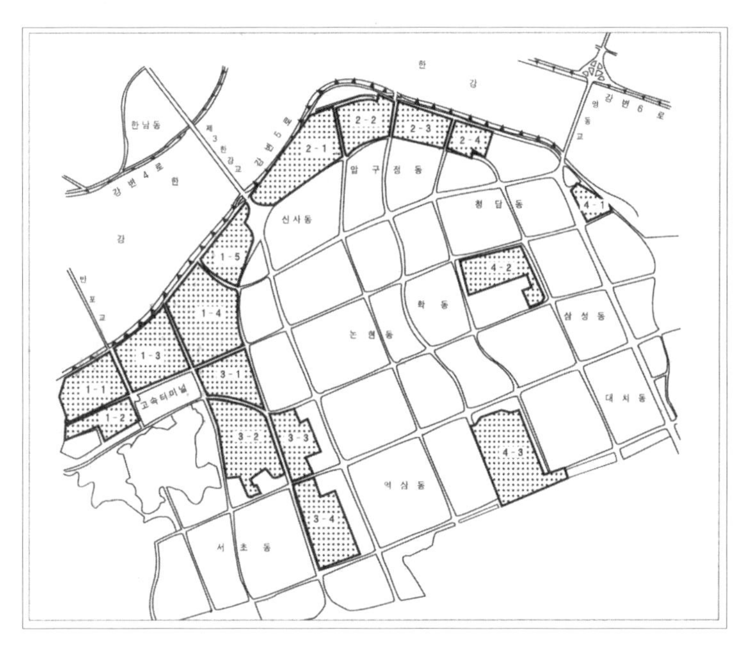

영동아파트계획지구 위치도.

업자들의 경쟁적인 아파트 건설

천일기술단의 아파트지구 개발계획작업이 진행되고 있을 때 최승진이라는 이름의 청년이 찾아왔다. "영동지구에서 아파트사업을 벌이고 싶은데 어느 곳이 좋겠느냐"는 것이었다. 서울시 도시계획과·구획정리 2과로 갔더니 천일기술단에 가서 상의해보라고 했다는 것이다.

최승진의 부친 최주호는 전북 임실군 출신이고 일제 때 수원고농(현 서울대학교 농과대학)을 졸업하고 평안북도 혜산진에 가서 일본기업이 하는 공장의 공장장을 지냈다고 한다. 광복 후에 남하하여 한일나일론, 한국모방 등을 경영했으나 모두 실패하고 태릉 근처, 중화동에서 보도블록 생산 판매를 업으로 하는 한편 큰아들 최낙철이 창업한 계성제지(주)의

회장으로 있었다. 최낙철이라는 이름을 기억하는 독자가 많을 것이다. 동양고속버스 회사의 창업자가 최주호의 장남이었다.

그의 넷째아들 승진은 어려서부터 사업능력이 있었다. 외국어대학교 무역학과를 다니면서 아파트사업을 시작했다. 1974년에 중화주택개발(주)이라는 회사를 차려 아버지가 하던 보도블록 공장터에 5층짜리 아파트 14개 동을 지어 분양했고, 이어서 그 이웃에 4개 동의 아파트를 또 지어 분양했다. 첫 번째 것은 중화아파트였고 다음 것은 우정아파트였다. 최승진이 대학을 졸업한 것이 1976년이었으니, 천일기술단의 김익진을 찾아간 것은 대학을 졸업하고 얼마 안 되어서였다. 영동지구에서 아파트사업을 하겠다고 김익진을 찾아갔을 때의 나이는 불과 22~23세였으니 대단히 조숙했던 셈이다.

최승진은 김익진의 권유에 따라 고속버스터미널 맞은편, 잠원동 74-1번지의 땅을 사모았다. 순순히 매각하겠다는 지주도 있었으나 끝내 매각을 거부하는 지주도 있었다. 일단의 아파트지구를 조성하는데 그 가운데에 위치한 몇 필지의 땅을 매수할 수 없으면 아파트지구가 조성되지 않는다. 끝내 매각을 거부하는 지주에게는 비환지 수법을 썼다.

아파트업자에게 아파트지구에 들어가 있지 않은 토지를 매수하게 하여 지구내 토지와 대토하는 수법이었다. 말하자면 영동구획정리지구 내의 아파트지구는 비환지 수법을 이용한 집단환지로 이루어진 것이었다. 김익진의 공직생활 마지막이 서울시 구획정리 2과 환지계장이었듯이 김익진의 주특기는 구획정리 환지업무였다. 영동아파트지구 집단환지작업은 천일기술단이 독점하는 결과가 되었다.

최승진이 고속버스터미널 맞은편, 잠원동 74-1번지에 확보한 토지는 26,561㎡(약 8,035평)였다. 그는 이 대지에 12층 4개 동 408호분의 아파트건설 허가를 받고 입주희망자를 모집하는 분양공고를 냈다. 1977년 초의 일이었다. 아파트 이름은 우성[8]이었다. 이 분양공고에 응하여 입주를 희망한 것은 4천 명이 넘었다. 10 대 1의 성황을 이루었던 것이다. 최승진에게도 뜻밖이었고 다른 건설업자들도 모두 놀라운 대성황이었다.

당시의 최승진에게 어느 정도의 경제력이 있었는지는 알 수가 없다. 그러나 겨우 태릉 근처 중화동에 5층짜리 아파트단지를 조성 분양한 것밖에 다른 실적이 없었으니 그 경제력은 그렇게 대단하지 않았을 것이다. 그런데 묘안이 생겼다. 당초의 분양계약금으로 기초공사에 착수했고 나머지 건축자금은 한국주택은행에서 융자를 받았다. 은행에서 융자를 받는 데는 담보가 필요했다. 바로 입주자와의 분양계약서가 둘도 없는 담보가 되었던 것이다.

한국주택은행의 전신인 한국주택금고가 설립된 것은 1967년 7월 10일이었고 1969년 1월 4일에 주택은행이 되었다. 1977년은 제4차 경제개발 5개년계획이 시작되던 해였다. 국민의 심각한 주택문제를 해결하는 방안으로 정부는 제4차 계획기간 중인 1977~1981년의 5년간에 총 2조 6,400억원을 투자하여 113만 호의 주택건설을 계획하고 있었다. 주택은행은 중앙정부 주택건설촉진계획의 금융부분 담당자였다.

영동아파트지구 내에서의 아파트건설을 적극 지원한 것은 서울시·건설부 그리고 주택은행이었다. 주택은행 반포예금취급소가 개설된 것은 1974년 4월 24일이었고, 1976년 8월에 출장소, 1978년 6월 5일에 지점으로 승격했다. 주택은행 반포지점은 반포동 891번지에 있었다. 아파트업자들은 분양계약서만 지참하면 바로 그에 상응하는 거액의 융자를 받을 수 있었다.

---

8) 어떤 점술가에게 작명을 의뢰했더니 우성을 권했다는 것이다. 집 우자에 이룰 성자, 우주가 이루어진다는 뜻도 되고 이 집에서 거주하면 성공한다는 뜻으로도 풀이될 수 있는 이름이었다.

우성아파트 분양이 10 대 1의 성황을 이룬 것은 당연히 다른 아파트 업자들을 고무했다. 우성아파트에 바로 이웃한 일대의 토지는 한신공영 주식회사에 의해 대량으로 매점되었다. 한신공영은 원래 보일러제조를 주업무로 하던 기업이었다. 1976년 10월부터 신반포지구 아파트건설업에 뛰어들었던 것이다.

현대건설이 공유수면을 매립하여 현대아파트 23동 1,562가구분을 건설한 것은 1975년부터 1977년까지에 걸쳐서였다. 현대가 이 아파트단지 양편의 땅을 매점한 것은 1977년부터이며, 여의도에서 대량의 아파트를 건설한 한양주택(주)이 압구정동 동편의 땅을 매입한 것도 1977년의 일이었다. 현대·우성·한신공영·삼익주택·삼호·삼부토건·라이프주택·진흥기업·경남기업·롯데건설·대한주택공사 등이 다투어 영동아파트지구 토지매입경쟁을 벌였다. 자연히 교통정리를 해야 할 필요가 생겼다. 아파트업자끼리의 경쟁을 방치하다가는 중복투자·경합투자가 될 수도 있었고 공연히 땅값 상승을 부채질하는 결과가 되기 때문이었다.

서울시 주택과·도시계획과·구획정리 2과·건축지도과 등이 교통정리를 담당하기는 했지만 아파트지구 환지계획을 독점 작업했던 천일기술단 김익진이 주된 역할을 담당할 수밖에 없었다. 1977~1980년 당시를 회고하면서 김익진은 "바로 저 방이 아파트재벌의 산실이었습니다"라고 하면서 빙긋이 웃었다. 아마 김익진의 생애에 있어 영동아파트지구 개발계획과 아파트지구 집단환지작업을 했던 1970년대 후반기가 가장 보람되고 흡족했던 나날이었을 것이다.

이 아파트지구 계획과 집단환지 작업과정에서 가장 높이 평가할 것은 공공용지, 특히 학교용지를 확보한 일이다. 초등학교는 1주구당 1개, 중학교는 2개 주구당 1개, 고등학교는 3개 주구당 1개씩 정도의 기준으로 적절히 배분하여 그것을 서울시 소유로 해버린 것이다. 결과적으로는 아파트업자가 토지를 매입하여 서울시에 기부채납한 것과 같은 것이었다. 그것은 당시 이른바 '3대공간 확보'를 시정의 기본목표로 제시했던 구자춘 시장의 강한 의욕이 뒷받침된 것이었다.[9)]

국민 주(住)생활의 전환

반포 우성아파트 4개 동 408가구분이 준공된 것은 1978년 11월 28일이었지만 실제의 입주는 그보다 3~4개월 전에 이루어졌다. 이 반포 우성아파트 준공에 이어 한신공영·주택공사·롯데건설·현대·한양·삼익주택 등에 의한 고층아파트단지가 영동아파트 구에 연이어 건설 준공되었다. 강남·서초 2개구 이른바 영동아파트 지구가 메워져가는 실상을 다음 표에 소개해둔다.

강남구 관내 아파트지구 형성과정(1977~1985년)

단지이름	소재지	동수	층수	가구수	준공일자	대지면적(㎡)	시공회사
신현대	압구정 298	27	12·13	1,756	83.6.20	156,612	현대(도시개발)
미성 1차	압구정 352-1	3	14	322	83.6.20	8,116	라이프주택
미성 2차	신사 85-1	9	15·17	911	87.12.5	45,683	〃
신사현대	압구정 369-3	11	12~15	766	83.10.25	68,626	현대건설
한양 제1	압구정 산 6-1	15	12·13	1,232	77.12.26	68,815	한양주택
한양 제2	압구정 40	11	13	825	80.12.31	59,833	〃

9) 현재 압구정동 287번지에 있는 현대고등학교는 서울시 소유가 된 고등학교 용지를 현대그룹에서 매입하여 1984년 12월에 설립한 것이다.

단지이름	소재지	동수	층수	가구수	준공일자	대지면적 (㎡)	시공회사
한양 제3	압구정 산 5-1	6	12·13	582	81.4.21	37,571	한양주택
한양 8차	압구정 산 9-1	1	15	90	84.5.21	10,652	〃
현대 8차	압구정 146-3	5	12	515	81.4.10	37,928	현대건설
청담 삼익	청담 134-18	12	12	888	81.1.27	19,876	삼익건설
청담 현대	청담 75-1	2	12	96	83.12.28	7,004	현대(도시개발)
청담 진흥	청담 65	7	15	630	84.7.18	51,035	진흥건설
상아 1차	청담 51-1	2	9·10	176	79.10.2	10,190	동성종합건설
청담 한양	청담 134-9	5	12	672	81.4.30	29,337	한양주택
상아 2차	삼성 19-4	4	12	478	83.3.1	28,611	동성종합건설
상아 3차	삼성 22	3	10	230	83.6.25	16,448	〃
도곡주공고층	대치 670	7	12	552	80.11.14	50,133	대한주택공사
개나리	역삼 711-1	40	5·12·13	1,840	80.5.12	43,365	삼호주택
진달래	도곡 538	16	10~12	1,372	80.5.14	70,325	계명주택
도곡 주공	도곡 527	51	5	2,450	77.6.4	144,962	대한주택공사
한신	도곡 464	8	9	620	85.12.14	36,474	한신공영
도곡주공고층	도곡 56	4	12	336	80.11.14	33,293	대한주택공사
계		249		17,339		1,034,889	

* 자료: 『강남구 공동주택 생활백서』(Ⅱ), 강남구청, 1992. 당초에 정해진 아파트지구에 한했다. 1985년 이전에 준공된 것을 원칙적으로 하였으나 미성 2차만은 1987년에 준공되었다. 대지면적에는 학교용지, 근린공원용지는 들어가 있지 않다. 쇼핑센터는 들어 있으나 집단상가는 들어가 있지 않는 경우도 있다.

서초구 관내 아파트지구 형성과정(1977~1988년)

단지이름	소재지	동수	층 수	가구수	준공일자	대지면적 (㎡)	시공회사
신반포 1차	반포 2-1	21	5	790	77.11.18	74,374	한신공영
신반포 2차	잠원 73	13	12	1,572	78. 6.30	81,963	〃
신반포 3차	반포 1-1	15	12	1,140	78.10.15	72,595	〃
신반포 4차	잠원 70	12	12	1,212	78.10.25	69,213	〃
신반포 5차	잠원 64-8	5	12·13	555	80. 1.31	29,649	〃
신반포 6차	잠원 74-2	4	12	560	80. 5. 2	32,746	〃
신반포 3지구 (7·22차)	잠원 65-32	4	10	452	80. 4.30	35,230	〃
신반포 4지구 (8·9·10·11·17차)	잠원 112	23	11·12	2,640	81.11.14	131,828	〃

단지이름	소재지	동수	층 수	가구수	준공일자	대지면적(㎡)	시공회사
신반포 5지구 (12·13·18·24차)	잠원 52-2	11	11·12·13	944	82. 4.13	54,298	한신공영
신반포 14차	잠원 74	1	12	178	83.12.27	10,534	〃
신반포 15차	반포 12	8	5	180	82.11.20	30,441	〃
신반포 16차	잠원 55-10	2	11	396	83 1. 7	13,254	〃
신반포 19차	잠원 61-2	2	11	242	82.11.30	13,388	〃
신반포 20차	잠원 60-78	1	14	112	83.12.12	9,593	〃
신반포 21차	잠원 59-10	2	8·9·10	108	84.12.13	8,663	〃
신반포 23차	반포 1-9	1	10	200	83.11.28	6,615	〃
신반포 25-27차	잠원 61-1	4	11·12·13	391	85. 1.17	21,404	〃
반포 우성	잠원 74-1	4	12	408	78.11.28	26,561	우성건설
우성 1차	서초 1336	11	12·15	786	79. 9. 3	51,806	〃
우성 2차	서초 1331	6	13	403	79. 9.29	26,145	〃
우성 3차	서초 1332-1	3	12	276	80. 1.31	17,596	〃
우성 4차	서초 1444-1	3	10	140	82.12.31	11,786	〃
주공 2단지	반포 18-23	46	5	1,720	78.12.20	181,892	주택공사
주공 3단지	반포 20-4	62	5	2,400	80. 5.26	192,460	〃
삼호	서초 1311	14	10～15	1,015	79.12. 9	59,293	삼호주택
삼호가든1·2차	반포 30-2	11	12	1,034	81. 9.30	49,870	〃
삼호가든 3차	반포 32-8	6	10·13	424	82.11.10	29,704	〃
삼호가든 4차	반포 30	5	9·12	414	84. 6. 1	27,429	〃
삼호가든 5차	반포 30-1	3	14	168	86. 2.21	20,469	〃
세종	서초 1310-4	1	12	60	82. 1. 9	5,294	〃
대림	잠원 57	7	13	637	79.11.17	42,823	대림건설
설악	잠원 50	6	12	631	79. 8.29	39,828	롯데건설
반포 경남	반포 1-8	10	12	1,056	78.12. 1	62,880	경남기업
미주	반포 16-1	4	10	280	79.12. 2	16,334	라이프주택
반포 한양	잠원 66	4	12	372	79.11.24	24,760	한양주택
서초 한양	반포 32-5	5	12	456	82. 9.16	37,587	〃
신 동 아	서초1333·1334	7	13	997	78.12.31	57,611	신동아건설
무 지 개	서초 1335	9	12	1,074	78.12.23	63,372	종합건설
삼익건설	서초 1681	4	12	228	78.12.13	15,287	삼익건설
삼익	서초 1312	8	10·13	881	79. 9. 3	43,335	삼익주택
금호	서초 1686-4	3	10～12	324	80. 5.12	20,915	금호건설
진흥	서초 1315	7	15	615	79. 8.29	40,775	진흥기업
삼풍	서초 1685	24	9·11·15	2,300	88. 7.19	144,011	삼풍건설
극동	서초 1682	26	5	1,080	76.10. 1	57,530	극동건설
은하	서초 1684	4	5	90	78. 2. 4	6,319	은하건설
계		432		31,941		2,069,460	

* 자료: 서초구청 주택과 제공. 당초에 정해진 아파트지구에 한정했다. 그러므로 방배동지구는 포함되지 않는다. 1985년 이전에 준공된 것을 원칙으로 하였으나 1985년 이전에 계획된 것은 포함시켰다(예 삼풍아파트). 대지면적에는 학교용지·근린공원용지는 들어가 있지 않다. 쇼핑센터는 들어가 있으나 집단상가는 들어가 있지 않은 경우가 있다.

나는 이 표들을 작성하면서 여러 가지 사실을 발견했다.

첫째 "고속버스터미널 주변을 아파트단지로 조성하라"라는 구자춘 시장의 지시가 얼마나 큰 결과를 가져왔는가를 확인하고 놀라움을 금치 못했다. 1975년 4월에 내렸던 구 시장의 지시에 따라 영동아파트지구라는 것이 설정되었고, 지구 내에 그 후의 12~13년간에 681동 49,280가구분의 아파트가 들어섰다. 고속버스터미널 강남 이전, 아파트단지 조성으로 허허벌판이나 다름없던 강남일대가 아파트의 숲으로 변해버린 것이다.

서울의 아파트단지는 1960년대 후반에 용산구 동부이촌동에서 시작했다. 그리고 1970년대에 들어서 여의도로 번졌고 1970년대 후반부터 1980년대에 걸쳐 영동(강남·서초)으로 그리고 다시 잠실일대 오늘날의 송파구로 번져갔다. 나는 1972~1974년의 3년간, 서울시 도시계획국장으로 재직하면서 영동 제1·2구획정리사업을 진두지휘했다. 그때 나는 영동 1·2지구에 아파트가 들어설 날이 오리라는 예측은 했지만 내가 그 자리를 떠나자마자 순식간에 그렇게 많은 아파트단지가 조성되리라고는 전혀 예측하지 못했음을 솔직히 밝혀둔다.

둘째는 강남구에 비해 서초구의 아파트단지가 훨씬 많다는 사실이었다. 즉 아파트지구 내에 강남구(영동 제2지구)에는 249동 17,339가구분의 아파트가 들어선 데 비해, 같은 시기 서초구(영동 제1지구)에는 432동 31,941가구분의 아파트가 들어섰다.

또 아파트단지 준공일자에 있어서 서초구는 1978년에 124동 9,497가구, 1979년에 67동 5,620가구의 아파트가 들어섰고, 1980년에는 81동 4,567가구, 1981년에 34동 3,674가구로 격감했다. 1978년이 고속버스터미널 주변일대에 아파트 건설이 절정에 달했고 그 후는 점점 감소해가는 현상을 뚜렷이 보여주고 있다.

『주택은행 20년사』에 의하면 "1977년 하반기부터 아파트를 중심으로 한 주택건설과 농촌주택 개량사업이 활발히 이루어졌으며 때를 같이하여 중동건설 붐이 일어남으로써 건설자재가격과 노임이 앙등했고 뒤이어 투기성 유휴자금까지 부동산시장으로 유입되어 1978년 초에는 주택경기가 최고조에 이르게 되었다"라고 기술되어 있다(30쪽). 우리나라 주택건설 역사상 1978년이 '주택경기 최고조'를 이루게 한 원인은 바로 강남고속버스터미널 주변 아파트단지 조성에 있다. 그리고 1978년에 잠원동·반포동 일대, 이른바 신반포지구 아파트건설 붐은 두 가지 측면에서 큰 비중을 가지게 되었다.

그 첫째는 아파트가격의 프리미엄, 아파트의 가수요, 1가구 2주택 이상이라는 현상이었다. '아파트만 사두면 떼돈을 번다'는 것이 이른바 복부인들에게 널리 퍼져 막대한 유휴자금이 아파트시장과 강남의 땅투기에 동원되었다. 그에 대한 대책으로 정부는 1978년 8월 8일을 기하여 '부동산 투기억제 및 지가안정을 위한 종합대책'을 발표했다. 이른바 8·8조치라는 것이었다.

두 번째는 국민 주생활의 전환, 즉 개인주택에서 아파트주택으로의 전환이었다. 그때까지 주연료였던 연탄 대신에 중앙난방식 보일러와 도시가스가 일반화되었다. 강남구 대치동에 도시가스 공장이 기공된 것은 1978년 10월 6일이었고, 1979년 12월에 우선 1단계로 10만 호에 도시가스가 공급되었다.

연료혁명과 세탁기의 보급 그리고 아파트 열쇠 하나로 출입이 가능해진 것은 주부생활·가정생활에 큰 전환을 가져왔다. 입주가정부라는 것이 없어지는 대신 시간제파출부가 일반화되었고 유휴시간 활용을 위해 에어로빅이니 서예교실이니 하는 것이 유행하고 자동차교습소에 주부들이 떼를 지어 다니기 시작했다. 실로 엄청난 변화였다. 1978년이라는 해는 이 나라의 주부생활, 국민 주생활의 전환점이었다.

1978년에 최고조에 달했던 주택경기는 1979~1980년에 한풀 꺾인다. 그것은 8·8조치에 의한 부동산 투기억제책에도 원인이 있었지만, 1979년에 일어난 제2차 석유파동으로 국내외 경기가 일시에 퇴조된 데 더 큰 원인이 있었다. 그리고 1980년대를 맞이했다.

서초구의 영동 1지구 아파트단지 건설은 1976년부터 시작하여 1985년까지 10년간 계속되었다. 그런데 강남구의 영동 2지구는 제2차 석유파동을 겪고 난 뒤인 1980년대에 불이 붙기 시작했다. 강남구 아파트지구에는 1970년대 즉 1977~1979년에는 68동 3,858가구밖에 들어서지 않았다. 그러나 1980년대에 들면서 사정이 달라졌다. 1980년에 47동 3,326가구, 1981년에 28동 2,657가구, 1983년에 47동 3,326가구가 들어섰다.

개포·수서지구로 아파트지구가 확장되는 과정

영동아파트지구가 지정되고 그 개발계획이 수립된 1976년 이전에 강남일대에 아파트단지가 없었던 것은 아니다. 주택공사가 1974년부터 건설하기 시작한 99동 3,650가구가 그 시작이었다. 오늘날 구반포라고 불리는 5층짜리 대규모 아파트단지가 그것이다. 현대건설이 압구정동 매립지에 23동 1,562가구의 아파트단지를 조성한 것은 1975년에서 1977년에 걸쳐서였다. 오늘날 구현대라는 이름으로 불리는 것이다.

이렇게 아파트지구 지정 이전에도 강남에 대규모 아파트단지 2개가 조성되어 있기는 했으나, 송파구까지 포함한 강남일대를 아파트숲으로 만들어버린 결정적인 계기는 1976~1977년에 계획된 영동아파트지구 개발계획이었다. 건설업자들은 당초의 아파트지구를 한치도 남김없이 모두 아파트로 채워버리자 아파트지구 자체를 확장하기 시작했다. 즉 영동 구획정리지구 경계 밖으로 나가버린 것이다.

삼호주택이 영동구획정리 1지구에 바로 붙은 방배동에 방배삼호아파트단지(13동 966가구)를 조성한 것은 1975년이었다. 그것을 시발로 신방배삼호·방배궁전·방배우성·방배경남·방배삼익·방배소라 등의 아파트 단지가 방배동 일대를 점거했다.

정태수의 한보주택이 강남구 대치동에 은마아파트 28동 4,424가구의 대규모단지를 조성하여 세인을 놀라게 한 것은 1978~1979년이었다. 영동구획정리 2지구의 경계 바로 남쪽이었다. 한보라는 이름의 새로운 아파트재벌이 탄생한 것이다. 한보주택의 창업자 정태수는 1951~1974년에 말단 세무관료로서 이곳저곳 세무서에서 근무한 무명의 경제인이었다. 은마아파트로 거금을 마련한 한보주택은 1982~1985년에 은마단지 남쪽에 미도아파트 21동 2,436가구의 단지를 조성했다. 이때까지도 생소했던 이름의 정태수는 그 후 1991년에는 이른바 수서사건으로, 1997년에는 한보철강사건으로 일약 매스컴의 총아가 됨으로써 그 이름과 얼굴을 온 국민에게 널리 알리게 되었다.

구획정리사업보다 몇 배나 강한 효력을 지닌 택지개발촉진법이라는 법률이 생긴 것은 전두환 정권 초기인 1980년 12월 31일자 법률 제3315호에서였다. 건설부장관에 의해서 한 지역이 택지개발촉진지구로 지정되면 도시계획법이니 하천법, 산림법이니 하는 이름을 단 22개 법률의 효력이 정지되는, 실로 놀라운 위력을 지닌 법률이었다. 개인의 재산권이 크게 제한될 뿐 아니라 생산녹지·자연녹지·임야 등을 단시일에 아파트숲으로 바꿔버리는, 실로 공룡과 같은 괴력의 악법이었다.

강남구 개포지구 853만 4,908㎡(약 258만 1,806평) 넓이의 땅이 택지개발촉진지구로 지정된 것은 1981년 4월 11일자 건설부고시 제113호에서였고 그해 9월 17일에 개발계획이 승인되었다. 강남구의 남쪽 끝, 대모산·구룡산 밑, 양재천을 사이에 낀 개포택지개발지구에 가장 많은 아파트단지를 조성한 것은 주택공사였다. 1981년 6월부터 1983년 10월까지 만 2년 4개월간에 모두 7개 단지로 나누어 262개 동 13,340가구의 아파트를 지었다. 그리고 양재천을 사이에 두고 개포현대·개포우성·럭키·경남·개포대우·선경·개포공무원·개포한신·개포시영 등의 고층아파트군이 빈틈없이 들어섰다. 장관이라고 할까, 위압적이라고 할까. 여하튼 사정을 잘 모르고 함부로 들어서면 틀림없이 아파트밀림 속을 헤매게 된다.

강남구 수서동 134만 5,099㎡(약 40만 7,600평)의 지역이 택지개발촉진법에 의한 택지개발예정지구로 지정된 것은 1989년 3월 21일자 건설부고시 제123호에서였다. 이른바 수서사건이라는 이름으로 온 국민을 떠들썩하게 한 이 지역에 141개 동 1만 2,494가구의 아파트가 지어진 것은 1992~1994년에 걸쳐서였다.

1997년 7월 1일 현재로 강남구에는 모두 1,317개 동 9만 3,201가구의 아파트가 집계되었고, 서초구에는 모두 745개 동 5만 3,105가구의 아파트가 집계되었다(강남·서초 주택과에서 조사). 그리고 2개 구의 많은 아파트단지 특히 5층짜리 저층아파트들은 재개발·재건축될 운명에 처해 있는 것으로 알고 있다.

1975년 강남고속버스터미널 입지를 결정하면서 그 "주변일대를 아파트단지로 개발하라"고 지시한 구자춘 시장도 그로부터 20년 후에 이러한 아파트숲이 조성되리라고는 도저히 상상도 하지 못했을 것이다. 1976~1995년이라는, 20년 세월의 변화를 통감했다. 10년이면 강산도 변한다는 말이 실감이 나는 것이다.

아파트재벌의 형성과 쇠퇴

영동아파트지구에 아파트가 들어서는 과정을 보면 이른바 아파트재벌의 흥망사를 알 수 있다. 우성건설·한신공영·현대(한국도시개발, 현재는 현대산업개발)·한양주택·삼호·삼익주택·경남기업·진흥기업·삼풍·극동건설·라이프주택·신동아건설·대한종합건설 등 실로 엄청나게 많은 재벌들이 생겨났다.

1970년대 후반부터 1980년대 말까지 15년간, 우리나라 아파트 건설업자는 땅 짚고 헤엄치는 장사를 했다. 건축허가를 받고 입주자를 모집했다. 분양계약금으로 정지공사·기초공사를 할 수 있었고, 분양계약서를 담보로 막대한 자금을 융자받을 수 있었다. 아파트 골조공사가 시작되면서 다달이 납부금이 들어왔다. 입주가 시작되면서는 잔금이 들어왔다. 아파트 자체가 담보였으니 결코 손해를 보는 일이 없었다. 입주자로부터 떼돈이 들어왔고 은행돈을 마구 빌렸다. 그렇게 생긴 돈으로 땅을 샀고 그 땅 위에 또 아파트를 지었다. 분양공고를 내면 신바람나게 팔려나갔다. 외제 고급승용차를 몰고 다녔고 사장실·회장실은 궁전같이 꾸밀 수 있었다. 골프회원권 여러 개를 가질 수 있었고 고급요정·룸살롱에서 주지육림의 향응을 벌일 수 있었다.

그들의 사세는 하루가 다르게 발전해갔다. 예컨대 한신공영의 경우 신반포 1차에서 27차까지, 잠원·반포 2개 마을에 모두 129개 동 1만 1,672가구의 아파트를 8년간에 걸쳐 분양했다. 아파트 한 채에 2천만 원의 순이익을 보았다고 하면 2,334억 4천만 원을 벌었다는 계산이 나온다. 이름도 없던 보일러업자가 불과 10년 만에 대재벌이 된 것이었다.

태릉 근처 중화동에서 보도블록을 찍다가 그 자리에 5층짜리 아파트 몇 채를 지어 분양한 데서 출발한 우성건설의 최주호·승진 부자의 경우,

그들 부자가 강남에 진출한 시초는 고속버스터미널 맞은편 2만 6,561㎡(약 8천 평)의 대지에 반포우성 4개 동 391가구를 분양한 것이 최초였다. 서초동으로 옮겨 우성아파트단지를 조성했고, 1982년에는 개포동으로 옮겨 개포우성 14동 1,140가구, 대치동·역삼동에 13개 동 1,220가구, 다시 개포동으로 가서 모두 59개 동 3,749가구, 그리고 송파구에 아시아경기대회 선수촌아파트, 잠실동·가락동에 모두 58개 동 4,591가구를 건설 분양했다. 1980년대의 우성건설은 아파트 건설업으로 현대와 쌍벽을 이루는 아파트재벌이었다.

내가 가지고 있는 자료를 찾아보았더니 1985년 100대 기업 매출액 순서에서 한양이 31위, 한일개발 54위, 경남기업 60위, 삼호가 83위, 라이프주택이 100위였다. 그리고 1990년에는 한산공영이 51위, 우성건설이 61위, 한양 66위, 한일개발이 82위였다.

이렇게 아파트재벌이 되어가면서 그 창업주들의 사회적 지위도 올라갈 수밖에 없었다. 우성건설 회장 최주호는 1984년에 서울대학교에서 명예 농학박사를 받았고 같은 해에 서울대학교 총동창회장이 되어 약 10년간 그 자리에 있었다. 국토통일원 고문, 은탑산업훈장도 받았다. 아들 최승진은 우성그룹 부회장, 평화통일자문위원, 전국경제인연합회 이사, 사격연맹이사·부회장 등을 역임하여 체육훈장 기린장, 국무총리 표창도 받았다. 우성건설의 최씨 부자를 예로 들었듯이 삼익주택·한양주택·삼호·라이프주택의 경영주들도 모두 국가사회의 존경을 받는 기라성 같은 경력을 쌓을 수 있었다.

그런데 그들 아파트재벌들은 빠르면 1980년대 후반에, 늦어도 1990년대 전반기를 헤어나지 못하고 하나같이 몰락의 길을 걸었다. (주)삼호가 제일 먼저 쓰러졌고 이어서 (주)한양이 쓰러졌으며 라이프주택·삼익주택도 경남기업·진흥기업도 쓰러졌다. 우성건설은 1996년에, 한신공영은 1997년에 쓰러졌다. 몇천억, 몇조 원에 달하는 막대한 부채를 감당하지 못하여 도산해버린 것이다.

권불 10년 세불 100년이라는 말이 있다. 아파트재벌들의 영화는 길어야 20년, 대개는 15년간의 영화밖에 누리지 못했다. 그들과 어깨를 나란히했던 아파트기업 중에서 아직도 건재한 것은 현대그룹의 현대산업개발(주)뿐이라고 알고 있다.

그렇다면 그렇게도 승승장구하던 아파트업자들이 하나같이 몰락해버린 이유는 무엇인가. 직접적인 계기로는 여러 가지를 들 수 있다. 삼호그룹·한양그룹은 사우디·쿠웨이트 등 중동에서의 과다경쟁·부실시공이 그 원인이었다. 우성그룹을 도산하게 한 결정적인 요인은 1987년에 스위스 미쉐린 사와의 합작투자로 설립한 미쉐린코리아타이어(주)의 실패였다. 경남 양산읍에 세운 이 공장제품은 수출·내수의 양면에서 신장되지 못하고 막대한 적자경영을 계속했다.

아파트재벌들마다 몰락의 계기는 여러 가지로 달랐으나 결정적인 요인은 같았다. 과다한 부동산투자와 은행부채였다. 1978년 8월 8일에 내려진 이른바 8·8조치로 일반기업은 비업무용토지를 가지지 못하게 되었다. 그러나 아파트업자의 토지매점은 바로 업무 그 자체였으니 누구의 규제도 받지 않았다. 은행돈을 마구 융자받아 토지를 사모았다. 땅값은 오르게 되어 있고 땅 위에 아파트만 지으면 반드시 팔린다는 환상이 그들을 지배하고 있었다. 은행이자 같은 것은 안중에도 없었다. 은행이자보다 부동산 가격이 훨씬 더 올랐기 때문이다. 1980년대 말까지는 부동산 가격상승이 그들의 경제력을 더욱더 키워주고 있었다. 그들은 아파트로 돈을 벌었다기보다는 땅장사로 돈을 벌었던 것이다.

그러나 1990년대에 들면서 토지공개념이 도입되고 관련법률이 시행됨에 따라 사정은 완전히 달라졌다. 땅값이 더 이상 오르지 않게 되었고 옛날처럼 아파트도 잘 팔리지 않았다. 아파트 분양가격은 해마다 정부가 결정하여 시달했고 아파트업자들이 마음대로 결정할 수 없는 이른바 공정가격이었다.

그런데 아파트 분양가격의 산출기준은 '토지대금(감정가격)+건축비+적정이윤'이었다. 거기에 은행이자는 포함되지 않았다. 미리 사두었던 땅값은 오르지 않았다. 아파트도 지난날처럼 불티나게 팔리지 않았다. 오히려 분양 안 되는 아파트까지 생겨나고 있었다. 사정이 이렇게 되자 금융부채가 그들을 압박하기 시작했고 은행이자가 눈덩이처럼 불어났다. 부도를 내고 도산하는 길밖에는 다른 어떤 묘책이 없게 된 것이다. 생각해 보면 그들의 영화는 하루아침의 거품이었다.

5. 인구억제계획 시안의 전말

인구억제계획 – 112개 정부기관 강남이전 계획

1975년의 서울시 대통령 연두순시 때 대통령 지시사항 제1호가 '서울 강북 인구의 강남분산'이었다. 당시의 속기록이 남아 있으니 전문을 소개해본다.

> 영동이나 잠실지구를 개발하여 도시시설을 완비하고 주택을 많이 들어서게 되는 것만으로는 서울시의 인구를 증가시키는 정책밖에 안 된다. 강북에 있는 사람들이 그곳으로 이주해갈 때는 주택분양이나 토지불하 때 우선권을 준다든지 해서 서울시의 인구증가 없이 강북의 조밀인구를 강남에 소산시키는 방향으로 정책적인 방안이 깊이 연구되어야 한다.

1970년대 전반까지 중앙정부에 의한 서울의 인구집중억제는 강북 인구의 억제가 주목적이었다. "강북에 많은 인구가 모이게 되면 전쟁이 일어났을 때 한강을 건너게 할 수 없다. 강북에 많은 주민이 남아 있는 상태에서 효율적인 전쟁수행을 자신할 수 없다"는 것이 박 대통령과 중앙정부, 각군 수뇌부의 공통된 의견이었다. 그런 박 대통령의 심려가 "강북에 있는 사람들이 영동·잠실로 이주해갈 때에는 주택분양이나 토지불하 때 우선권을 준다든지 하라"고 표현된 것이었다.

이 대통령 지시사항 1호는 각 일간지에 '강남 이주자 특혜부여'라는 제목으로 크게 보도되었고 부유층 복부인들의 강남 부동산투자를 다시 강하게 불러일으켰다. ≪동아일보≫는 3월 21일자 기획기사로 '이상열풍―서울강남 부동산 투기'라는 표제를 달아 크게 보도하기도 했다.

3핵도시 조성, 특히 영동·잠실 개발에 강한 의욕을 나타내고 있던 구자춘 시장이 박 대통령의 지시에서 큰 힘을 얻었음은 당연한 일이다.

대통령 연두순시 다음날 아침의 서울시 간부회의는 대통령 지시사항 제1호를 실천하는 구체적 방안을 놓고 집중했다. 결론적으로 구 시장이 지시한 내용은 두 가지 방안의 연구 및 추진이었다. 첫째 강북 인구가 근원적으로 증가하지 않게 하는 방안, 둘째 강북에 있는 각종 기관과 인구의 획기적 강남 이전책.

첫째 방안의 연구결과가 이른바 '4·4조치'라는 것이었다. "앞으로 한강이북에서는 지목변경을 금지한다"라는 발표였다. 등기부상 대지가 아닌 임야나 전답을 개발하여 주택지로 할 수 없다. 다시 말하면 강북에서는 더 이상의 택지개발을 불허한다는 것이었다. 1975년 4월 4일자 기자회견 석상에서 발표된 것이었으므로 4·4조치라고 하는 이 조치는 엄청난 반발을 사게 되었다. 각 신문은 기사와 사설로 이 조치를 비판했다. 여론의 강한 반발에 부딪히자 서울시는 4·4조치를 사실상 백지화하고 그 대신에 이른바 3대공간확보 정책으로 강북개발의 방향을 바꾸었다. 이 점에 대해서는 다음 글에서 상세히 설명할 것이다.

두 번째 방안의 연구결과가 '인구억제계획 시안'이라는 것이었다. 이 내용은 중앙정부 각 부처의 강한 반발이 예상되는 것이었기 때문에, 사전에 매스컴에 보도하지 않고 그해 8월 2일에 열린 중앙정부 경제차관회의에 정식의안으로 상정하였으며 그것이 신문지상에 보도되는 형식을 취했다. '서울시청 영동 이전—서울시 인구억제 시안으로 주요기관 112개 강남으로'라는 표제로 서울시가 차관회의에 상정한 이른바 시안이라는 것이 신문지상에 대대적으로 보도된 것은 1975년 8월 5일자 조간이었다.

서울시청을 비롯하여 모두 112개 기관을 강남의 영동지구로 옮긴다는 것을 내용으로 하는 이 '시안'은 말하자면 강북 인구의 강남 이전책 즉 '강북 인구 소산책'이었다. 이 시안에서 강남으로 이전시키겠다는 시설과 그 방안을 요약하면 다음과 같다.

① 서울시청을 영동지구 상공부단지로 이전
② 대법원을 비롯한 각급 법원·검찰청
③ 관세청·산림청·조달청 등 14개 2차 관서
④ 한국은행·산업은행·외환은행 등 8개 금융기관의 본점
⑤ 한국전력(주)을 비롯한 정부출자 기업체
⑥ 서울역 기능의 일부(수원-서울역 간 복복선 중 1개 복선의 역을 영동지구에 신설)
⑦ 안양-수색 간, 영등포-팔당 간을 연결하는 화물철도역의 신설

이 시안에 들어 있는 112개 기관의 선정원칙은, 첫째 현재 사용 중인 건물이 협소하거나 낡아서 신축이 불가피한 서울시청·법원·검찰청·한국은행·산업은행 등, 둘째 자체건물이 없어 남의 건물에 세들어 있는

강남구 삼성동에 위치한 지상 57층의 무역회관 건물. 구자춘의 강북 인구억제계획에 의하면 이 건물이 들어선 일대의 땅에 중앙정부의 2차 관서 등이 집중될 예정이었다.

관세청·수산청·산림청 등 대다수 2차관서들이었다.

그러나 그 선정원칙이 어디에 있건 간에 이 시안의 내용은 김형만의 3핵도시 구상 바로 그 내용이었다. 강북 인구의 강남 이전을 유도하기 위한 이 시안, 즉 강북 인구 소산책은 그 구체적 실시방안을 다음과 같이 제시했다.

① 실시기간: 1976~1985년의 10개년 계획으로 추진한다.
② 정부기관의 강남 이전과 함께 각급학교와 기업체의 강남 이전을 유도하기 위해 이전에 필요한 자금지원책을 마련, 학교의 경우 중·고등학교는 7천만 원,

대학은 2억 원 정도를 융자해주며 기업체는 1억 원 정도를 융자해준다.

③ 개인의 강남 이전을 유도하기 위해 재산세·주민세의 강남·강북 차등부과, 학교공납금의 차등제 실시 등도 검토한다.

④ 지방주민의 서울유입을 막기 위해 지방주민이 서울로 전입할 때에는 특별세를 부과하고, 반대로 서울시민이 지방으로 전출할 때에는 취득세를 면제하고 재산세와 주민세도 3년간 면제한다.

이 시안은 그와 같은 계획의 추진으로 계획기간이 끝나는 1985년에는 서울의 인구를 강남 250만~300만, 강북 300만~350만, 합계 550만~650만 명으로서 현재의 수준보다 50만 명 정도 감소되거나 적어도 현재 수준 이상은 되지 않도록 한다는 것이었다.

냉담한 중앙정부 및 언론의 반응

20년도 더 지난 지금 보면 서울시가 제안한 이 '시안'이라는 것이 얼마나 황당무계했던가를 느끼는 한편으로, 당시 고급공무원들에게 공통적이었던 '하면 된다'라는 의식의 일단을 느끼기도 한다.

서울시가 이러한 시안을 제안한 데는 연두순시 때의 대통령 지시에만 근거를 둔 것이 아니었다. 당시는 각 부처마다 대학교수들로 구성된 '평가교수단'이 있었고 각 평가교수단의 의견을 종합하는 기관으로 국무총리 기획조정실 평가교수단이 있었다. 서울시가 이 시안을 제안하기 두 달쯤 전에 기획조정실 평가교수단이 "서울의 인구분산을 위해서는 이제까지 해온 것보다 더 근본적인 대책이 마련되어야 한다"는 건의를 한 바 있었다. 이 평가교수단의 제안은 연두순시 때 대통령 지시사항에다가 날개 하나를 더 달아준 셈이 되었다. 서울시가 생각한 근본적인 대책이 바로 이 시안이었던 것이다.

제3·4공화국 당시 국정의 기본시책은 국무회의에서 심의 의결되어야 했다. 그런데 매주 한 번씩 열리는 국무회의에 앞서 경제차관회의라는 것이 역시 매주 한 번씩 열리고 있었다. 국정전반에 경제와 관련되지 않는 것이 없다. 국무회의에 상정되기 전에 경제실무자인 경제차관들이 모여 그 타당성, 실현 가능성 등을 충분히 논의해서 정리해두자는 제도였다. 경제기획원·재무부·상공부·건설부·교통부·체신부 등 6개부 차관들이 모이는 회의였다.

서울시가 작성한 '시안'은 거의 모든 중앙부처가 관련되는 일이었을 뿐 아니라 엄청난 경비가 소요되는 일이었다. 그러므로 그것이 시안의 단계를 벗어나서 완전한 정부시책이 되기 위해서는 경제차관회의에서의 검토가 선행되어야 하는 것은 당연한 일이었다. 서울시의 입장에서도 이 시안이 바로 통과되리라고는 기대하지 않았다. 많은 논의가 되풀이되겠지만 마침내는 통과되리라고 생각하고 있었다. 그것이 대통령 각하 지시사항을 실천하기 위한 것이기 때문이었다.

1975년 8월 2일 경제차관회의에 상정된 이 시안은 일단 보류되었다. "각 경제부처 차관이 가지고 가서 충분히 검토해보고 난 뒤에 다시 논의하자"는 것이었다. 그러나 그날 경제차관회의의 분위기는 대단히 냉담했다. 서울시 제1부시장의 내용설명이 채 끝나기도 전에 각 차관들은 서로 냉소적인 눈웃음을 교환하고 있었다.

우선 국가의 경제정책을 총괄하고 있던 경제기획원 차관의 태도가 가장 냉담했다. "112개기관을 옮긴다는 것은 엄청난 경비가 소요되는 일이다. 그것을 한마디의 사전협의도 없이 불쑥 제안하느냐" "국가경제가 무엇인지 어떻게 흐르는지도 모르는 서울시가 이런 엄청난 것을 제안하다니, 건방지기 짝이 없는 행위"라는 태도였다.

재무부차관은 "한국은행·산업은행·외환은행 등을 서울시가 마음대로 옮겨. 말도 안 되는 소리" "재산세·주민세를 차등부과해, 특별세를 신설해, 세제의 기본원리도 모르는 주제에 가소로운 일"이라는 태도였다. 상공부차관은 "상공부단지가 어떻게 마련된 것인데 그곳에 서울시청을 옮겨. 무슨 뚱딴지 같은 것을 제안해. 웃기지 말라"라는 것이었다. 교통부는 "강남에 서울역을 또 하나 만들어. 누구 마음대로"라는 태도였고 건설부는 "국토의 기본질서와 관계되는 일인데 한마디 사전협의도 없이 불쑥 이런 것을 상정하다니"라는 태도였다.

각 경제부처 차관들이 보인 이런 반응의 밑바닥에는 김현옥·구자춘에 이어온 군인 출신 서울시장이 박 대통령의 총애를 등에 업고 독주해버리는 데 대한 평소의 강한 반발심이 깔려 있었다. 김현옥·구자춘 두 시장은 굉장한 힘을 휘두른 실력자였다. 그러나 그것은 도로·교량건설이니 구획정리사업이니 하는 집행면에서의 실력이었고 결코 정책입안의 측면이 아니었다. 서울시는 아무리 큰소리를 쳐봤자 지방행정기관에 불과했지 정책입안기관은 아니었던 것이다.

중앙정부가 냉담했던 것과 마찬가지로 언론기관 또한 이 시안에 대해서는 극히 냉담한 반응을 보였다. 8월 5일자 조간신문들은 시안의 내용을 충실하게 보도한 데 그쳤지만, 그 날짜 석간신문은 소극적·냉소적인 입장을 취했다. 예를 들어 8월 5일자 석간 ≪동아일보≫는 서울시 시안을 소개하면서, '조변석개 인구소산정책, 실현 가능성 희박, 참고 정도로 경제차관회의'라는 표제를 달아 그것이 실현 가능성이 희박한 탁상공론에 불과하다고 비꼬았다.

≪동아일보≫의 이 보도를 받아 다음날 조간 ≪조선일보≫는 '서울의 인구억제시안 근본해결책이 아쉽다'라는 사설을 실어 서울시가 마련한 시안은 "서울의 공간적인 재배치·재편성의 방법은 될지언정 그 대목처럼 서울 인구집중 억제책과는 크게 엇갈린 방책"이라고 비판했다. 그리

고 그날 ≪동아일보≫는 한 걸음 더 나아가 "무정견이 빚은 '강북 푸대접', 서울시 인구과밀 억제정책의 허실, 사유재산 피해·강남땅값 부채질, 위성도시 건설 등 근본대책 아쉬워" 등의 표제를 달아 서울시 시안을 다시 공격했다.

사실상 이 강북 인구소산책 즉 '인구억제시안'이 발표되자 강북의 토지·주택 거래는 한산해진 반면 강남의 땅값은 비등하고 강남 땅투기를 둘러싼 대규모 토지사기단도 적발되고 있었다. 그와 같은 사정을 ≪경향신문≫ ≪중앙일보≫ ≪동아일보≫는 경쟁적으로 크게 보도했으니 그 표제만 소개하면 다음과 같다.

8월 7일자 ≪경향신문≫: 실효 없는 인구분산정책에 춤추는 강남 땅값, 서울시의 시안 알려진 뒤 집값 대지값 마구 뛰어, 한 평에 3~5만 원이나 강북은 폭락 거래한산

8월 7일자 ≪중앙일보≫: 강남 토지사기단 21개파 47명 구속, 등기부·인감 등 위조 20억 원어치 사취

8월 11일자 ≪동아일보≫: 서울시청 영동으로 옮긴다, 서울시 '성급한 발설' 뒤 수습에 진땀, 투기붐 일으켜 땅값만 부쩍 올라, 복덕방업자 모아 '설득'도

시안 좌절의 과정

서울시의 시안이 발표되어 강북은 침체일로에 있었고 강남땅값은 하루가 다르게 치솟자 중앙정부도 언제까지나 모르는 척할 수는 없게 되었다. 맨 먼저 반응을 보인 것은 건설부였다. '시안'이 신문지상에 발표된 지 20일이 지난 8월 25일에 건설부 고관이 "서울시가 제안한 시안을 조정하기 위해 경제기획원에 내무·문교·상공·건설 각부 및 서울시 기획관리실장을 위원으로, 경제기획원 차관을 위원장으로 하는 수도권 인구

분산계획 심의위원회를 설치하겠다. 그리하여 금년 연말 안으로 최종안을 확정 발표하겠다"고 발표했다(≪서울신문≫ 1975년 8월 25일자).

그러나 건설부 간부의 발표가 있은 후에도 아무런 진전이 없이 시일만 흘러갔다. 당시 나는 서울시 내무국장으로서 계획과는 전혀 관계없는 일을 맡고 있었는데 구 시장의 추상같은 기합에 매일 시달려야 했다. 모든 것이 뜻대로 되지 않는 울분을 시청간부 상대로 발산했던 것이다.

서울시의 시안이 중앙정부에 의해 완전히 거부당한 것은 그해도 저물어가는 11월 28일이었다. 그날 경제기획원 고위간부는 "서울시청을 비롯한 2차 관서를 강남으로 옮긴다고 해서 서울의 인구를 감소시킨다는 효과를 기대할 수는 없다. 그러므로 전번에 서울시가 제안했던 '서울 강북 인구소산책(시안)'은 일단 백지화하고 수도권 인구의 기능별 재편방안, 새로운 위성도시 조성 등을 내용으로 하는 수도권 정비계획을 수립하겠다"고 발표했다.

구자춘 시장은 서울시청을 강남, 그것도 상공부단지로 예정되어 상공부 산하 국영기업체의 공동소유가 되어 있는 강남구 삼성동으로 이전하겠다는 강한 의욕을 가지고 있었다. 그 자리에 서울시 경찰국, 교육위원회까지 거느린 대형건물을 짓고 봉은사 서쪽 임야에 서울시장 공관을 짓는다는 계획까지 세우고 있었다. 중앙정부가 아무리 반대를 하더라도 박 대통령만은 자기생각을 지지해줄 것이라는 희망을 버리지 않고 있었다. 상공부가 아무리 반대하더라도 대통령의 한마디만 있으면 그것은 결코 꿈으로 끝나지 않을 것이라는 확신을 갖고 있었던 것이다.

그러한 구 시장의 꿈이 산산이 깨어지는 날이 도래했다. 1976년 2월 18일이었다. 이 날 오전, 서울시를 연두순시한 박 대통령의 지시사항 제1호도 서울시 인구억제정책이었다. 그 내용을 옮기면 다음과 같다.

현재의 추세대로 나간다면 서울의 인구는 얼마 안 가서 1천만을 넘게 되어 감당할 수 없는 상태가 된다. 서울이 적의 지상포화의 사정거리 안에 있는 등, 적과 너무나 가까운 거리에 있는데 그렇다고 당장 현재의 인구를 급격히 줄일 수 없는 만큼 더 이상 인구가 늘지 않도록 하고 도시를 정비 정돈해서 시민들이 명랑한 생활을 할 수 있도록 해야 한다.

서울의 인구집중 억제는 교육·건축·주택·상공행정 및 세제 등 정부의 종합적인 시책이 뒷받침되어야 실효를 거둘 수 있다. 정부는 그동안 수도서울의 인구집중 억제를 위해 여러 가지 노력을 해왔으나 정부가 노력한 만큼 인구증가 추세는 둔화되지 않고 있다.

그린벨트 안의 건축억제, 공장 및 기업체의 지방이전 등 수도권 인구억제 정책을 일단 세웠으면 부분적인 부작용이 있더라도 방침을 변경하지 말고 긴 안목을 갖고 장기적으로 추진해야 한다. 앞으로 서울인구의 억제정책은 제1무임소장관실에서 전담하여 관계부처와 협조하여 꾸준히 밀고 나가도록 하라(≪조선일보≫ 1976년 2월 19일자).

1975년과 1976년, 이렇게 1년 사이에 대통령의 태도가 크게 바뀐 것이다. 1975년 연두순시 때까지 박 대통령의 '서울 인구집중 억제'는 강북 인구의 억제였다. 강북의 인구를 빨리 강남으로 이전하는 시책을 강구하라는 것이었다. 그런데 1976년의 '서울 인구집중 억제'는 서울시 행정구역 전체, 강북뿐 아니라 강남까지도 포함한 인구집중 억제, 나아가 수도권 전역의 인구집중 억제로 확대된 것이다.

구자춘 시장에게는 청천벽력의 대사건이었다. 정부시설을 강남으로 이전한다는 그런 차원이 아니었다. 강남으로 옮기지 말고 적이 쏘는 지상포화의 사정거리 밖으로의 이전을 추진하라는 추상같은 지시였다.

1975년 순시 때와 1976년 순시 때의 지시사항 내용이 이렇게 달라진 데는 1975년에 일어난 국제정세의 변화, 이른바 공산화의 도미노현상에 그 원인이 있었다.

크메르 공산군이 수도 프놈펜 시를 점령하고 정부군이 전면 항복한 것은 1975년 4월 17일이었다. 베트남 정부가 무조건 항복하여 베트남전쟁이 종식된 것은 4월 30일이었다. 라오스 좌파가 실권을 장악함으로써 사실상 공산화된 것이 5월 8일이었다. 크메르·베트남·라오스가 연이어 공산화의 길을 걷자 많은 서울시민도 북한 공산군의 남침이 멀지 않다는 불안감에 휩싸이게 되었다. 박 대통령도 그런 미래가 가까이 오리라는 것을 강하게 느끼고 있었다.

여의도광장에서 시민 200만 명이 참가하는 총력안보궐기대회가 개최된 것은 1975년 5월 10일 오전이었다. 반공연맹 서울시지부가 주최한 것이었지만 인원동원은 전적으로 서울시가 주관한 행사였다. 대한민국 국회는 5월 16일에 여야 만장일치로 안보결의문을 채택했다. 방위세를 신설한 것은 6월 27일이었고, 9월 2일에는 역시 여의도광장에서 중앙학도호국단 발대식이 거행되었다. 9월 5일에는 서울시가 반포교(잠수교) 건설공사를 기공하였으며 전국 일제히 민방위대 발대식이 거행된 것은 9월 22일이었다.

이즈음 박 대통령이 가장 염려한 것은 두 가지였다. 가령 북에서 남침해 온다면 700만에 달한 서울시민을 데리고 전쟁을 수행할 수 있느냐 하는 것이 그 첫 번째였다. 전쟁발발과 동시에 사정거리 200km가 넘는다는 북한의 지상포화가 정부종합청사를 집중공격할 것이 분명한데, 그러면 정부기능이 일시에 마비되지 않겠는가가 그 둘째였다.

두 가지 고민을 해결하는 길은 우선은 서울인구를 더는 늘지 않게 하는 것이었고, 그 다음은 북한의 집중포화에도 끄떡하지 않을 정부 제2종합청사를 시급히 건설하는 것이었다. 박 대통령의 그와 같은 의지의 일단이 1976년 서울시 연두순시 지시사항 제1호 '서울 인구집중억제책'이었던 것이다.

박 대통령의 이 1976년 지시로 1975년에 서울시가 성안하여 경제차관 회의에 상정했던 이른바 '서울시 인구억제계획 시안'이라는 것은 송두리째 무너지고 백지화되었다. 구자춘 시장이 그렇게도 갈망했던 영동·잠실 개발, 3핵도시 구상이 잿더미가 된 것이다. 상공부단지 예정지에 서울시청을 옮긴다는 구상이 무너졌을 뿐만 아니라 상공부단지 자체도 조성될 수 없게 되었다. 3핵도시 구상이 사실상 종결된 것이다.

"각 부처가 서울 인구집중과 관련된 정책·계획을 수립할 경우에는 제1무임소장관실과 사전협조하라"는 국무총리 지시가 공문서로 시달된 것은 1976년 3월 16일이었다. 이때부터 서울시 행정구역 내에서는 일체의 정부기관, 국영기업체, 정부출자 금융기관 등의 서울시내 신축·개축이 금지되었다. 수도권 인구집중억제책을 전담할 기구가 제1무임소장관실에 설치된 것은 1976년 4월 2일이었고, 이 전담기구가 작성한 「수도권 인구재배치 기본구상」이 국무총리에게 보고된 것은 1976년 7월 21일, 대통령에게 보고된 것은 다음날인 22일이었다.

박 대통령이 임시행정수도 건설구상을 발표한 것은 1977년 2월 10일, 역시 서울시 연두순시에서였다. 또 제1무임소장관실에서 성안한 수도권 인구재배치계획을 구체화한 법제가 1977년 12월 31일자 법률 제3069호로 발포된 공업배치법이며 이어서 1982년 12월 31일자 법률 제3600호로 발포된 수도권정비계획법이었다.

정부 제2종합청사가 서울시가 아닌 경기도 과천에 건설된 것은 1978년이었다. 포물선을 그리면서 떨어질 적의 포탄이 관악산에 부딪쳐 과천 시내에는 떨어지지 않는다는 계산의 결과였다. 그동안 서울시내에 있었던 육군본부·해군본부·공군본부가 대전교외 속칭 계룡대로 내려간 것은 모두 1980년대였고, 산림청·수산청·조달청 등 십여 개의 제2관서 청사 건물은 대전에 건설되었다.

6. 강북 명문학교의 강남 이전과 8학군 형성

경기고등학교 강남 이전과 저항

김형만의 3핵도시 구상의 내용 중에는 '강북에 편재되어 있는 각급학교의 강남 이전'이라는 것이 포함되어 있었다.

구도심·영등포·영동의 3핵을 잇는 지하철 2호선 건설에 착수하고 고속버스터미널을 강남에 이전하고 터미널 주변을 아파트단지로 채운 구자춘 시장이 다음에 생각한 것은 명문학교들의 강남 이전이었다. 초·중등학교가 아니었다. 명문고등학교를 강남으로 이전하는 작업이었다.[10)]

구자춘 시장은 3핵도시 구상을 실천에 옮기는 초기, 즉 1975~1976년경부터 이들 명문고등학교의 강남 이전을 생각하고 있었다. 강남 개발을 보다 효율적으로 시행한다는 점에서도 그럴 필요가 있었지만 또다른

10) 고밀도·고경쟁국가인 한국은 그 당연한 결과로 고학력국가였고 제대로 사람대접을 받으려면 세칭 일류대학을 나와야 했다. 그리고 그 일류대학에 입학하려면 고등학교부터 소위 명문고등학교를 다녀야 했다. 서울과 부산에서 오늘날과 같은 고등학교 평준화가 실시된 것은 1974년이었고 그 다음해부터 대구·인천·광주에도 확대 실시되었다. 이 고등학교평준화 시책이 실시되기 이전에는 각 고등학교마다 입학시험이 치러졌고 일류고등학교, 명문고등학교라는 것이 있었다. 서울에서의 명문남자고등학교는 우선 5대 공립 5대 사립이었다. 경기·서울·경복·용산·경동이 5대 공립이었고, 중앙·양정·배재·휘문·보성이 5대 사립이었다(이 5대 사립에 중동고등학교를 포함시키는 경우도 있었다). 여하튼 모두가 오랜 역사를 지닌 학교들이었고 당연히 그 모두가 강북, 그것도 종로·중구에 편재되어 있었다. 여자고등학교도 사정은 마찬가지였다. 경기·창덕이 공립 명문학교였고, 이화·숙명·진명·정신 등이 사립 명문학교였으며 역시 그 모두가 종로·중구에 모여 있었다. 1974년에 고등학교평준화가 실시되었고 몇 개의 학군별로 이른바 심지 뽑기로 진학할 고등학교가 강제 배분되었다. 그러나 평준화가 된 뒤에도 명문 고등학교의 이름은 그대로 남았고 많은 시민은 여전히 명문학교들에 대한 동경과 향수를 지니고 있었다. 아마 그런 동경과 향수는 평준화된 후 5~6년간은 계속되었던 것으로 기억한다.

문제가 있었다. 고등학교들의 종로·중구 편재는 당연히 시내교통의 큰 장애요인이 되었다. 매일 아침저녁으로 많은 고등학교생들이 종로·중구에서 등하교하는 것은 대중교통수단을 혼잡하게 하는 주된 요인이었다.

구자춘은 역대 시장 중에서도 막강한 힘을 가진 시장이었고 동시에 서울시 교육위원회의 당연직 의장이었다. 그러나 그에게 그런 힘이 있기는 했지만 명문고등학교들을 강제로 이전시킬 수는 없었다. 중앙정부 고관들과 그 부인들이 대개는 명문학교 출신이었고, 경제계를 비롯한 각 방면의 지배층·여론형성층이 명문학교 출신들이었다. 그들 명문학교 출신자들에게는 자신들이 다니던 학교의 교사와 교정이 잊을 수 없는 추억거리였고 젊은 날에 대한 향수 바로 그것이었다. 명문고등학교들을 강남으로 옮긴다는 것은 바로 서울 지배층의 추억과 향수를 송두리째 파괴하는 일이었으니 그로 인한 여론의 반대와 저항을 구 시장 혼자서는 도저히 감당할 수 없는 일이었다.

여론의 저항은 종로구 화동에 있던 경기고등학교를 강남구 삼성동 91번지로 옮길 때 강하게 나타났다. 1900년 10월 3일에 고종황제의 칙명으로 '관립 한성중학교'라는 이름으로 설립된 이 학교의 일제 때 이름은 제일고등보통학교였다. 학교이름이 제일이었듯이 광복 전후를 통해서 이 나라 제일의 명문학교이었으니 당연히 이 나라 최고의 영재들이 모이는 학교였다. 문교부장관이 종로구 화동에 있는 경기고등학교를 6억 9,600만 원을 들여 3개년계획으로 영동 제2구획정리지구 1공구 221-1에 옮긴다고 발표한 것은 1972년 10월 28일이었다. 대지 1만 1천 평에 낡을 대로 낡은 교사 대신에 3만 2,253평이나 되는 넓은 대지에 근대식 시설을 갖춘 새 교사를 국고보조까지 해서 신설 이전한다는 것은 환영할 일이었다.

이른바 유신헌법이 발표되어 제3공화국이 제4공화국으로 바뀐 것은

1972년 10월 17일이었다. 국회가 폐쇄되고 입법권은 비상국무회의에서 관장하게 되었다. 비상계엄령이 선포되어 모든 언론은 사전검열을 거쳐야 했다. 정부가 결정 발표한 것에는 그 누구도 반대할 수 없는 그런 때의 발표였다. 앞으로 단행할 고교평준화 시책에 앞서 소위 일류 중의 일류학교라는 개념부터 바꿔보려는 정부의 강한 의지를 만천하에 과시하기 위한 영단이었다.

그러나 정부의 기대와는 달리 강한 반대가 일어났다. 재학생은 물론이고 졸업한 동문들의 반대가 비등했다. 국내만이 아니었다. 미국을 비롯한 재외동문까지 합세하여 강한 반대여론이 형성되었다. 각계에 포진한 경기동문들의 세력은 엄청난 것이었다. 재미동문 중에는 국제적으로 명성이 있는 대학자들도 있었다. 그러나 정부의 입장에서는 한번 뺀 칼을 다시 칼집으로 넣을 수는 없었다. 결국 타협안이 제시되었다. "화동의 교사는 허물지 않고 말끔히 개수하여 도서관으로 쓰겠다. 교정도 단장하여 도서관 뜰로 남기겠다"는 것이었다. 이 타협안으로 반대의 목소리는 가라앉았다. 중앙정부의 사실상 패배였다.

경기고등학교가 강남구 삼성동 91번지에 새로 지은 교사로 옮겨간 것은 1976년 3월부터였다. 화동의 교사와 교정은 새롭게 단장되어 1976년 7월 24일에 공포된 서울특별시 조례 제1058호에 의해 설립된 정독도서관으로 개관된 것은 1977년 1월 4일이었다. '정독(正讀)'의 정은 박정희의 정(正)에서 따온 이름이었다. 현재 정독도서관은 대지 11,032평, 건평이 3,955평이며 국립도서관·국회도서관에 이어 우리나라에서 세 번째로 큰 도서관이 되어 있다.

종로구 원서동에 있던 휘문중·고등학교가 그 교사를 현대그룹에 팔고 강남구 대치동으로 옮길 것을 결정한 것은 1976년이었다. 낡은 교사와 시설, 협소한 교지로는 도저히 학교의 발전을 기대할 수 없다는 학교측

사정과 그룹 종합사무실을 시내 중심부에 두고자 한 현대그룹의 강한 의지가 합치된 것이다. 사립학교라서 그 내막은 전혀 알려지지 않았지만 현대그룹에서 상당히 후한 조건으로 교지 일체를 인수했을 것이고, 그러한 조건에 재학생·동문들이 납득했을 것이라 짐작한다. 1906년에 휘문의숙으로 출발하여 70년 이상의 전통을 지닌 휘문중·고등학교가 강남구 대치동에 새 교사를 지어 이전해간 것은 1978년 1월이었다.

많은 학교를 강남에 이전하라 — 호가호위

중학교 무시험입학제도가 실시될 때까지는 중학교 입학도 시험을 치렀다. 중학·고등·대학, 이렇게 세 번의 입시지옥을 치러야 했다. 그러던 것이 1969년부터 중학교는 무시험입학으로 바뀌었다. 이렇게 중학교 무시험입학제도가 실시되면서부터 서울의 5대 공립중학, 즉 경기·서울·경복·용산·경동은 중학교가 없어지고 고등학교만 남게 되었다. 명문중학교에 들어가기 위한 입시지옥은 이렇게 해서 해소되었다.

고등학교 입시를 위한 과당경쟁을 없애기 위한 고등학교 추첨입학제, 평준화시책이 발표된 것은 1973년 2월 28일이었다. 1974년도 고교입시부터 우선 서울·부산에서 심지 뽑기 입학이 실시되었고, 1975년에는 대구·인천·광주에도 확대 실시되었다.

박 대통령의 영식 지만 군이 배명중학교를 졸업한 것이 1974년이었다. 고교평준화는 명문고등학교에 진학할 실력이 안 되는 지만 군을 구제하기 위한 조치라는 것이 널리 입으로 전달되어 모든 시민이 그렇게 알고 있었지만 누구도 그것을 공공연히 거론하는 자는 없었다. 지만 군은 고교평준화 때문에 사립 제일명문인 중앙고등학교에 진학할 수 있었다. 고교평준화는 돈이 없어 과외공부를 시킬 수 없는 많은 학부모들의 환영을 받았다. 당시만 하더라도 모든 국민이 가난하여 과외공부를 시킬 수 있는 학부모는 소수에 불과했다. 그러나 그렇다고 할지라도 박 대통령이라는 절대권력자가 없었더라면 사립고등학교까지 모두 순종하는 고교평준화는 도저히 이루어질 수 없었을 것이다.

휘문중·고등학교의 예에서도 알 수 있듯이 고교평준화가 실시되고부터는 종로·중구에 있던 많은 중·고등학교가 강남 이전을 희망하게 되었다. 교사와 시설도 낡았고 교지가 협소하여 더 이상의 발전을 기대할 수 없었기 때문이다. 아직도 강남의 땅값이 그렇게 높지 않으니 종로·중구의 교지를 팔면 충분히 강남의 넓은 부지를 살 수 있었던 시대였다.

서울시장이 명문학교의 강남 이전을 희망했고 또 해당학교들도 강남 이전을 희망했지만 현실적으로 그렇게 쉽게 이루어질 문제는 아니었다. 경기고등학교의 예에서 볼 수 있듯이 동문들의 저항이 염려되었고, 또 강남으로 신축·이전을 한다 한들 당장에 땅값·건물값을 마련할 방법도 막연한 것이 현실이었다. 구자춘 시장은 대통령의 권위를 빌리기로 결심했다.

이 글의 앞부분에서도 언급한 바 있지만 제3·4공화국 시대 대통령의 지시사항은 어떤 법률·명령보다도 강한 힘을 가지고 있었다. 그리고 그 많은 지시사항 중에서도 해마다 연초에 실시되는 연두순시 때의 지시사항은 가장 무게가 있었다. 대통령이 어떤 부처의 연두순시 때 내린 지시사항은 그날 저녁 또는 그 다음날 아침 신문의 일면에 대서특필되는 것이 상례가 될 정도였다.

연두순시 며칠 전에 청와대비서실에서 연락이 와 "이번 각하 초도순시 때 어떤 지시를 하시는 것이 바람직하냐"를 물어왔다. 이 연락을 받은 각 부처는 간부회의를 열어 몇몇 사항을 미리 정하여 비서실로 상달했다. 이른바 호가호위(狐假虎威) 행위였다. 그 부처가 평소에 실시하고 싶었지만 장관 혼자의 힘으로는 부족했던 것을 대통령 지시사항이라는 형식을 빌려 힘을 얻겠다는 것이었다. 여우가 호랑이의 위세를 빌리는 일이었다. 『전국책(戰國策)』이라는 중국의 고전에서 나온 말이다.

1978년 서울시 연두순시는 2월 19일 오전에 있었다. 서울시장은 미리 교육감과 상의하여 '강북 각급학교의 강남 이전'을 대통령 지시사항에 포함해달라는 상달을 하고 있었다.

대통령의 지시사항은 네 가지였다. 그리고 그 네 번째가 '강남지구 학교유치 권장'이었다. 그 속기록이 남아 있으니 전문을 소개해본다.

> 서울시의 각급학교 대부분이 강북에 위치하고 있는데, 이들 중 많은 학교가 강남 이전을 희망하고 있는 것으로 안다. 강남 이전을 희망하는 학교에 대하여는 행·재정적인 지원을 해서 가능한 한 많은 학교가 이전되도록 해야 하겠다.

서울시가 가진 구획정리지구 체비지 중 학교용지를 헐값으로 불하해 줄 구실도 생겼고 은행융자를 알선해줄 수도 있게 되었다. 학교측에서는 동문들을 설득할 구실이 생겼다. 공·사립을 불문하고 너도나도 강남 이전을 계획하고 실천에 옮기기 시작했다.

명문학교 강남 이전과 새로 생겨나는 고등학교의 명문화

1976년에 경기고등학교, 1978년에 휘문중·고등학교가 강남으로 이전한 뒤를 이어 1980년에는 숙명여중·고등학교가 강남구 도곡동 91번지로 옮겼고 서울고등학교가 서초구 서초동 1526-1번지로 옮겨갔다.

1984년에는 중동중·고등학교가 강남구 일원동 618번지로 옮겼고, 2년 뒤인 1986년에는 동덕여자중·고등학교가 서초구 방배동 산 82번지로 옮겨갔다. 경기여고가 강남구 개포동 152번지로 옮겨간 것은 1988년

강남에서 신설된 인문계 고등학교들

학교명	소재지	개교일자	공·사립구분
강남구			
영동	청담동 23-4	1972. 4	해학원(김형목)
은광여자	도곡동 938-10	73. 10	은광학원
진선여자	역삼동 713	76. 12. 28	대한불교진각종
단국대부속	대치동 산 54	84. 3. 1	단국대학교
현대(남·여)	압구정동 287	84. 12. 17	현대그룹
개포	개포동 173	87. 1	공립
구정	구정동 782-1	87. 5. 6	〃
청담(남·여)	청담동 33-2	90. 5. 22	〃
중산	일원동 308	94. 1. 5	중산학원
서초구			
상문	방배동 1170-3	1972. 12. 29	상문학원
서문여자	방배동 1514	72. 12. 29	성산학원
세화여자	반포동 753	77. 12. 30	태광산업그룹
반포	반포1동 438	83. 12. 26	공립
서초	서초동 1504	“	〃
언남	양재동 309	86. 1. 25	〃
세화	반포동 753	86. 12. 30	태광산업그룹
양재	서초동 1376-4	90. 1. 20	공립

2월 9일이었다. 다음해인 1989년에는 성동구 군자동에 있었던 서울세종고등학교가 강남구 수서동 새 교사로 옮겨갔다.

오랜 역사와 전통을 지닌 지난날의 명문학교들이 옮겨간 것과 보조를 같이하여 강남에는 또 수많은 새 학교들이 설립되어 모두가 명문화해갔다. 아무리 평준화되었다고 해서 학부모의 학력이나 경제력까지 평준화될 수는 없었다. 하나같이 신설학교였기 때문에 시설도 월등하게 좋았고 교사들의 질도 높은 것은 당연한 일이었다.

8학군의 형성과 대학입학시험 내신제

서울시내에 고등학교 학군제도가 실시된 것은 고등학교 입시가 추첨제로 바뀐 1974년부터였다. 우선 서울시내를 5개의 학교군으로 나누고 그 학군 내의 중학교를 나오면 동일학군 내의 고등학교에만 진학할 수 있다는 제도였다. 인구수가 늘어나고 새로운 지역이 개발되고 하면서 학군의 수도 따라서 늘어갔다. 1976년도에 6개 학군, 1978년도에 9개 학군이 되었다. 9개 학군이 된 1978년은 강남에 아파트건축이 대대적으로 전개되기 시작한 바로 그해였다.

영동고등학교·경기고등학교 등의 고등학교가 소재한 강남구는 8학군이었다. 당시의 강남구는 현재의 강동·송파·강남·서초의 4개구를 포함하여 면적이 엄청나게 넓은 구였다. 강남구에서 현재의 강동·송파구 지역이 분리되어 강동구가 된 것은 1979년 10월 1일부터이며, 1988년 1월 1일부터는 강동구가 나뉘어 강동·송파구로, 강남구가 나뉘어 강남·서초구가 되었다. 이렇게 4개의 구가 되었지만 여전히 이들 지역은 8학군인 채로 이어지고 있다.

지금도 실시 중인지는 몰라도 10년쯤 전에 싱가포르에서 실로 기상천외한 계획이 발표되어 온 세상사람들을 놀라게 한 일이 있다. 즉 부부가 모두 대학을 나온 사람이 아기를 낳으면 출산장려금을 주고 또 그 아기가 대학에 들어갈 때에는 우선적으로 입학시킨다는 제도였다. 좋은 자질을 갖춘 부모라야 좋은 자식을 낳고 키울 수 있다. 인구수가 270만 정도밖에 안 되는 섬나라 국가가 발전되어나가기 위해서는 좋은 자질을 갖춘 부모가 많은 자식을 낳고 키워야 한다는 발상이었다.

고학력이 경제력이나 사회적 지위와 비례관계에 있는 것만은 틀림없는 것 같다. 또 부모의 학력이 높으면 높을수록 거기서 낳은 자식들의 자질도 좋고 좋은 대학에 들어갈 가능성도 높으리라고 생각한다.

학군제도가 가장 위세를 떨쳤던 것은 1980년대였다. 1985년 11월 1일자로 실시된 인구 및 주택센서스 보고서(제2권 13-1)를 가지고 '25세 이상 남녀 대학졸업자 비율비교표'라는 것을 만들어보았다. 서울시내 전체, 서울을 대표하는 종로구, 연세대·이화여대의 2개 명문대학이 있는 서대문구, 그리고 8학군을 형성하는 강남구·강동구 2개구를 골랐다(당시는 아직 송파구는 강동구에, 서초구는 강남구에 속해 있었다).

표를 만들기 전부터 예상은 한 바이지만 엄청난 지역별 학력차에 놀라지 않을 수 없었다. 25세 이상자 중에서 4년제대학 졸업자 남자 평균이 서울 전체는 23.3%, 종로구·서대문구가 각각 21.4%, 20.3%인데 강남구는 57.0%, 여자의 경우는 그 격차가 더욱 두드러져서 서울 평균이 9.2%, 종로구·서대문구가 8.2%, 6.9%인데 강남구는 29.8%로 나타나고 있다. 이 격차는 1990년 센서스에서는 더 벌어지고 있었다.

1985년 남녀 대학졸업자 비율비교

지역	성별	주민수 (25세 이상)	대학졸업자수 (25세 이상)	비율(%)
서울	남	2,325,651	541,116	23.3
	여	2,444,579	224,875	9.2
종로구	남	63,373	13,563	21.4
	여	69,870	5,754	8.2
서대문구	남	96,244	19,556	20.3
	여	106,055	7,408	6.9
강남구	남	186,684	106,447	57.0
	여	209,632	62,381	29.8
강동구	남	219,287	72,978	33.3
	여	233,513	33,532	14.4

* 자료: 『인구 및 주택센서스 보고』 2권 13-1, 서울특별시, 1985.

이 표를 만들면서 내가 느낀 것은 강남·서초구가 아닌 곳의 주민이 보면 분통이 터질 통계라는 것이었다. 강남구가 압도적으로 높고 다음이 강동구였다.

같은 학군이라고 해서 서초구의 중학교를 나온 학생이 강동구에 있는 고등학교로 보내지는 것이 아니다. 주거지 및 출신중학교 근거리배치가 원칙이다. 이 글을 쓰면서 조사했더니 강남구 신현대아파트에 거주하는 학생은 신사초등학교－신사중학교－현대고등학교라는 구도가 짜여 있었다. 초등학교 입학에서 고등학교 졸업까지가 같은 동창이 대다수라는 것이다.

강남구 압구정동·신사동·청담동·삼성동에 위치한 현대·구정·청담·영동·경기 등의 고등학교가 새로운 명문고등학교로 등장했다. 8학군 중에서도 뛰어난 학생들이 모여들게 되어 있었다. 일류대학의 입학자 비율에서 학교차·학군차가 두드러지게 나타났다.

정부 입장에서는 이러한 엄연한 지역격차를 그대로 방치해둘 수 없었다. 그대로 두다가는 거주지별 위화감이 너무나 커질 염려가 있었기 때문이다. 그 대책으로 채택된 것이 '고등학교성적내신제'라는 것이었다. 1981년부터 채택되었다. 그러나 1981년에 처음 채택했을 때는 겨우 10~20% 정도밖에 반영되지 않아 별로 효과가 없었으나 1989년부터 30%, 1994년부터는 40%가 반영되었다. 물론 대학별로 다르나 서울대학을 비롯한 이른바 세칭 일류대학의 경우가 그렇다는 것이다.

상대평가로 된 이 내신성적 때문에 8학군의 위력은 크게 감소되었지만 내신성적 반영에도 여러 가지 문제점이 지적되어 다시 바뀔 가능성이 있으니, 이른바 강남 명문고의 위력은 대학입시제도가 없어지지 않는 한 존속할 것으로 예측된다.

7. 3핵도시는 이루어진 것인가

「남인」이라는 제목의 시(詩)

「남인(南人)」이라는 제목의 시를 읽고 그 내용이 너무 인상적이라서 복사를 해두었다. 작가는 한양대학교 독일어문학과 김광규 교수이고 1988년에 발간된 『좀팽이처럼』이라는 시집에 실린 것이다. 그렇게 길지 않으니 전문을 소개해본다.

인왕산이 어떻게 생겼는지
종로가 어디 있는지
청계천이 어디로 흐르는지
전혀 모르는 사람들이 오늘도
데모가 일어난 강북을 피하여
올림픽대로를 달려간다.
한강은 새로 생긴 강이 아니지
겨울밤 메밀묵 사려
오뉴월 새우젓 장수
굴뚝 청소부의 시커먼 징소리
전혀 들어보지 못한 사람들이
뉴타운 아파트에 산다
핫도그와 코카콜라를 즐기고
미식축구 선수를 부러워하면서

이 시에서 "남인"이라고 한 것은 강남사람들 특히, 강남의 아파트에 사는 사람들을 가리킨다. 강남에 사는 사람들은 아마도 인왕산이 어떻게 생겼는지 종로가 어디에 있는지도 모르고, 강북사람들의 생활상과 그 애환도 모르고 핫도그와 코카콜라를 즐기면서 인생을 살아가고 있을 것이라고 비꼬고 있다. 물론 시인의 감상이니 과장은 되었겠지만 강북사람들이 강남사람들에게 느끼는 위화감 같은 것을 그렇게 표현했을 것이다. 그리고 여기서 말하는 남인은 송파구·강남구·서초구에 사는 사람들을 지칭한다. 같은 강남이지만 영등포구·동작구·관악구나 강동구 등에 사는 사람들은 포함되지 않을 것이라고 생각한다.

영동 아파트개발계획이 수립되기 전해인 1975년 11월 1일 현재의 센서스 결과에 의하면 오늘날의 강남·서초 2개 구의 호구수는 2만 4,637가구에 인구수가 11만 6,716명이었다(당시의 강남구 호구수 중에서 지금은 송파구·강동구가 되어 있는 부분을 제외하고 당시는 관악구에 속해 있던 방배동 호구수를 합한 숫자이다). 그리고 25년이 흐른 1990년 11월 1일에 실시된 센서스 결과에 의하면 강남구가 12만 8,838가구에 인구수가 49만 1,062명, 서초구는 10만 3,048가구에 인구수가 39만 5,699명으로 집계되었다. 흔히 강남이라 불리는 이 2개 구에 1990년 현재로 23만 1,886가구에 88만 6,761명이 거주하고 있는 것이다. 1976~1990년의 25년간 가구수는 9.4배, 인구수는 7.6배가 증가한 것이다. 같은 기간, 서울시 전체의 가구수 증가가 2배, 인구수 증가가 1.54배인 데 비하면 강남의 변화는 실로 엄청난 것이었음을 알 수가 있다.

그렇다면 강남거주자들은 어디서 왔는가. 결코 하늘에서 내려온 것도 땅에서 솟아오른 것도 아니다. 경상도·전라도에서 바로 전입해온 것도 아니다. 강북에서 거주하다가 이전해온 것이다. 그러므로 그들도 인왕산이 어떻게 생겼는지도 알고 청계천이 어디로 흐르는지도 잘 알고 있는 보통의 서울시민들이다.

1950~1960년대까지 서울의 상류층이 주거주지는 종로구였다. 가회동·명륜동·혜화동·동숭동·효자동·청운동·신문로 등이 주거주지였다. 1960년대 후반부터 1970년대 전반에 걸쳐 새로운 부자마을이 형성되기

시작했다. 종로구 성북동과 서대문구 연희동, 용산구 동빙고동이었다.

가회동·명륜동·혜화동 상류층 거주지는 조선왕조 때부터 이어져온 목조 단독주택이었다. 신문로·청운동·효자동은 일제 때 총독부 고관들이 거주했던 관사들을 개조한 저택들이었고 하나같이 중후한 콘크리트 집이었다. 1960년대 후반부터 1970년대 전반에 생겨난 새로운 상류층 마을들 즉 종로구 성북동, 서대문구 연희동, 용산구 동빙고동은 완전한 신식 콘크리트 건물들이었다. 화려하게 가꾼 정원과 가정부도 둘 이상이 딸린 그런 생활이었다. 어떤 집에는 2층에 올라가는 계단 대신에 에스컬레이터를 설치한 집도 있었다.

김지하의 시 「오적(五賊)」이 발표된 것은 잡지 ≪사상계≫ 1970년 5월호였고 이 잡지는 발간되자마자 판매금지 처분을 받았다. 용산구 동빙고동에 부정부패·탈세·밀수·외자도입 등 여러 가지 부정한 방법으로 벼락부자가 된 인간들이 마을을 형성하여 "여대생 식모 두고 경제학박사 회계 두고 임학박사 원정(園丁) 두고 경영학박사 집사 두고 가정교사는 철학박사, 비서는 정치학박사 미용사는 미학박사"를 두고 휘황찬란하게 생활한다고 꼬집은 것이다. 그러나 이 동빙고동과 연희동이 마지막이었다. 그 후로는 강북에 새로운 단독주택 부유층 마을은 조성되지 않았다.

모든 사람의 눈에 띄기 쉽고 관리도 청소도 집 지키기도 곤란한 단독주택 대신에 고급 아파트단지가 등장했다. 대한주택공사가 1970년 용산구 동부이촌동에 한강맨션아파트 23동 700가구를 건립한 것이 최초였다. 27평에서 55평까지로 당시로 봐서는 지나치게 호화롭다는 평을 받았다. 그리고 이들 대형아파트 붐은 바로 여의도로 옮겨갔다가 강남구 압구정동으로 번진다. 동부이촌동 한강맨션이 5층이었는데 여의도와 압구정동에서는 12층에 엘리베이터가 딸린 것이 특징이었다. 압구정동 매립지에 현대아파트 23동 1,562가구가 건립된 것은 1975년에서 1977년에 걸쳐서였다.

그리고 1978년부터 반포동·잠원동 일대에 이른바 신반포단지라는 이름의 대규모 아파트단지가 형성된 데 이어 강남구·서초구 일대에 아파트 숲이 형성되었다.

한국국민의 주생활이 단독주택에서 아파트 및 연립주택으로 바뀌게 된 결정적인 고비가 1978년이었다. 영동 아파트지구 개발계획이 직접적인 계기가 된 것이었다. 강북거주자들 중에서 비교적 생활에 여유가 있는 층이 강남으로, 그것도 단독주택보다 아파트나 연립주택(빌라)으로 이주해간 데는 몇 가지 원인이 있었다.

그 첫째가 우선 강북을 피하자는 생각이었다. 1974년에 일어난 '공산화의 도미노현상'이 직접적인 계기가 되었다. 둘째가 핵가족현상이었다. 높은 학력을 갖춘 며느리들이 시부모 곁을 가장 쉽게 떠나는 방법이 강남의 아파트였다. 재산증식의 방법이기도 했다. 셋째가 인력부족이었다. 입주 가정부를 구할 수 없게 되었고 설령 구한다 하더라도 그 비용이 너무나 올라 있었다. 넷째가 연료혁명이었다. 도시가스와 중앙난방이 주부생활을 한결 편리하게 했다.

1970년대에서 1980년대 전반에 걸쳐 강북에서 강남으로 이주해간 가구들에 공통되는 특색이 있었다. 중산층 이상의 경제력, 4년제대학 이상의 고학력, 그리고 가구주의 나이가 삼십대에서 오십대까지였다는 점이다. 말하자면 서울뿐만이 아니라 한국을 대표하는 엘리트 집단이었다. 그리하여 강남은 한국에서 가장 특색이 있는 중상류층의 이색지대를 형성하여 오늘에 이르고 있다.

강남의 특징

『바람 부는 날이면 압구정동에 가야 한다』라는 제목의 시집이 발간된 것은 1991년이었다. 유하라는 시인이 '문학과지성사'에서 간행한 것이다.

바람 부는 날이면 왜 압구정동에 가야 하는가. 시의 한 구절에서 그 이유를 찾았다. 그곳에 가면 "사과맛 버찌맛 온갖 야리구리한 맛"이 나고 향기가 흩날린다는 것이다.

> 바람 불면 전면적으로 드러나는
> 저 흐벅진 허벅지들이여 시들지 않는 번뇌의 꽃들이여
> 하얀 다리들의 숲을 지나며 나는,
> 끝없이 이어진 내 번뇌의 구름다리를
> (……) 바람 부는 날이면 한양쇼핑센터 현대백화점 네거리에 결가부좌 틀고 앉아
> 온갖 심혜진·최진실·강수지 같은 황홀한 종아리를 뚫어져라 바라보며 (……).

나는 문학을 잘 이해하지 못하기 때문에 이 시인이 말하고자 하는 것을 정확히 알지는 못한다. 그러면서 내가 느끼는 것은 바람 부는 날에 압구정동에 가면 이상야릇한 냄새를 맡을 수 있고 젊은 여자들의 허벅지도 볼 수 있고 "구더기 끓는 절세미인의 시체"도 볼 수 있다는 정도의 내용이다. 한 가지 분명한 것은 「남인」이란 시를 쓴 김광규도 「바람 부는 날이면 압구정동에 가야 한다」를 쓴 유하도 강남의 주민이 아닐 것이라는 확신이다.

1980년대 후반에서부터 1990년대 전반에 '오렌지족'이라는 낱말이 유행했고 그 오렌지족의 집합처가 압구정동이라는 설이 유포되었다. 왜 오렌지족인가, 오렌지족이라는 어원이 무엇인가를 여러 가지로 알아보았지만 끝내 알 수가 없었다. 여러 사람의 말을 종합해보았더니 "유행의 첨단을 가는 젊은이들" "건전한 생활보다 약간 퇴폐적인 생활을 하는 젊은층" "토속적이 아니라 서양적인 유행을 좇는 족속들" 등의 뜻을 지니는 말인 것만 알 수 있었다.

'압구정동'은 강남구의 일개 동리에 불과하지만 강남이라는 지역을

대표하는 말로 쓰이고 있음이 분명하다. 예컨대 "바람 부는 날이면 강남구에 가야 한다"라는 것을 압구정동에 가야 한다로 표현하고 있는 것이다. 앞에서 강남지역을 서울의 이색지대라고 표현했지만, 강남·서초구는 여러 가지 특색을 지닌 지역이다.

첫째, 고학력·고소득자가 모인 지역이라는 점이다. 고학력에 대해서는 이미 앞에서 언급한 바 있으므로 고소득에 대해서만 고찰하기로 했다. ≪조선일보≫ 1993년 12월 16일자 기사는 "지난해 징세액 빅 3은 강남·광화문·울산 세무서"라는 기사를 실어 제1위의 징세실적을 올린 강남세무서에 대해서 다음과 같이 기술했다.

> 국세청은 15일 지난해 국세납부실적을 세무서별로 집계한 자료에서 서울 강남구 삼성동 등 6개 동을 관할하는 강남세무서가 지난해 모두 1조 5천 656억 원의 세금을 거둬들여 전국 130개 세무서 가운데 여전히 1위를 기록했고, 서울 중심지 종로주변의 32개 동을 관할하는 광화문 세무서가 1조 7백 34억 원으로 2위를 차지했다고 밝혔다.
>
> 강남세무서의 세수실적은 같은 기간 중 대전-충남지역을 관할하는 대전지방국세청의 1조 441억 원, 대구-경북지역을 관할하는 대구지방 국세청의 1조 4,571억 원보다 많은 것이다.
>
> 강남세무서는 최근 4년 연속 세수부문 전국 1위를 유지했는데, 한국전력이 법인세만 3,935억 원을 납부하는 등 대기업 본사가 많이 자리잡고 있기 때문이다. 또 내로라하는 알부자들이 많이 살고 있어 이들이 종합소득세-양도소득세 등을 많이 납부한 것으로 나타났다.

이 기사에서 우리는 1993년 당시 강남구의 삼성·청담·대치·신사·논현·압구정 등 6개 동을 관할하는 강남세무서가 거둬들인 납세액이 1조 5,656원에 달해 대구·경북지역을 관할하는 대구지방국세청의 1조 4,571원보다 많았고, 서울 종로구의 32개 동을 관할하는 광화문세무서의 1조 734억 원(제2위)보다 훨씬 많았다는 점, 그리고 강남세무서 징세액 제1위는 1990~1993년 4년 연속임을 알 수 있다.

1994년에 삼성세무서가 신설되어 강남세무서 관할구역 중 삼성·청담·대치의 3개 동이 분리된 때문에 강남세무서 제1위의 자리는 아마도 물려주었을 것으로 추측된다. 그러나 삼성·강남의 양대 세무서는 광화문세무서와 더불어 아직도 전국 1·2·3위를 다투고 있을 것으로 추측된다.

현재 강남구에는 강남·삼성·개포 등 3개 세무서가, 그리고 서초구에는 반포·서초 등 2개 세무서가 있다. 국세통계연보가 세무서별 징수실적을 공표하고 있지 않아서 확실히는 모르지만, 강남지역 5개 세무서가 징수하는 국세액은 부산·경남지역을 관할하는 부산지방국세청 징수액보다 훨씬 더 많을 것으로 추측된다. 아마 이 추측은 틀림이 없을 것이다.

강남이 고소득지역인 것은 각종 금융기관 점포수에서도 알 수가 있다. 1995년 강남구에는 한국은행 지점, 평화은행 본점을 비롯하여 모두 300개의 은행점포가 있다. 이 숫자들을 같은 1995년 기준으로 다른 구와 비교해 보면, 중구에 240개, 서초구 178개, 송파구 137개, 동대문구 79개 등으로 강남에 압도적으로 많다는 것을 알 수가 있다(각 구별 1996년도 통계연보). 아직 그런 통계가 없지만 한국의 각 구·시·군별 금융기관 예금액 합계를 비교해본다면 강남구는 압도적 제1위의 자리에 있을 것이 틀림없다.

증권·보험·종합금융 등 제2금융권 또한 많이 집중되어 있다. 네 개의 지하철역이 있는 테헤란로에 가보면 제2금융권의 집합현상을 쉽게 알 수가 있다. 특히 그중에서도 삼성금융플라자빌딩, 동양금융센터 빌딩, 장은금융플라자빌딩은 은행·보험·증권·단자·신용카드 등 금융기관을 한 건물에 집합시켜 '원스톱 서비스'가 가능하도록 되어 있다. 테헤란로가 중구의 남대문로, 영등포구 여의도와 더불어 한국금융업계를 삼분하고 있음을 알 수 있다(≪동아일보≫ 1995년 12월 1일자, 「테헤란로 '한국의 월가'로』).

특색의 둘째가 주거의 평균크기다. 즉 각 가구가 거주하는 주거의 넓이가 서울시내 다른 지역에 비하여 훨씬 넓다는 점이다. 전 주거에서 아파트가 점하는 비율이 강남·서초구가 가장 높은 것은 아니다. 1980년대 말까지는 강남·서초 2개구 아파트의 비율이 다른 구에 비해서 훨씬 높았던 것은 사실이나, 1990년대에 들어와서는 상계동·중계동 단지가 밀집하는 노원구, 86·88 양대 국제행사 때문에 아파트가 많이 들어선 송파구, 그리고 목동지구가 대종을 점하는 양천구 등의 아파트 거주자 비율이 강남·서초 2개구보다 더 높아졌다. 그런데 각 가구가 점하는 주거의 넓이에 있어서는 강남·서초 2개구가 압도적으로 높다고 생각한다.

강남·서초 2개구에도 아파트뿐만 아니라 연립주택도 다가구주택도 있다. 전세나 월세를 사는 가구도 있다. 그러나 설령 전세나 월세라 할지라도 가구별 점유평수가 다른 구에 비해 월등히 높은 실정이다. 그 예로 같은 연립주책이지만 강북에 있는 것은 보통의 연립주택이고 강남에 있는 것은 '빌라'라고 한다. 즉 고급·대형이기 때문이다.

1990년 11월 1일 현재의 『인구·주택 총조사 보고서』(제2권 15-1)에서 가구별 사용방수의 비율을 분석해보았더니 다음과 같은 표가 작성되었다.

가구별 사용방수 비율표

지역방수	1	2	3	4	5	6 이상	계
서울전체	31.46	24.80	20.95	13.06	6.60	3.16	100.00
종로구	37.85	30.83	17.16	7.48	3.86	2.80	100.00
강남구	16.01	16.49	20.74	19.44	15.52	11.79	100.00
서초구	16.16	16.16	18.48.	17.54	19.63	12.03	100.00
송파구	19.76	19.41	26.42	17.22	10.01	7.17	100.00

*자료: 『1990년 인구·주택 총조사보고서』 제2권 15-1, 제2표에 의하여 사용방수 비율을 계산한 결과임.

앞의 표를 보면 서울시내 전체평균이 방 1개 사용가구가 31.46%인데 비해 강남·서초 2개구는 각각 16%, 송파구 19.76%임을 알 수가 있다. 또 서울시 전체는 방 1개 및 2개 사용가구가 56% 이상, 종로구는 68.7%에 달하는데 강남·서초 2개구는 각각 32%를 약간 넘고 있다. 다시 말하면 서울시 평균 및 강북거주자의 과반수는 방 1개 또는 2개를 사용하는데, 강남·서초 2개구 거주자는 60% 이상이 방 3개 이상을 사용하고 있음을 알 수가 있다. 결론적으로 강남·서초구에는 저소득층이 거의 없거나 있다고 할지라도 그 비율이 대단히 낮다는 것을 알 수 있다.

특색의 셋째가 강남·서초 2개구의 접경인 신사동을 중심으로 요정·룸살롱·단란주점 등의 접객업소가 엄청나게 많다는 점이다. 각종 음식점도 서울시내 다른 지역에 비해서는 훨씬 많은 편이다(≪신아일보≫ 1979년 2월 20일자, 「유흥가로 변모하는 영동」).

넷째는 다른 지역에 비해서 기독교교회가 많다는 것도 특색의 하나다. 광림교회(신사동)·소망교회(압구정동)·충현교회(논현동) 등 신도수가 수만 명에 달하는 대형교회뿐만 아니라 아파트단지마다 2~3개씩의 신·구교 교회를 볼 수가 있다.

강남지역이 지닌 특색의 다섯 번째는 그곳이 이 나라 고급 외제품 유행의 첨단을 걷고 있다는 점이다. 압구정동 끝에서 청담동에 이르는 압구정로 양쪽에 전개되는 고급 양품·양장점(부티크)과 화랑가, 논현동·학동 일대의 가구점거리 등에서 그것을 알 수가 있다.

과연 3핵도시는 이루어졌는가

1970년대 후반, 김형만이 주창하고 구자춘 시장에 의해 강력하게 추진된 3핵도시 구상의 목표연도는 20년 후인 1990년대 후반, 바로 내가 이 글을 쓰고 있는 지금의 시점이다.

당초에 김형만·구자춘이 구상한 시설들이 모두 강남으로 이전되지는 않았다. 서울시청도, 제2서울역도 산림청 등 2차관서도 그리고 상공부단지도 조성되지 않았다. 그러나 그렇게 이전되지 않은 시설도 있기는 하나 구자춘 시장에 의해 이루어진 시설도 많다. 지하철 2호선과 고속버스터미널이 그 대표적인 것이고 법원·검찰청도 서초구로 옮겼다.

2차관서 전체는 옮겨가지 않았지만, 강남구에는 현재 통계청(역삼동 647-15)·관세청(논현동 71)·특허청(역삼동 823)과 조달청 중앙보급창(삼성동 16-1)이 입지했다. 상공부단지는 조성되지 않았지만 그 예정지에는 지상 57층의 무역센터빌딩이 들어섰고, 대한무역진흥공사·한국무역협회·종합전시장 KOEX·한국공항터미널·호텔인터콘티넨탈 서울·현대백화점이 들어섰으며 그 동쪽 맞은편에는 한국전력공사가 들어서 있다. 그리고 이 한전건물에서 그리 멀지 않는 삼성동 86번지에는 한전이 출자한 한국중공업(주)·한국전력기술(주)·한국전력보수(주) 등이 들어 있는 대형빌딩이 그 중후한 모습을 자랑한다.

논현동 71번지에는 대한건설협회빌딩이 자리하고 있고 그 건물에는 건설관계 각종 기관·단체들이 입주해 있다. 이미 열거한 기관·단체들 이외에 현재 강남구에 위치한 전국규모의 중요기관들을 정리하면 다음과 같다.

> 한국감정원(삼성동 171-2), 성업공사(역삼동 814), 금융결제원(역삼동 717), 국기원(역삼동 635), 공무원 연금관리공단(역삼동 701), 국민연금관리공단(논현동 4-15), 한국과학기술단체총연합회(역삼동 635-4), 한국보훈복지공단(논현동 199), 에너지관리공단(서초구 1467-3), 대한법률구조공단(도곡동 411-2), 한국고속철도건설공단(도곡동 949-1), 환경관리공단(대치동 1024-4), 대한사회복지회(역삼동 718-35), 한국가스공사(대치동 94), 한국통신기술(주)(역삼동 676), 교통개발연구원

구룡산 위에서 내려다본 강남구 전경(1993).

(대치동 968-5), 통신개발연구원(대치동 966-5), 한국인력개발원(신사동 506), 한국산업경제연구원(논현동 241-7), 한국산업경제연구소(논현동 71-2), 한국환경기술개발원(삼성동 9-2), 에콰도르대사관(역삼동 698-3), 필리핀대사관(역삼동 641-11)

우리가 잘 알지도 챙기지도 않은 사이에 이렇게 많은 기관들이 강남에 입지해 있다는 것을 알고 오히려 놀라운 생각이 들 정도였다. 그러나 그렇다고 해서 3핵도시가 형성되었다고 판단할 수 있을 것인가. 도시의 핵이라는 것은 그 도시의 중심적 업무지역, 이른바 CBD가 형성되고 있느냐 아니냐를 그 판단기준으로 해야 한다.

같은 자본계열의 기업집단을 그룹이라고 했다. 현대그룹·삼성그룹 등의 호칭이 그 대표이다. 1997년 6월 말에 발간된 『한국회사연감』에 의하면 한국에는 모두 228개의 그룹이 있다고 소개되어 있다. 이 책자에 소개된 228개 그룹 중에서 서울에 본사가 있지 않은 38개 그룹을 제외하고 나머지 190개 그룹의 본사 소재지를 조사해보았더니 다음과 같았다.

중구·종로구 중심 강북 도심에 속한 각 구: 중구 52, 종로 24, 용산 7, 마포 10, 서대문 1, 동대문 2, 성동 6, 성북 1, 계 103

강남·서초구 중심 강남지역 각구: 강남 35, 서초 13, 송파 3, 강동 1, 계 52

영등포(여의도) 중심 영등포지구 각구: 영등포 22(그중 여의도 18), 구로 4, 금천 2, 동작 3, 관악·강서 각각 1, 계 33

3개 지역에 속하지 않는 각구: 광진 1, 중랑 1, 계 2

중구·종로를 중심으로 용산·서대문·마포를 포함한 강북 도심에 103개가 집중되어, 강남지역의 52, 여의도·영등포지역의 33개 등은 처음부터 상대가 되지 않는다. 그런데 한마디로 그룹이라고 하나 겨우 소규모 회사 2~3개만을 거느린 그룹이 있는가 하면 30~40개 회사를 거느린 대그룹도 있다. 그래서 이른바 30대 그룹본사 소재지를 찾았더니 다음과 같다.

중구: 금호·대우·동국제강·동부·동아·동양·두산·롯데·삼성·SK·쌍용·코오롱·한솔·한진·한화

종로구: 고합·현대　　동대문: 미원　　마포구: 해태·효성

여의도: 기아·대림·엘지　　강남구: 거평　　서초구: 뉴코아·신호·진로

송파구: 한라

특히 한국을 대표하는 대기업군인 금호·대우·동부·두산·롯데·삼성·SK·쌍용·코오롱·한진·한화 등이 모두 본거를 중구에 두고 있고, 현대가 종로구, LG와 기아만 여의도에 입지하고 있다. 역시 서울은 4대문 안팎을 핵으로 하는 단핵도시라는 결론을 내릴 수밖에 없을 것 같다.[11)]

(1997. 11. 17. 탈고)

11) IMF를 거치면서 많은 변화가 있었는데 탈고 당시의 내용 그대로 두기로 한다.

참고문헌

『강남구 공동주택생활백서』(Ⅰ·Ⅱ), 1992.

京城府. 1936,『京城府公設市場要覽』, 京城府.1

高速버스旅客自動車 運輸事業組合. 1975,『서울市內 高速터미널立地選定을 위한 調査硏究報告書』, 高速버스旅客自動車 運輸事業組合.

金亨滿. 1977,『서기 2000년 서울도시재정비구상』, ≪건축사≫ 1977년 5월호.

대통령비서실. 1978,『大統領閣下指示事項(1978年度 年頭巡視)』, 대통령비서실.

서울특별시 地下鐵公社. 1989,『地下鐵 2호선 建設誌』, 서울특별시 地下鐵公社.

서울특별시. 1966,『大서울都市基本計劃』, 서울특별시.

_____. 1975,『地下鐵 2호선 建設을 위한 技術 및 經濟性調査』, 서울특별시.

_____. 1976,『市政槪要』, 서울특별시.

_____. 1976,『永東아파트地區 綜合開發計劃』, 서울특별시.

_____. 1977,『서울都市基本構造硏究』, 서울특별시.

松坡區, 1994,『松坡區誌』, 松坡區.

주택은행. 1987,『韓國住宅銀行 20年史』, 주택은행.

■지은이

손정목

1928년 경북 경주에서 태어나 경주중학(구제), 대구대학(현 영남대학교) 법과 전문부(구제)를 졸업하였다. 고려대학교 법정대학 법학과에 편입하자마자 6·25 전쟁이 발발하여 학업을 포기하고 서울을 탈출, 49일 만에 경주에 도착하였다. 1951년 제2회 고등고시 행정과에 합격하여 공직 생활을 시작하고 1957년 예천군에 최연소 군수로 취임하였다. 1966년 잡지 ≪도시문제≫ 창간에 관여, 1988년까지 23년간 편집위원을 맡았다. 1970년부터 1977년까지 서울특별시 기획관리관, 도시계획국장, 내무국장 등을 역임하였다. 1977년 서울시립대학(당시 서울산업대학) 부교수로 와서 교수·학부장·대학원장 등을 거쳐 1994년 정년퇴임하였다. 중앙도시계획위원회 위원, 서울시 시사편찬위원회위원장 등을 역임하였다. 한국의 도시계획 분야에 큰 발자취를 남기고 2016년 5월 9일 향년 87세를 일기로 타계하였다.

저서
『조선시대 도시사회연구』(1977),
『한국개항기 도시사회경제사연구』(1982),
『한국개항기 도시변화과정연구』(1982),
『한국 현대도시의 발자취』(1988),
『일제강점기 도시계획연구』(1990),
『한국지방제도・자치사연구』(상·하)(1992),
『일제강점기 도시화과정연구』(1996),
『일제강점기 도시사회상연구』(1996),
『서울 도시계획이야기』(1~5)(2003),
『한국도시 60년의 이야기』(1·2)(2005),
『손정목이 쓴 한국 근대화 100년』(2015)

1982년 한국 출판문화상 저작상,
1983년 서울시문화상 인문과학부문 등 수상

서울 도시계획 이야기 3

서울 격동의 50년과 나의 증언

지 은 이 • 손정목
펴 낸 이 • 김종수
펴 낸 곳 • 한울엠플러스(주)

초판 1쇄 발행 • 2003년 8월 30일
초판 13쇄 발행 • 2024년 4월 5일

주소 | 10881 경기도 파주시 광인사길 153 한울시소빌딩 3층
전화 | 031-955-0655
팩스 | 031-955-0656
홈페이지 | www.hanulmplus.kr
등록번호 | 제406-2015-000143호

Printed in Korea.
ISBN 978-89-460-4025-0 03980

* 책값은 겉표지에 표시되어 있습니다.